The Fourth Dimension
A Guided Tour of the Higher Universes
Rudy Rucker

四次元の冒険
幾何学・宇宙・想像力
ルディ・ラッカー

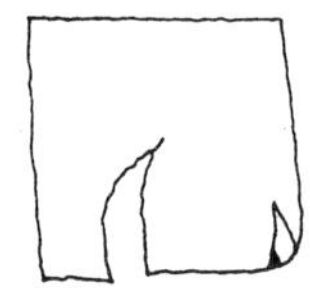

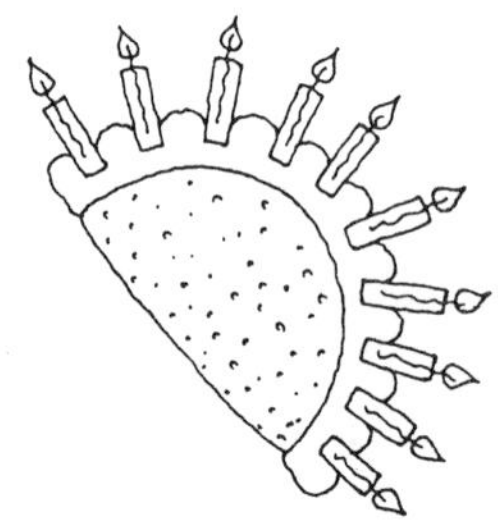

スクエア氏登場百周年を記念して

序●マーティン・ガードナー
Foreword by Martin Gardner

数学者は物書きに向いていないと、よく言われる。もちろん、幸運な例外というものはある。少なくともルイス・キャロルという一人の数学教師は不朽の空想小説を書いている。エリック・テンプル・ベルは素人向けの数学を絵画的に書いただけでなく、ジョン・テーンというペンネームで多量のSF小説を書きまくった。比較的最近では、多数の職業的数学者が強力な数学の助けをかりてSFを書いてきた。いまや、数学者にして小説家、漫画家にして熱烈なロックミュージック狂であるルドルフ・フォン・ビッター・ラッカーの御到来である。そして、彼は「心の風景」(mindscape)と呼ぶほの暗い未知の領域を好んで探険する勇気のある思索家でもある。

ラッカーの主たる数学的興味は超限基数——彼は論理数学でラトガースから学位を得ている——と高次空間にある。四次元に関するチャールズ・ヒントンの著作の選集を編み、四次元空間と相対性に関する通俗書を書いたのちに、一九八二年に『無限と心』(Infinity and the Mind——好田順治訳、現代数学社)を刊行したことで、ラッカーに最初の大成功が訪れた。SFのファンはそれ以前から、無頼でこっけい、かつ粗々しいセックスの小説や、高次の空間がしばしば本質的な役割を演ずる物語作家としての彼を知っていた。彼のもっともよく知られている小説である『ホワイトライト』は実際には「カントールの連続性の問題とは何か」という副題がついている。この副題は卓越した論理学者クルト・ゲーデルの論文の表題とまったく同じである。ラッカーはゲーデルと多くの刺激的な会話をする栄誉を得たのであった。

本書『四次元の冒険』(The Fourth Dimension: Toward a Geometry of Higher Reality)はＳＦの作家にも読者にも熱心に読まれることだろうが、数学とか空想といったものにわずかな興味しか抱かない人たちでさえ、無限大に関する本としてラッカーのこの本が有益で心をしびれさせるものだということを認めるはずである。彼はフラットランドつまりペチャンコ国の奇妙な低次元世界を探険したのち、強烈な興味と驚くべきエネルギーをもって高次の三次元空間に跳び込むのである。本書には数学的な要求にかなう巧妙な問題が散在している。ついには、あの偉大なキャロルのような絶頂をきわめんものと、大胆にも無限次元のヒルベルト空間に突入するのである。

本書はＳＦなのだろうか？　一部分を見ればそうだといえる。ラッカーはしばしば一休みしては自作の風変わりな物語を引いている。しかし、無限次元空間という道具がなければ現代物理学はほとんど不可能である。古い量子力学の本は、粒子の測定と量子系とがどのようにして「プサイ関数をつぶすか」ということを述べている。もっと最近の本は複素ヒルベルト空間の言葉を好んで用いている。それは量子力学における古典的な業績においてジョン・フォン・ノイマンが採用したアプローチである。量子系を測定しようとするとき、「状態ベクトルを回転せよ」といわれる。状態ベクトルとは、ヒルベルト空間を構成する座標系の組のうちで、系の状態を表している正確に定義された長さと方向をもつ抽象的な線のことである。そのような空間は「実在する」のだろうか？　あるいは、それらは計算を単純にせんがために物理学者が使う便利なフィクション以上の何ものでもないのだろうか？

ラッカーが本書全体を通じて、そしてとりわけ最終章において意図しているのは、そのような深遠な存在論的な問題である。ここにいたって私は彼の「すべては一者である」という哲学についていくことができなくなる。彼は彼の曽祖父の曽祖父にあたる有名な哲学者ヘーゲルから遺伝的に「絶対性」に対する嗜好を継承しているらしい。ウイリアム・ジェイムズと同様に、究極の実在が一であるのか多であるのか私は知らない。ユングやケストラーから受け継いだ共時性（シンクロニシティ）に関するラッカーの見解も受け容れることができない。その見解を『易経』にただしているのだとも受けとれる彼の信念は、たとえばホーマーや聖書、アイザック・アシモフの著作を参考にするよりも、たしかに意義深い『易経』との「符合」を生み出している。

　しかしどうでもよいことである。ジェイムズが「過剰な信条」と呼んだものに、おのおの違った名前を与えているに過ぎないのだから。ラッカーのタオじみた形而上学に同意しようとしまいと、彼の思索は、基本的な問題へと読者の心を紡ぎ合わせていくので、実用主義者や実証主義者がそれを放逐してしまおうとしても退けてしまうことがおわかりいただけよう。

四次元の冒険
幾何学・宇宙・想像力
ルディ・ラッカー
The Fourth Dimension/A Guided Tour of the Higher Universes
Rudy Rucker

目次

◆本文中（　）内は原注、［　］内は訳注を表す。

［主な登場人物と国名］
原文、および『かくれた世界』（ラッカー著・金子訳、白揚社）における訳文との対応を示した。

	（原文）	（『かくれた世界』）
キューブ氏	A Cube	サイノメ氏
グロッブランド	Globland	ズングリ国
グロッブランド人	Globber	ズングリ人
サークル氏	A Circle	エンマン君
サークル大王	Chief Circle	マンマル大王
スクエア氏	A Square	ヒラノ・シカク君
ストレート氏	A Straight	チョクセン君
スフィア嬢	A Sphere	タマコ姫
スフィアランド	Sphereland	マルポチャ世界
スペースランド	Spaceland	フックラ国
トライアングル氏	A Triangle	ミスミ氏
フラットランド	Flatland	ペチャンコ国
ラインランド	Lineland	クネルセン国

はじめに

一九五八年、ルイヴィル［米国ケンタッキー州北部の都市］公立図書館にSF書が置かれている一架があった。友人のニールス・ジェーニングと私はそれを貪り読んだものである。そしてタイム・トラベルに驚嘆し、四次元にわれを忘れて議論したものだった。ここがすべての発端の場所なのである。

一九六三年に私が大学を出たとき、父ェンブリィ・ラッカーがエドウィン・アボットの『フラットランド』という本をくれた。英国国教会派（監督派）の牧師であった私の父は、四次元が高次の精神的実在のシンボルとして役立つ可能性をすでに見抜いていたのである。

つぎの数年間は、高次の実在としての第四次元と時間としての第四次元との関係に頭を悩ませた。サニー・ジェネシィオで最初の教職を得たとき、高次幾何学のコースに対する講義の中で私はこの結びつきを解き始めたのである。この講義は一九七七年に『幾何学・四次元・相対性』(Geometry, Relativity and the Fourth Dimension' 邦訳は金子 務訳、『かくれた世界』、白揚社、一九八一) という表題でドーバー出版社から刊行された。

それ以来七年間にわたって、四次元についてたくさんのことを学んだ。本書を書くにあたり、私は四次元というものが何を意味しているのかということについて物理および精神両面から、明確で通俗的な説明をしようと心がけた。四次元に関する数々の稀覯書を貸してくれたマーティン・ガードナーに感謝する。専門の研究で援助してくれたトマス・バンチョフと私を督励してくれた編集者ジェラード・ファン・デア・リューンおよび機知とひらめきを与えてくれたイラストレーターのデーヴィッド・ポヴィレイティスにも謝意を表したい。

とりわけ、私の家族や友人、学生、往復書簡の相手となった方々に感謝の念を捧げたい。何よりも本書を楽しまれんことを!

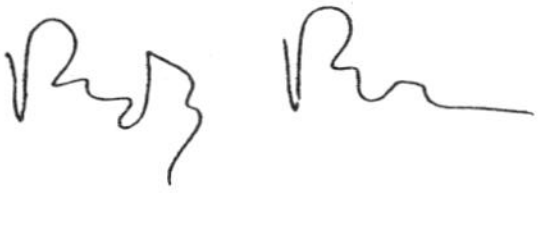

第一部
四次元
Part I. The Fourth Dimension

新しい方向

なぜ三なのか？

あるものといったらこれですべてなのだろうか？　闘争、孤独、病気そして死……。これが存在のすべてなのだろうか？　人生は混沌とも見え、わびしいものとも、辛く過酷なものとも見ることができる。高次の実在とか深遠な意味のレベルについてとか平和とかについて夢想したことのない人などわれわれの中にいるだろうか？

実際にそのような高次の実在はあるのだ……。しかもそこに到達するのはそれほど困難ではない。多くの人にとって第四次元はそこに入る手段として役立つ。とはいえ、第四次元とは何なのだろうか？

誰も第四次元を指し示すことはできない。けれどもそれは私たちのまわりにある。哲学者や神秘主義者はそれについて瞑想し、物理学者や数学者は計算する。第四次元は多くの重要な科学理論の本質的な部分をなしているが、心霊術やSFといった評判のよくない分

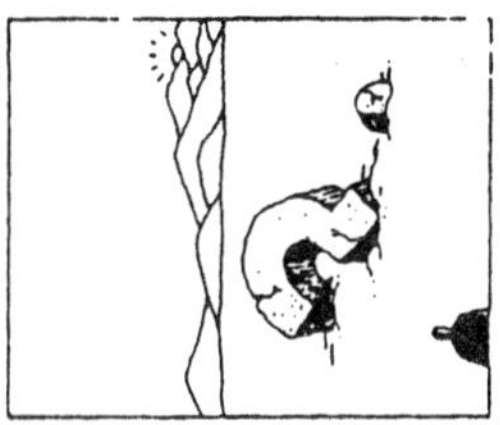

図1★古き問いの新しき答。

野でも頻用されている。

第四次元は通常の空間のどの方向とも異なった方向である。ある人は時間がその第四次元であるという……。ある意味ではこれは正しい。別の人は第四次元は時間とは全く異なる超空間の方向であるという……。これもまた正しい。

事実、多数の高次元が存在する。その高次元の一つが時間であり、もう一つの高次元が空間が湾曲している方向なのである。そして後者の高次元が私たちの宇宙と平行して存在するまったく異なる宇宙へと導いてくれるのである。

私たちの世界は、そのもっとも深いレベルにおいて、無限次元空間における一つのパターンとみなすことができる。その空間の中で、私たちと私たちの心が水中の魚のように動いているのである。

もちろん通常は、私たちは自分が三次元空間に住んでいると言っている。これは正確には何を意味しているのだろうか。なぜ三なのか？ 夕暮にユスリカを追って旋回しているツバメの飛行をよく見たまえ。数学的に言うと、この滑らかなすばらしい曲線はおそろしく複雑なものである。しかしそのような空間曲線を運動の三つのタイプ——東西、南北、上下——にわけることは可能である。この相互に直交する三つのタイプの運動を組み合わせることにより、どんな空間曲線でも描くことができる。方向は三つより多くは必要ないし、三つより少なくてもたりない——それゆえに私たちの空間を三次元と呼ぶのである。

この事実は数年前に評判になった「エッチ-A-スケッチ」という玩具によって二次元の図で示される。エッチ-A-スケッチのガラス画面の裏側は銀色の粉でおおわれている。二

図2★それはどこか?

◉四次元の世界で見たり感じたりしようとするとき、三次元世界は本当は存在しないし、いままでにも存在したことはなかったことを知るだろう。つまり、三次元は私たち自身の空想が作り出したものであり、錯覚の主であり、光学的な幻影であり、思い違い——唯一の実在を除いて人に喜ばれるようなもの——であることを知るだろう。

P・D・ウスペンスキー
『第三の器官（テルティウム・オルガヌム）』1912

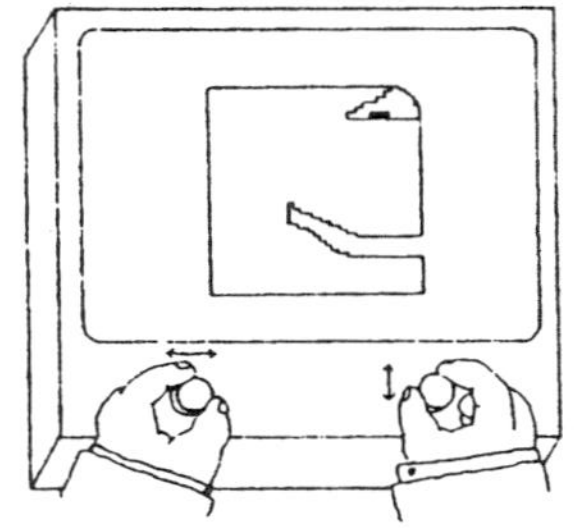

図3★二次元のスクエア氏を描くエッチ―A―スケッチ法。

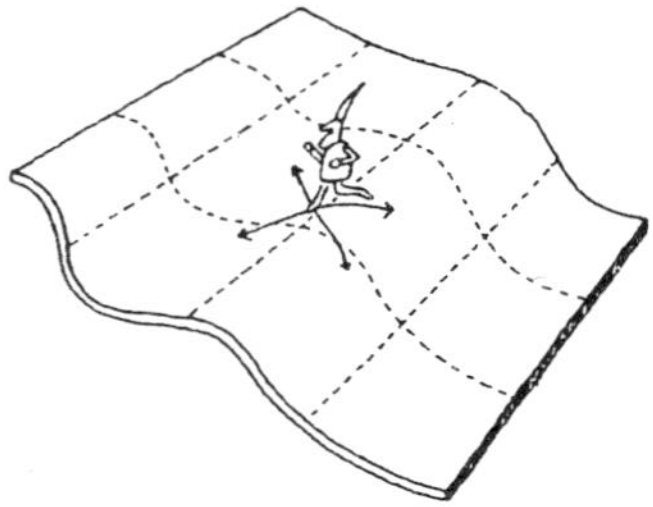

図4★曲面上の二つの自由度。

つのツマミを回すと、画面の下の針が動き、銀粉をかき落として黒い跡が残るようになっている。左側のツマミは左右方向に、右側のツマミは上下方向に針を動かす。二つのツマミを同時に回せば、どんな二次元曲線も描くことができる。

三次元エッチ―A―スケッチを想像してみるのはさほど難しいことではない。たとえば暗室の中のあちこちを、発光体が明るく輝きながら動き回ると考えればよい。発光体の像は数秒間は網膜上に残るから、三つの異なるツマミ――左右、上下、前後――をくるくる回すことによって三次元曲線が生ずるのを見ることができるはずである。

ローリングストーンズ「ブラック・アンド・ブルー」

発光体の話をしてみることにする。ローリング・ストーンズのアルバム「ブラック・アンド・ブルー」のジャケットにはすてきな絵がついている。それは五人のストーンズが発光体を握っているのを開放である時間露光したものである。ビル・ワイマンは平たくてしまった螺線を描く。ロニー・ウッドはスケートでごたごたした8の字のフィギュアを作る。チャーリー・ワッツはゆっくりと忍耐強く大きな0という字を描く。キースは上方から出発し、発光体をうんざりするようなジグザグに並べる。そしてミックは――ああ、まさにミックなのだが、――グループの中で唯一真正な三次元曲線を描く。それは複雑に宙に舞うロデオの輪索のようだ。暗闇で発光体を握ってみることで、私たちの空間の三次元性を実際に味わうことができる。

これを別の方法で全部表すためには、私たちの空間での運動は三つの自由度をもつといえばよい。鳥はどんなときでも、その飛行を変えるのに——加速・減速、左旋回・右旋回、上昇・降下——という本質的に異なる三つの方法をとる。発光体を自由度いっぱいに波打たせることができるとしても、私たちは同様な方法で実際に自分の体をくねらしてみることはできない。丘をハイキングする人は、土地の起伏にしたがって上がったり下がったりする……しかし制約という点からいうと、前後、左右という二つの自由度しかないのである。もちろん、ちょっぴり跳び上がったり、跳び下りたりすることはできるが、重力があるため、この効果は多かれ少なかれ無視できるものである。

ここで言いたいのは、地球のでこぼこした表面上での運動は、自由度からは基本的に二次元的であるということである。確かに表面自体は三次元的な曲面体である。しかしこの表面に束縛された運動は本質的には二次元的な運動である。空を飛びたいという人類のやみがたい夢は、より高次の次元、もっと多くの自由度への渇望なのだといってもよいだろう。一般の人は水中を泳ぐときにのみ、三次元的な物体の運動を経験するのである。

車の運転はその一つの自由度さえも犠牲にしていることになる。スピードを出したり、減速したりする（方向を変えたりすることさえできる）——しかしそれがすべてである。道路自体は三次元空間の中の湾曲した空間であるが、この特別な曲面に束縛された運動は基本的には一次元的なのである。

実在・色・時間

のちに見るように、私たちの住んでいる空間もまた曲がっている、たとえば山腹のよう

◉三次元空間が通常の方法で視覚化されるものとし、第四次元に対しては色をあてることにしよう。どんな物理的物体も位置を変えるのと同じように色も容易に変える。たとえば、物体は赤から紫を経て青にいたるまでのあらゆる色合いをつけることができる。任意の二体間の物理的な相互作用は色と同じように空間的に接近するときにのみ可能となる。違う色の物体は干渉することなく互いに入り込むだろう……赤いガラス球にたくさんのハエを閉じ込めたとしても、ハエは逃げ出せるのである——色を青に変えて赤い球を抜け出ることができるというわけである。

ハンス・ライヒェンバッハ
『空間と時間の哲学』1927

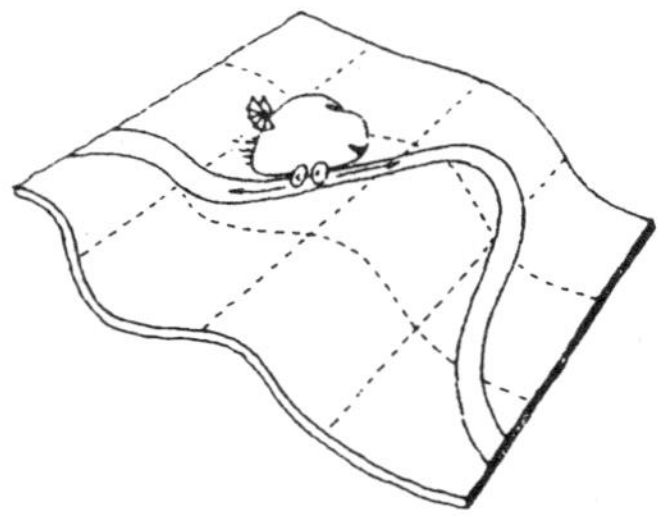
図5★曲線上の一つの自由度。

図6★プラトンの洞窟。

に曲がったり、山岳道路のようにねじれたりしている。しかし、自由度という言葉を使えば、明らかに私たちの空間は三次元的である。これを表現するもう一つの方法は、緯度、経度、海抜高度の三つの数を用いることによって地表面上のどんな位置も与えることができるということを指摘すればよい。またその上に、私たちが同じ町にいれば、お決まりの三つの情報でどこにいるかわかるように話すことができる。「山の手へ四街区歩いたら右へ曲がり、町を横ぎって二街区進みなさい。そうしてそこの建物に入り、エレベーターに乗って二五階に来てください」というように。

さて、私たちの空間が四次元であれば、今のような指図には四番目の成分が必要となるのが普通である。「エレベーターを出たら、六実在レベルだけ移動しなさい」などと。二次元の格子状街区の与えられた位置に何階もの建物があるように、私たちの空間の位置決めにも役立つ多くの異なる「実在レベル」といったものを抽象的に想像してみることができる。ある意味でこれは正しい……。たとえ同じ部屋にいたとしても、もっと近づこうと努力して「君はどっちを向いているんだい?」と聞くかもしれないのである。

この思考ラインをもう少し追求してみることにしよう。空間中の物体が異なる実在レベルに存在しうるものと想像する。それをもっと具体的にするために、おのおののレベルは赤から緑を経て青にいたるまでの特徴的な色をもつものと考えよう。物体は同じ色の物体とだけ相互作用すると仮定する。二五階にいる人は二階の誰かにつまずきはしない。青色の人は緑色の人を通り抜けることができるものとしよう。

この例では、実在レベルまたは色が第四次元を構成している。三次元空間プラス色次元は一種の四次元空間を作りあげているのである。普通の人はおそらく同時に多くのレベルに存在することになろう。この点で四次元発光体をキラキラと波打たせるのは、光の色ないしは実在レベルを複雑なやり方で変化させることを意味する。これが四次元空間について考える端緒となる方法の一つである。

これとやや似たもう一つのアプローチは、第四次元として時間を使おうという提案である。とどのつまり、人に会いたいときには、何街区進み、何階昇れと言うだけで十分ではない。顔を見せるにはどれほど速やかにかを言う必要がある。別の時間では落ちあうことはないだろう……私はそこで一五分しか待たないかも知れない。実際、一つの事象を指定するのに、緯度と経度と高度を与えるだけでは不十分である。いつそれが起こるかも述べなければならない。青色の人が緑色の人を通り抜けることができたように、午前二時の人は午後六時の人を通り抜けることができる。発光体が経路の各部分をどれくらい早く動くかに注意するときに、波打つ発光体によって時間次元が活動し始めるのである。

プラトンの洞窟

しかしどちらかというと、実在レベルや色や時間によって第四次元を表現しようとするのは見当違いである。ここで実際に必要なのは第四次元空間の概念なのである。そのような次元を視覚化することはきわめて困難である。私はこの一五年間、折にふれて視覚化を試みてきた。四次元空間を直接ヴィジョンに捉えて楽しんだのは、累計してみれば、たぶんいままでに一五分間分にすぎない。にもかかわらず、自分では第四次元をとてもよく理

◉**ソクラテス**——さて、われわれが十分に教育を受けたり、受けなかったりすることはつぎのようなことに比せられることを示そう。つまり、人間を地中の洞窟で穴居生活をしているものとみなしてくれたまえ。それは光条に向かって口を開いており、光はそのまま真直ぐ洞窟の奥に届くものとしよう。人間は子どものときからここに住んでいて、足と頸を鎖でつながれて動けず、鎖に邪魔されて頭をめぐらすこともできないので、入口を背にして壁面しか見ることができないものとする。彼らの後背上方の遠く隔たった所で火が燃えていて、囚人たちから火の方に上り調子に道が続いているものとしよう。それでいいかね。道の途中には低い壁があると思ってくれたまえ。ちょうど人形使いたちが目の前に置いてその上で人形をあやつる、あの台のようなものだと思えばいい。

グラウコン——わかります。

ソクラテス——そうしてこの壁に沿って、人々があらゆる種類の容器や動物の木像とか石像、

さまざまな用具を壁より高く差し上げて通ると思うのだ。通行人はおしゃべりをする者もいれば、黙って通る者もいるだろう。

グラウコン――奇妙なイメージの、奇妙な囚人の話なんですね。

ソクラテス――われわれ自身によく似たね。彼らは自分の影とかお互いの影だけを見ているわけだが、その影は火によって洞窟の壁に投影されたものだと彼らは気づくだろうか？

グラウコン――なるほど。彼らが決して頭を動かすことができないとしたら、どうして影以外のものを見ることができましょう。

ソクラテス――それなら、壁にそって運ばれている物の影についても同じようにして影だけしか見ていないことにならないかね。

グラウコン――その通りです。

ソクラテス――すると、彼らが互いに話し合うことができるものとすれば、自分の眼前のものに名前をつけるようになるとは思わないかい？

グラウコン――まったくその通りだと思います。

解していると感じている。どのようにしたらこれが理解できるのだろうか？　ほとんど視覚化できないものをどうしたら豊かに語ることができるだろうか？

その主要なアイデアはアナロジーによって推論することである。つまり三次元を二次元空間で表すのと同様に四次元を三次元空間で表せばよい。４Ｄ：３Ｄ：：３Ｄ：２Ｄ。この独特のアナロジーは人類に知られたもっとも古い頭のトリックである。プラトンは、有名な洞窟の比喩でそれを表現した最初の人であった。

ここでプラトンは、地下の洞窟につながれ、見ることができるものはといえば奥の壁面の影だけであるように拘束された人々を想像するように求めている。その人たちの後になだらかな斜道があり、その先に火が置いてある。物体はこの斜道を前後に動き、火は洞窟の壁に物体の影を投じる。囚人たちは、その影こそ唯一の実在だと考える……。彼らは影が三次元の物体であると理解することさえない。お互いに話はするが、壁にはねかえるそのこだまを聞いて、自分も友人も影なのだと臆断してしまうのである。

プラトンの比喩にはいくつもの興味ある特徴がある。格別に際立っているのは、囚人たちが自分は自分の影なのだと実際に考えるという点である。これは、一人の人間は実際には高次元の魂で、〝影の世界〟である三次元の物体に影響をおよぼしたり、見守ったりしているのだ、という着想を示唆しているという理由で興味深いのである。

この格別な考えに説得性をもたせるために、プラトンの洞窟の比喩を少々今日風にしてみよう。いま巨大なカラーテレビの画面に、コンピュータが生成する人間や物体の像が動き回っていると想像していただきたい。さらに誕生してこのかた、この巨大チューブの正面に鎖につながれて動けない囚人たちがいるとしよう。電極が囚人たちの神経系から映像生成用コンピュータへと走っていて、各囚人にはこの大テレビがあてがわれ、自分でコントロールすることができるようになっているものとする。囚人たちは、この平らな燐光テレビ画面を実在のものととり違えてしまうだろう。

それで、プラトンの比喩から引き出される一つの結論は、世界について私たちが日常的に抱く見解がもっとも正しく、もっとも広いものなのだと信じ込むべきではないということである。常識は誤りうるし、目で見たもの以上の途方もない実在が存在するかもしれないのである。

プラトンの比喩のよりいっそう重要な局面は、それが二次元世界の一般概念を提起していることである。洞窟の囚人たちが、自分たちは壁に写っている影なのだと現実に考える限りにおいて、彼らはみずからを二次元的パターンと見ていることになる。二次元の生き物とはどんなものに似ているのだろうか？　二次元の生き物は第三次元を想像できるのだろうか？

次章では、仮想二次元世界、フラットランドについて話すことにしよう。そしてフラットランドでもっとも有名な市民であるスクエア氏の冒険を研究してみることにしたい。スクエア氏が第三次元を理解していく道は、私たち自身が第四次元を理解しようとする試みに指針を与えてくれることがわかるだろう。

ソクラテス——じゃあさらに、この囚人が背後からやって来た音の反響を聞くものと想像したまえ。通行人が話をしたとすると、その声がそこを通過する影のものだと想像しないなどということがあるだろうか。
グラウコン——そんなことはないでしょう。
ソクラテス——彼らには、真実は字義通り、映像としての影そのものだということになるだろう。
グラウコン——それは疑う余地がありません。
プラトン『国家論』
およそ紀元前370年頃

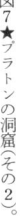

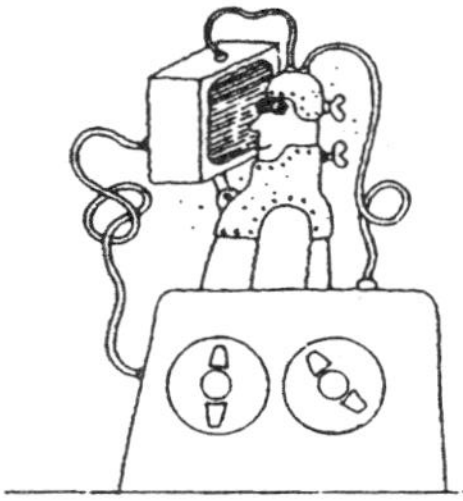
図7★プラトンの洞窟(その2)。

★パズル1·1

窓を注視してそこに見えているものが、実際には、窓ガラスに埋め込まれた二次元の物体の形状なのだと想像してみよう。それゆえ窓ガラスは一種の二次元世界である。どんな条件の下で、車の形をした二台が衝突せずにお互いを通り抜けることができるだろうか？

図8★スクエア氏。

第一章

フラットランド

アボット・アボット氏の国

一八八四年に初版が刊行された『フラットランド』［ペチャンコ国］は、高次元への旅に出るスクエア氏の物語である。一世紀が経過してもなお人々はそれについて話している。『フラットランド』の著者はビクトリア女王時代に校長をしたエドウィン・アボット・アボットという名前の人物である。彼の苗字とミドル・ネームが同じだという奇妙な事実から、アボットはアボット二乗とか、A二乗という愛称で呼ばれていたということも十分予想できることである。だから、アボットはフラットランドの英雄スクエア氏にかなりの程度アイデンティティを感じていたかも知れない。結局、アボットの人生は、いくつかの点で、二次元フラットランド人の人生と同じ程度に厳格に制限されていたといえる。

エドウィン・アボット・アボットは、一八三八年一二月二〇日、メアリーボーン［イギリス、オックスフォード・ストリート北側の自治区］の言語学校の校長の息子としてロンドンに生まれた。アボットは少年時代はロンドンの市立学校に通い、ケンブリッジに進み、牧師に任命された。結婚し、二七歳でロンドン市立学校の校長としてもどってきた。彼は文法学や神学に関する本をたくさん書いており、『説明の仕方』とか『聖霊キリスト教についての教義』といった表題の本もある。『フラットランド』は彼の冒険を空想化したものである。

★エドウィン・アボット・アボット(1838〜1926)。

この本では三つのレベルのことが考えられている。いちばんはっきりしているのは、それが生真面目で暖かみのないビクトリア朝時代の社会に対する風刺だということである。"非正常者"(**不具者**)は死に追いやられ、女性は何一つ権利をもっていなかった。スクエア氏が生徒に三次元のことを教えようとすると投獄されるのである。フラットランドに込められた第二のレベルの意味は、科学的なものである。スクエア氏が三次元を考える困難さを考えることによって、私たちの四次元の問題をあつかうのが容易になる。最後に、もっとも深いレベルにおいて、フラットランドをアボットの強烈な精神的な経験を語ろうとする奇妙な方法と見ることができる。スクエア氏の高次元への旅は、高次の実在に関する神秘的な経験に対する完全な隠喩(メタファー)である。

◉私たちが住む世界をフラットランドと呼ぶ理由は、私たちがそう呼ぶためではなく、[三次元]空間に住む特権を与えられている幸運な読者にその性質を明確にしたいためである。

広大な紙面上に、直線や三角形、四角形、五角形、六角形、その他の図形があるものと想定していただきたい。それらは固定されているのではなく、表面や紙面内を動き回るが、紙面から跳び上がったり潜り込んだりする体力をもたず、まさしく影のようなものだということにしよう――そうすれば、私がお話ししようとしている国と住民についてかなり正確な概念をもっていただけたことになるであろう。ああ、数年前には、私は「私の宇宙」について語っていたものだったのに、いまでは私の心はそれより高次元のものを見る方に心を奪われてしまっているとは。

エドウィン・A・アボット
『フラットランド』1884

フラットランドは平面で、そこに住む動物は平面を這い回っているのである。それを机上に置かれたコインのようなものだと考えてもらってもよい。あるいは、シャボン玉の膜の虹色の模様だとか、紙面上のインクのシミだと考えることもできる。

フラットランドでは、下層階級は二等辺三角形で、上流階級はどの辺の長さも等しい正多角形である。辺の数が多いと、その社会的地位も高い。最上位のカーストは完璧な円と見分けがつかないほどたくさんの辺をもった多角形である。

右に述べたように、『フラットランド』は単に次元に関する本という以上のものである。『ガリバー旅行記』と同じ手法をとっているという点でいくぶんかは、著者が住んでいた当時の社会の姿勢を風刺したものになっている。私たちアメリカの文化では、御婦人方は一九世紀英国で受けていたような不利益をこうむることはたぶんなかったであろう。ところが、フラットランドの御婦人方は骨と皮ばかりの三角形ですらないのである。つまり、彼女らは完全な円からは無限に低くみられる直線なのである。もちろん、アボットはこの不公正を自覚している。「スペースランド」[三次元]からスフィア嬢がフラットランドを訪れてこう言うのである——「人間の能力を得失から分類するなんて私にはできないな。しかもスペースランドの一流の賢人の多くは、あなたたちが激賞するサークル[円]氏たちよりはあなたたちが下げすんでいるストレート[直線]嬢たちの方に、理解を示すどころか愛情さえ感じているのよ」。

図9★八人のフラットランド人…女性、兵士、職人、教授、紳士、貴族、高僧。

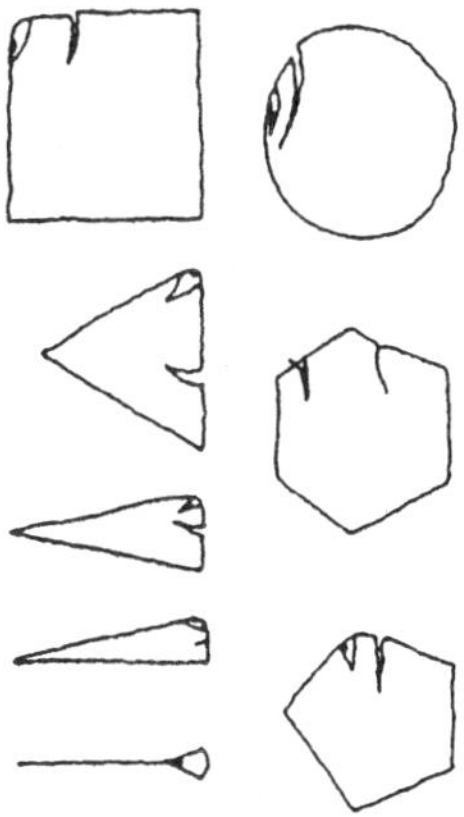

◉平面に住む影法師が三次元へと飛び出すものとする。影法師はこの第三の次元を知覚する。彼自身は変身してしまうかも知れない。旅の初めにはバラ色の顔色をしてピンと平らだったのに、旅の終わりには青ざめてシワクチャになるというように。

グスタフ・テオドール・フェヒナー

『なぜ空間は四次元か』1846

◉二次元空間の概念だけをもつ生き物（**無限に薄い紙の間にいる無限に平べったくなったシミのようなもの**）を考えることができるのと同じように、われわれは四次元やもっと高次元の実現不可能な空間の生物を想像することができるんだよと、この偉大な男は話していたものだった。
シュトリウス・フォン・ヴァルターシャウゼン
『カール・フリードリッヒ・ガウスの伝記』1860

図10★深さは非物質化より単純だ。

スクエア氏、ラインランドへ行く

フラットランドに関する初歩的な質問は、このような直線や多角形は一体どんなものを見ることができるのかというものである。そこでテーブルの上にさまざまな形のボール紙を置いて、テーブルの縁にまで目を下げてみれば、まさに一束の線分が見えるだろう。フラットランド人はどのようにして三角形と四角形を識別することができるのだろうか？彼らは一次元的な網膜のイメージからどのようにして二次元的世界像を作っていくことができるのだろうか？

アボットは、フラットランドの空間は薄い霞が立ちこめるのだと書いている。このために、多角形の鮮やかな辺が急速に不明確になり、かすかなものになってしまうのである。もし三角形の頂点と五角形の頂点を見つめていたとしたら、三角形の辺のほうが早くぼんやりしてまうので、両者を別のものとして見分けることができるのである。

これは少し人工的にすぎると思われるなら、つぎのように考えるとよい。世界に関する私たちの網膜上の像は二次元的であるにもかかわらず、広範に分布する三次元物体を識別できる。たとえば、もし球と平らな机を見たとすると、影のつき方で二つを別物と判断することができる。この世界の三次元性を知るもう一つの重要な方法は、物体が互いの前後に移動できるという事実によるものである。もし食堂の窓から私の車の前を人が歩いているのを見たとしても、その人の姿の分だけ車の性質が奪われたなどとは考えない。私は、三次元空間があって、この空間では歩道は通りより手前にあると認識するからである。心

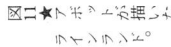

図11★アボットが描いたラインランド。

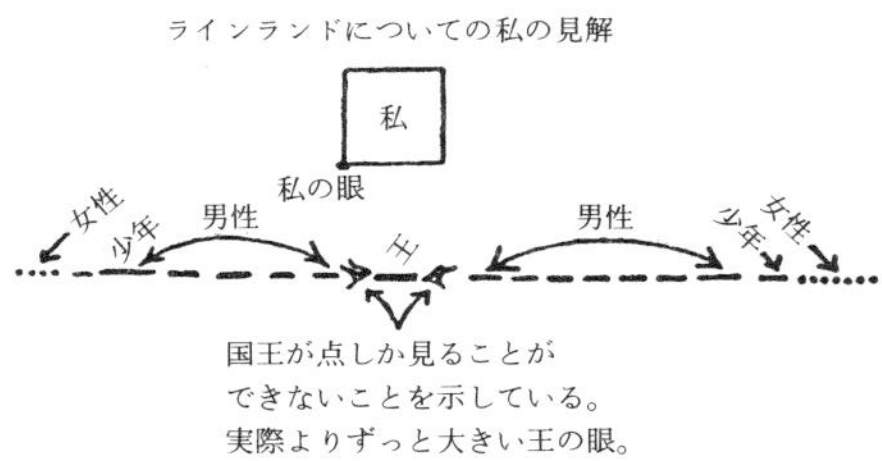

図12★スクエア氏はラインランドを通り抜ける。

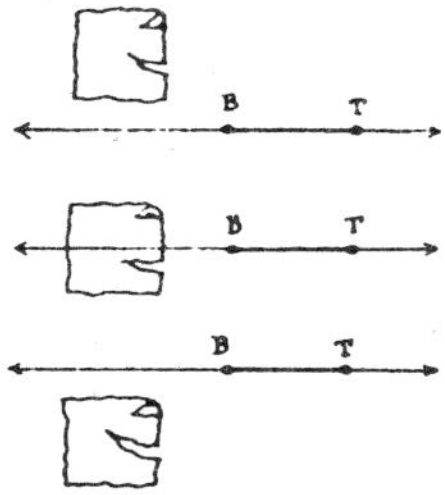

の中に三次元世界のイメージを作り上げることができるのと同じように、フラットランド人は適当な二次元世界のイメージをもつのである。

スクエア氏が夢を見たとき、彼の次元の冒険が始まった。きっかけとなったのはラインランド［**線の国**］の夢である。

私の前にたくさんの小さな線分、つまりストレート・ライン夫人たち（**私は自然に女性と見たててしまったが**）がいて、もっと小さな輝いた点がその上に点在しているのが見えた。どの点も一本のライン〝夫人〟の中を右往左往しており、判別できるかぎりでは同じ速さで動いているのであった。

点が動いているかぎり、一定距離をおいた各点からチュン、チュン、ピーチクとおびただしい鳴き声が発せられて混然とした一つの音になるが、すべての点はときどき動きを止めるのである。するとその都度深いしじまが訪れるのであった。

もっとも大きな、女性と覚しきものに近寄って声をかけてみたが、返事がない。二度、三度と私の方から呼びかけてみるが同じこと。効果なしである。何ともがまんのならない不作法に思えたので辛抱しきれなくなり、彼女の動きを妨げるようにその口の前に立ちはだかり、大声あげて先ほどの質問を繰り返した。「奥さん、この人だかりは何なんですか。チュンチュンと耳慣れない音を出し、どうして同じ一本の線分の中を往き交っているんですか？」

「ワシは奥さんなんかじゃない。ワシはこの国の王様だぞ」とその線分は答えたものだ。

ラインランド人はみな、お互いに見えるものといったら点でしかないにしても、感度のよい耳をもっているため、仲間からどれくらい離れているかを見積ることができる。彼らは両サイドに発声器官をもっている。左端ではバスで、右端ではテノールで発声するのである。両端で出す声の時間差がわかれば、くだんのラインランド人の男子がどれくらい長いか言い当てることができる。もちろん、気の毒にも御婦人方は正真正銘の点なのである。

スクエア氏は王様に二次元について語ろうとしている。王は理解せず、それならスクエアよ、神秘的な二次元の方向に動いてみよ、と言う。スクエア氏は求めに応じてラインランドの空間を直角に横ぎるように動いた（図12には王様の両端のバスとテノールの目印をつけておいた。まったく当然のことだが、王様はこの「運動」を線分がポッと現れ、しばらく滞在してからパッと見えなくなったと理解した。王様は二次元が実在することを否定した。スクエア氏は怒り出し、そこで夢から覚めた。

三次元からの使者

翌日の晩、スクエア氏夫妻は戸じまりをしっかりしてくつろいでいた。そのとき突然どこからともなく話し声がした。そのすぐあとで、厳重に施錠した家の中に円が現れた。それは、スクエア氏に三次元空間について教えるためにやって来たスフィア［球］嬢だったのである。

類推によって考えれば、四次元生物はどのようにしっかりと施錠されたかにはかかわり

◉私は四つんばいになって着地した。フラットランドの平面より約一ヤード（約九一センチメートル）下に一種の床があったのである。私が立ち上がったとき、まるで底なしの光る沼に腰まで深くつかっているように感じた。フラットランド人の空間をぶち抜いて落ちたとき、彼らの家の一軒をめちゃめちゃにしてしまった。多くの人が私の腰のあたりで捜査をしており、私が何者であるか首をひねっている。驚いたことに、彼らが体に触わってくるのをまったく明確に感じとれた。彼らは数ミリメートルの厚さに思われた……。

私は「街」の中央に立っていた。つまりそこはフラットランドの家が立ち並ぶ、きちんとした通りのまん中だったのである。家の形はま四角や長方形で、一辺が三フィート（約九〇センチメートル）から五フィートあった。フラットランド人自身はアボットが書いているように、女性は一端にパッチリした目がついた短い線分であり、兵隊は鋭角の二等辺三角形の形をしており、

なく、私たちの部屋であれ密室であれ入り込むことができるということがおわかりいただけるだろう。四次元生物は鍵のかかった金庫の中にいても、それを損うことなく抜け出ることができるはずである。金庫には四番目の空間の壁がないからだ。四次元の外科医は私たちの皮膚を切らずに、内臓にまで手をさし入れることができるはずである。四次元生物はボトルを開けずに読者諸氏のシーバス・リーガルを呑み干すことだってできるだろう。

君が四番目の空間に腕を振り上げるだけで、その空間にあるティファニーのショーウィンドウ〝周辺〟に近寄ることができ、展示されている最大のダイヤを取り出すことができるだろう。これは君の腕を気体とか光線に変えて行うなどというものとはわけが違うのである。四番目空間の方に君の腕を動かすだけで失敬できる。ダイヤをガラス板から取り〝出す〟ためには、四番目空間へともち上げるだけで運び出せるのである。

スクエア氏に話をもどすと、彼はそこにいて、家には錠がかけられている。彼は円みたいな者、つまり別種の二次元生物に話しかけている。スフィア嬢は自分の平面的な性質について、以下のような異議申し立てをした。

「私は平面的な図形ではなくて立体なのです。

あなたは私を円と呼んでいるけれど、円ではなくて無限個の円なのです。大きさが点から直径一三インチまで変わる円が一方の頂点から他方の頂点まで積み重なったものです。私はいまあなたの平面で切られているけれど、そんなふうにすると、あなたの平面に切り口を作るのですよ。それをあなたが円と呼ぶのはまったく正しいことです。球に

ほかにも四角形とか五角形、その他の多角形の形をしたものがいる。大人は平均して差し渡しが約一二インチ（約三〇センチ）である。

この通りに立ち並んでいる建物の外壁には、水玉模様のひもを張り渡したような印がつけられている。私の右手に子なしの六角形とその妻の家があった。左手には二等辺三角形の家庭があり、彼は三人の幼い四角形たちの父親であることを誇りにしていた。三角形家のドアは、線分がちょうつがいで取りつけられているもので、少し開いていた。外で遊んでいた彼の子どもの一人は、私が現れたので驚いて大急ぎで家に駆け込んだ。フラットランドの平面が私の腰と腕の所で私を切った格好になっていて、そこに一つの大きなシミがあり、両側面に小さなシミができたように見えた。それはいかにも奇妙で気味の悪い光景であった。

ルディ・ラッカー
『フラットランドのコピーに発見したメッセージ』1983

図13★スクエア氏と彼の妻が部屋に鍵をかけている。

図14★施錠したスクエア氏の部屋に出現した円。

対してさえ――球というものが私の国では適切な名前なのですが、――フラットランドの習慣にしたがって自分を表現しようとすれば、やむをえず円と表現しなければならないのですよ。

あなたは思い出さないかしら――すべてがお見通しの私には、昨晩あなたの脳の上に不思議なラインランドの光景が描かれたのがはっきり見えました。いいですか、ラインランドの国土にどのように入ったのかを思い出しませんか。あなたはラインランドがあなたの全体を表現するのに十分な次元を持たないため、王様に自分を四角形ではなく線として、線切りないしは切片として表現することを強いられたでしょう。まったく同じように、あなたたちの二次元の国は三次元生物である私を表現するだけの空間がないので、私は自分を輪切りないしは断片としてしかお見せすることができないのです。それがあなたが円と呼んでいるものなんです」。

スフィア嬢は三次元を明示するため、スクエア氏がラインランドの王様に移動して見せたように、スクエア氏の平面を横断して移動を続けた。スクエア氏が目のあたりにしたのは、点が円に変わり、円がある最大値まで大きくなり、それから縮んでいって点になって消えてしまう光景だった。彼の大きな困難は、これらの異なった円がすべて共に存在して球の形になっていると考えることであった。

しばらく話を中断して四次元空間を想像してみることにしよう。それはまさに読者の空間の隣にあり、その方向を君は指し示すことができない。どんなにうまく隠れようともそれにはかかわりなく、四次元生物は君を中からも外からも完璧によく覗めることができるのである。

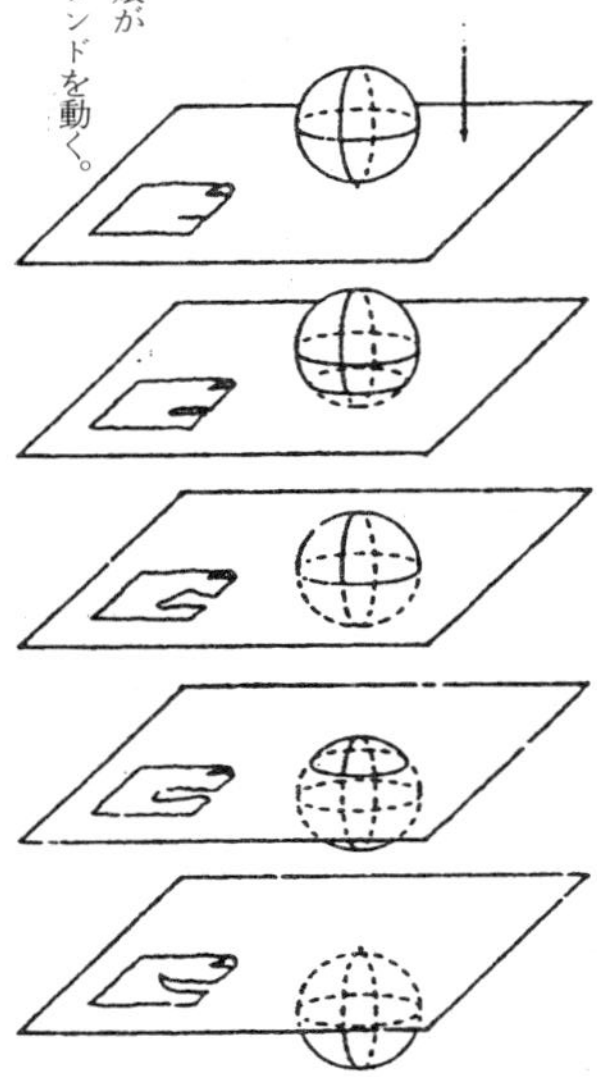
図17★スフィア嬢がフラットランドを動く。

たったいま、四次元超球体が君の頭の近くの空間を通過したとしたら、どんなものが見えるだろうか。類推によって厳密に推論するとすれば、まず点が見え、つぎに小さな球が見えてだんだん大きくなり、やがて小さな球にもどり、最後に点になって見えなくなると予想できる。視覚的には、最初膨らんでいた風船が、つぎにすぼまっていくのを見るのと同じようなものだろう。風船を手にもって、ゆっくり膨らませてから、空気が逃げていくにまかせてもよい。基本的には、それが超球体が君の部屋の空間をよぎるとき目のあたりにすることなのである。球は円を三次元的に積み重ねたものであり、超球体は球を四次元的に積み重ねたものである。

しかし新しい次元にどのように積み上げられているかを見るのはたいへん難しい。スクエア氏は球の断面を見ているのだと信じるどころか、金切り声を上げて「怪物め、おまえ

図15★隣の次元からの酒泥棒。

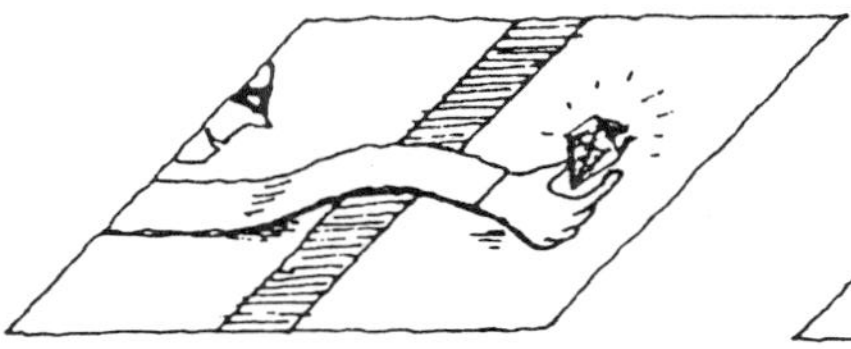
図16★完全犯罪。

はペテン師だ、魔術師だ、いや夢か悪魔だ。もうおまえの侮辱を我慢しないからな」と叫び、球の断面に向かって彼のもっとも鋭い角で突きかかったのである。

フラットランドの厚さ

ここで興味ある疑問が湧いてくる。もしスクエア氏がスフィア嬢の中に実際に切り込んだとしたら、それがスフィア嬢にとってたいへんなことになるのだろうか？　フラットランド人が三次元生物を捕えておくことは可能なのだろうか？　この疑問をもっと具体的なものにするために、実際のフラットランドを見たと想像していただきたい。君が平面に手を突っ込む。怒った二等辺三角形が君の手首に突き刺さる。するとどうなるだろうか？

この疑問に答えるためには、フラットランドがどのようなものであるかということを正確に決めておかなければならない。もしフラットランドが厚さをまったくもたない本当の二次元であるなら、それは影や光のまだら模様のように非物質的なものだろう。この場合には二等辺三角形が君の手首を横切っても何の害も与えないだろうし、君の運動の自由を制限することもないだろう。いやそれどころか、実体のないフラットランド人が実際に君の皮膚を突くことができるのかどうかということにも異論があるのである。

本当の二次元のフラットランドの人々について考える際の一つの問題は、彼らがどのようにして立体性や実存性をもつことができるのかを見るのは少し難しい、ということである。もし彼らが平面に限取りした面積のようなものであるとすると、それは彼らがお互いに自由に運動するのを妨げる以外の何ものでもないことになるだろう。この困難から逃れ

◉数年前にイングランド北部に住み、各地に旅行したとき、私は何度か四次元について話したり講演したりした。ある日床に就いたあとで、この話題に関係した問題をいくつか考え出しているうちに完全に目がさえてしまった。何とか四次元立方体の姿を視覚化する方法を考案したいと思った。立方体を選んだのはそれが最も単純な形だとアタリをつけただけのことである。とても驚いたことには、眼前に最初の四次元球体が、ついで四次元立方体が見えた。この実物教育によってはじめて、もっとも単純な物体は三次元から類推されていたような立方体ではなく球体であることを学んだ。

顕著なことは、一つのものを見ようという集中的努力によってものが見えるようになったことである。（部屋は暗かったが）眼前にそれらの形状が浮かび上がって見えた。そしてその形状の背後には明らかにカーテンの裂け目があり、それを通して部屋の中に洩れ込んだ光がかすかに光っているのが見えた……。

る一つの方法は、二次元フラットランドの〝原子〟が二次元空間内の小さな襞か瘤からできているとすることである。だからスクエア氏はフラットランドのゴムシートの一種のメーサ[**テーブル形の頂をもつ山**]であるかもしれない。ここで空間は無限に薄いと考えてもよかったが、「フラットランド空間のゴムシート」はわずかな厚さをもっているとする方が考えやすくなる。

ではフラットランド人がそのようなものであるとしたら、わずかに厚さをもつということはどのようなことなのだろうか？　アボット自身は、『フラットランド』第二版の序文でこの考えをとり上げている。ここで彼は、フラットランド人が現実に高次空間の中に存在しているかぎりは、フラットランド人が長さと幅と同様に高さをもつに違いない、とスクエア氏が信じるようになった方法について書いている。この国の誰もが同じ高さをもつから、自分でそれに気づく方法はない。スクエア氏はある無意識の奇妙な会話を報告している。その中で、彼はフラットランドのきまりからこの点を論じている。

私は、長さや幅をもっているように、彼が〝高い〟ことを彼に証明しようとした。彼はそのことを知らなかったのだ。しかし、彼の返答はどんなものであったのだろうか？「君は僕が〝高い〟っていうんだね。じゃあ、僕の〝高さ〟を測ってもらおうじゃないか。そうすれば君を信じてもいいよ」。私に何ができただろうか。どうしたら彼の挑戦に応ずることができただろうか。

四次元立方体の形を思い描こうという試みを私は捨てた。数学的な説明は可能であるかも知れないが、同時に全体にわたる実際の印象は崩れ去ってしまうことだろう。四次元球体の方はもっとうまく記述できる。それは普通の三次元球体だった。その球体の両側からはそれに垂直に円が出ており、角笛のように弧を描いて一回りして元の点にもどっているのである。その効果をもっとも適切に示すには、アラビア数字の8の字に円を外接させてみればよい。すると三つの円ができる。下の円は最初の球体であり、上の円は空の空間を表し、最大の円は全体の包絡面になっている。もし上の円が存在せず、下の(**小さな**)円が外の(**大きな**)円と同一であるとするならば、その印象を少なくともある程度まではお伝えしたことになるだろう……。

同じようにして私は五次元と六次元の図形に関する珍しいビジョンを得た……。五次元のビジョンは、アルプス山の模型地図のように、地図に表されているすべての山の峰と全体の景色すべてのフラットランドの人が一インチの高さがあったとしても、依然として彼らが第三番目の次元の方に運動したり変化したりする能力をもたなかったとしたら、彼らはこの高さに気づくことはないだろう。もちろん、高さを変えるフラットランド人がいれば、あ・る・種の差異に気づくことだろう。たとえフラットランド人の差異の記述がいくぶん不明瞭で、カリスマ的牽引能力とか個性の力、〝オーラ〟といった非幾何学的な性質であったとしても。

さて、フラットランド人が本当に三次元的な厚さをもっていて、その一人を君の世界に切り取るとすると、ナイフの刃で切り取ればよいということになるだろう。もしその生物が十分大きければ、重くて君がそれを平面から引き出すのが難しくなるかもしれない。

フラットランドでは、スクエア氏が球を刺そうとした企てにスフィア嬢は怒ってしまい、ついにはスクエア氏をつかんで三次元空間に引き上げたのである。スクエア氏はそれがフワフワして頼りない経験であることを悟った。

言い表しようもない恐怖が僕を包んだ。そこは闇で、見たこともない景色のため頭がクラクラして吐き気を催した。僕は線ではない線を見た。空間ではない空間を見た。僕は僕自身であって、僕自身ではない。声が聞えたとき、苦痛から大声で叫んでしまった。「これは狂気の沙汰か地獄の果てか、どっちなんだい」。「どちらでもないのよ」とスフィア嬢の声が穏やかに答えた。「それは認識というものなのです。それが三次元なの。もう一度目を見開いてしっかり見定めてみなさい」。

とが一つの山になっているという特性をもつように見える。換言すれば、あたかもすべての山が単一の麓を有している、と言えばもっともうまく表現できるであろうか。

ヨハン・フォン・マーネン
『ある神秘的な体験』1913

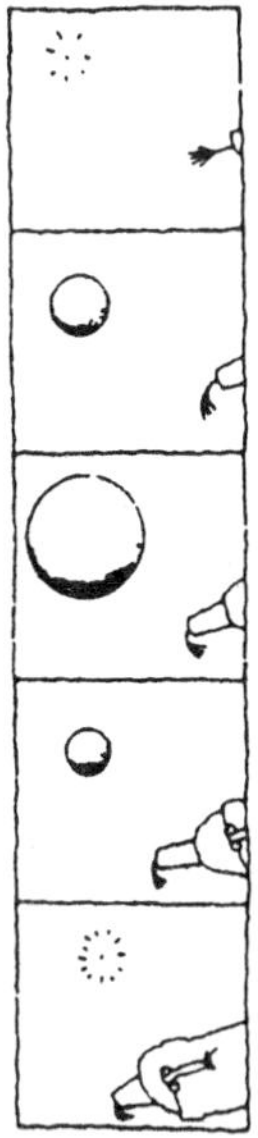

図18★超球体が私たちの空間を動く。

二次元諸国の概説

ここで再び、興味ある枝葉の問題に話を移そう。平面から外に吊り上げられたスクエア氏に害はなかっただろうか。スクエア氏が三次元に対して上面の顔と下面の顔がぴったりくっついた薄膜であると仮定するのがよい。そうでないとスクエア氏の角を引っ張ったとき、皮膚がもち上がるだけかもしれないではないか！　そしてスクエア氏が平面の上に置かれていると考えるよりも、わずかな厚みをもった平面の中にはめ込まれているとみなすことにしよう。

フラットランドのほかのもっともよく知られた二次元世界はアストリアとして知られている。それは一九〇七年に刊行されたチャールズ・C・ヒントンの著書『二次元世界のエピソード——もしくは平面民族がどのようにして三次元を発見したか』に記述されている。

ある日私は、テーブルの上にコインを置きそれをはじいて楽しんでいた。するとこれらがある種の惑星系を表しているのではないかと思いたった。中心にあるこの大きなコインが太陽を表し、他のコインはそのまわりを旅する惑星であると。そしてこの場合、生物が住むこれらの惑星の太陽を巡る運動はテーブルの表面を滑ることだけに制限されると想定したので、この世界に住む生物は平らなコインの表面を歩くのではなく、縁から外側に向いて立っているのだと考えなければならないことがわかった。私たちの地球における引力が中心に向かって作用し、拠って立つ大地の堅さのゆえにその中心に到着

●世界の国々の中で、チリは長大で極端に幅の狭い国土をもつという点で際だっている。二七〇〇マイル（四三二〇キロメートル）もある南アメリカ西海岸上を北から南へアンデス山脈と太平洋に挟まれてリボンを伸ばしたように長く続いている。ある場所ではその幅は四〇マイル（六四キロメートル）より狭くなっているのである。

説明の都合上、このチリ国民がある理由で国境が閉鎖され、それで外の世界といかなる連絡も断たれたものとしよう。そしてまた国土の東西の幅が実際に無視できるまでに徐々に狭まっていくものとしよう。するとチリ人の世界は南北方向と鉛直方向に空間を薄く切ったようなものになり、それはあらゆる実際的な目的に対し二次元的になっていると言ってよいだろう。

それにふさわしくチリのウスッペラ国の住人は南北・上下方向に動くことはできるが、物をよけたり、頭を脇の方にめぐらせたりすることはできない薄い紙のような生物になるだろう

……。

チリのウスッペラ国の人の二つの目は、たとえば一つが上にもう一つが額についているとか、遠景を[視差によって]三角測量できるようにもう少し離れて一つが額にもう一つがアゴの先についているというように、顔の前縁に配されることになろう。三番目次元に体をねじったり、頭を脇に向けたりする運動はできないから、後方、つまり背後を見るために、長く曲げやすい首を発達させて頭を傾け、さかさまにするということになるだろう。

フレッチャー・ダレル
『数学的冒険』1938

できないのとまったく同様に、わがコイン世界の住民はコインの中心からテーブルの表面にそってあらゆる方向に生じている引力を受けるのである。そして彼らにとって「上」は中心から縁を越えた外側であるし、「下」は縁から内側の中心に向かう方向である。そこにいる生物は間違いなく縁の上に立っているものとして描かれるであろう(ヒントンの随筆の大部分は『C・H・ヒントン選集』一九八〇年ドーバー名作選に見ることができる)。

図24★小惑星上のアストリア人。

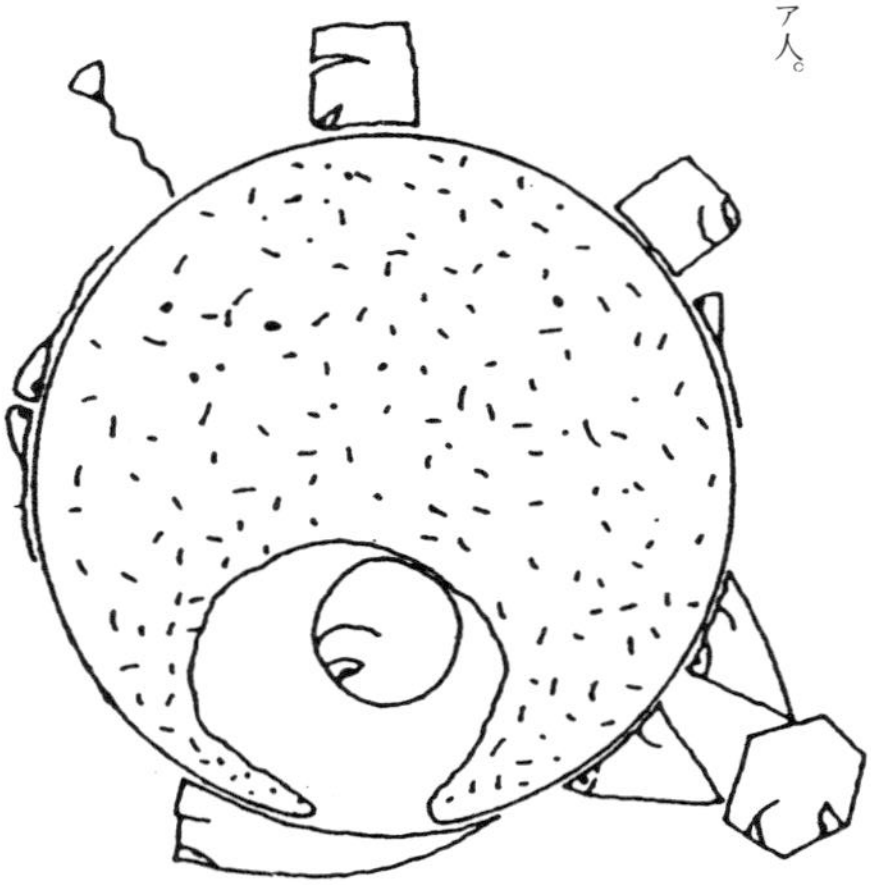

このように設計された世界の欠点は、多角形がお互いにすれ違ったり、建物などを通過して運動することが、たいへん面倒になるということである。このような困難の多くは、A・K・デュードニイの一九八四年の著書『プラニバース』[工作舎より刊行]の中で解かれている。デュードニイの本は四次元になっていて、ある程度『フラットランド』建国一〇〇周

年を祝うものになっている。

ここで触れておくに値する最後の本は、オランダの数学者ディオニス・ブルガーによって書かれた『スフィアランド』[球世界]である。ブルガーは、非常に大きな運動の自由度をもつフラットランドと地球と酷似したアストリアとの中間的な性質をもつ世界を描いている。ブルガーの考えは、アストリアのように、2D[二次元]生物は円盤状の惑星の表面近くに住んでいるというものである。しかし彼は、彼らがまさに光であって、惑星大気の中で生きることができると仮定している。人々が雲の中で生きていけるように熱帯植物の上には雲が漂っているのである。逆に熱帯植物は、惑星の高密度の核をとりまく海の上に漂っている、というふうに設定されている。

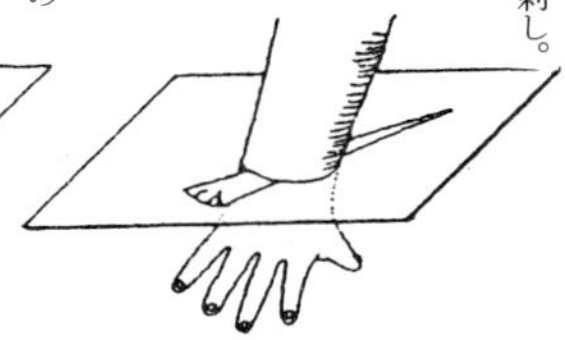

図19★警官の串刺し。

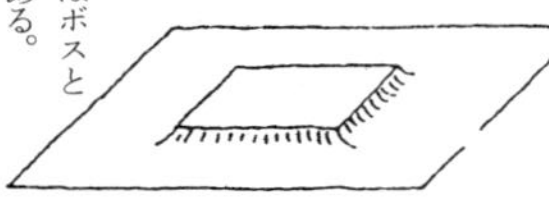

図20★平面のコブとしてのスクエア氏。

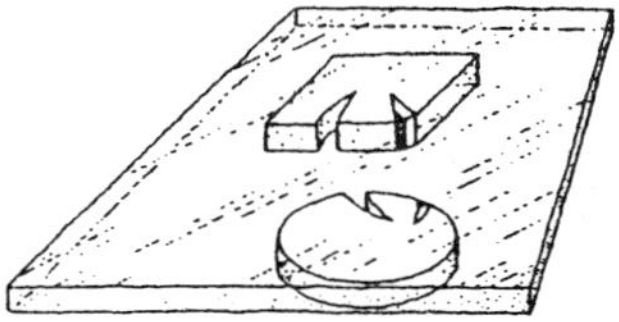

図21★スクエア氏はボスと同じ高さである。

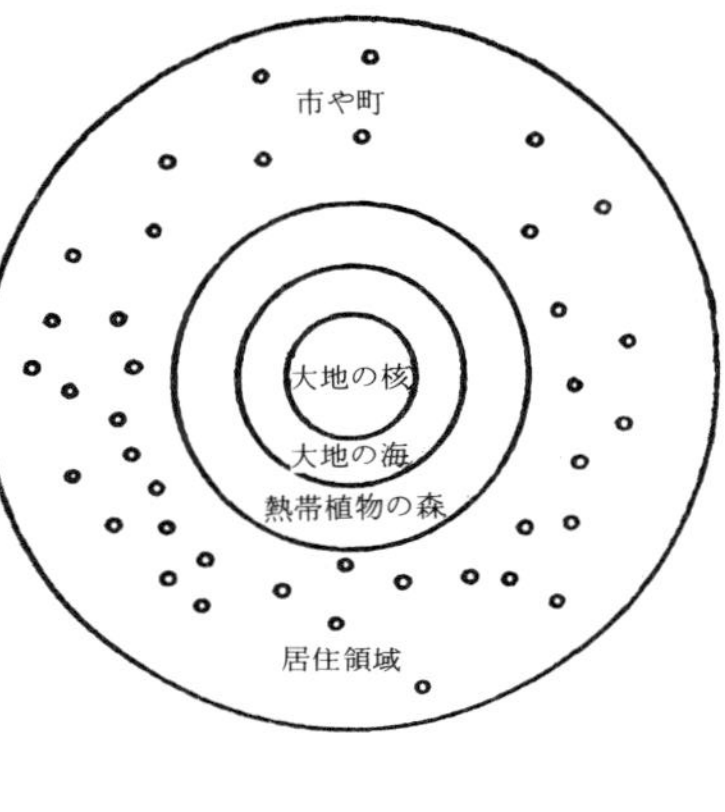

図25★空中都市
(ディオニス・ブルガーの『スフィアランド』からの図)。

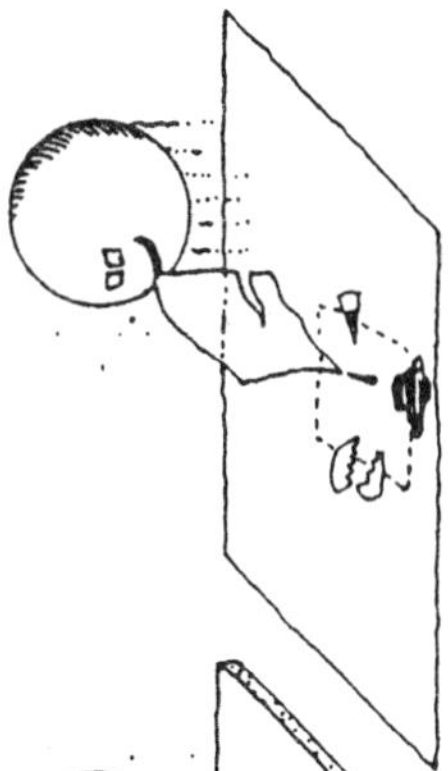

図22★スフィア嬢がスクエア氏の
皮膚をつかむとどうなるか?

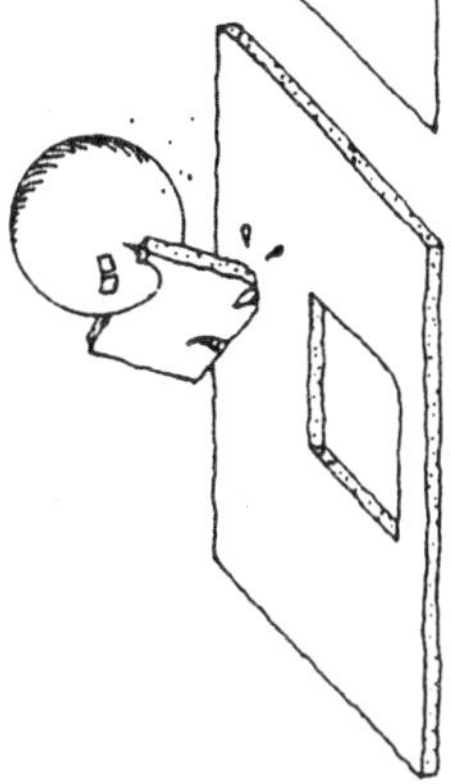

図23★実際にはスクエア氏は
厚みのある平面の
厚みのある部分である。

★パズル2・1

フラットランド人は体の中に管の形で走っている完全な消化器系をもつことができないように思われる。そのような管は体を二分してしまうからである。この問題を解決するうまい方法はないものだろうか。

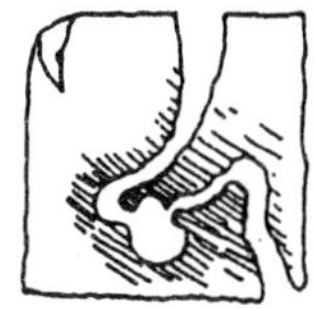

★内臓がスクエア氏を破滅させる。

★パズル2・2

アボットの二次元世界は実際には私たちの世界に酷似した相似物ではない。なぜなら私たちの空間は3Dだが、3D空間を自由に移動することができないからである。そのかわりに現実には球の表面を歩かなくてはならないのである。2D世界を私たちの世界と相似であるように設計するにはどうしたらよいか。

第二章

過ぎ去った世界

4D天使の墜落

君が超空間(ハイパースペース)に引き上げられたものと想定しよう。この有利な地点から私たちの世界を見るとどのように見えるだろうか？　始めに、0Dの点が1Dの線を2分し、1D線は2D平面を二分し、2D面は3D空間を二分するのと同じように、3D空間は4D超空間を二分することに注目しよう。ちなみに、点のことを零次元＝0Dと称している。全空間が一点にかぎられる所では、運動の自由度は存在しないからである。

私たちの空間によって二つに確定された超空間の各領域を何と呼ぶことができるだろうか。チャールズ・H・ヒントンは、ほぼ上と下という言葉のように使うアナ(ana)とカタ(kata)という言葉を提案している。アナを私たちの空間の上にあるものとして天国とし、カタを下にあるものとして地獄とすると考えやすいかもしれない。人間がフラットランドを突き抜けたように、天国から放逐された4D天使が私たちの空間に墜落したとしよう。それは

●ある平面を考えよう――たとえば、私たちを取り巻くラドガ湖［レニングラード郊外の湖］の表面は、この静かな秋の夜に湖面上の大気を分離している。この平面が二次元の分離された世界であり、この平面だけを動くことができる生物が住んでいるものとしよう……。

私たちのシュルッセルブルク要塞の背後から抜け出して、湖に泳ぎに行ったものとしよう。

三次元生物として、君は湖面上の二次元も共有している。だから影の生物の世界に一定の場所を占有するだろう。水面の上と下にある君の体の部分はすべて彼らには知覚できないし、湖

面で縁どりされた君の輪郭は彼ら自身の世界の物体として、ただたいそう驚くべきもの、不思議なものに見えるに違いない。彼らの観点からの最初の奇跡は、視野のどまん中に突然輪郭が出現したことだろう。君が創り出す効果は、未知の世界の幽霊が期せずして現れたというしかないではないか、と確実に言われることだろう。第二の奇跡は君の外形の驚くほどの変幻自在性である。腰まで水に浸けると、彼らにはほぼ楕円形に見えるであろう。君の腰のまわりの表面の線には彼らは侵入できず、その線だけが彼らに知覚可能だからである。君が泳ぎ始めると、彼らの目には人の形が見えることだろう。浅瀬の方に歩いてくると君の脚は彼らが住む表面によって丸く囲まれるから、彼らには君が二つの輪の形をした生物に変身したように見えるだろう。君を一か所に拘留しようとして彼らが君を四方八方からとり囲んだとしても、それを踏み越えて自由に動けることがわかるだろう。彼らから見るとそれはまったく想像もできないこと

怪奇で不可解な断面が、分離したり合体したりころげ回ったりする何とも刺激的な瞬間に違いない！

フラットランドにおける人間の断面が皮膚という境界をもった多数の不規則な形をとりえたのと同様に、私たちの空間における超生物（ハイパービーイング）の断面は皮膚でおおわれた肉片が房状につながってピクピク動いているかたまりであるかもしれない。肉片のいくつかには歯や爪のようなものが付いているかもしれない！　超生物によって〝つまみ上げられる〟ということは、手の指の横断面のような房状の形をした肉塊に閉じ込められることを意味するだろう。

一度超空間に出てみれば、背後にとり残された空間に大変奇妙な眺望を得ることができる。フラットランドが私たちにどのように見えるか考えてみる――スクエア氏の四つの辺をすべて見ることができるし、あらゆる内臓を詳細に見ることができる。同じ論法で、4D人は私を見下ろすことができて、ひと目で私の皮膚のお望みの部分、胃の内側や外側、脳の渦巻き（脳回）等々を見ることができるだろう。

しかし、どのようにして4D人間は3D物体のすべての側面を〝見る〟ことができるのか？　とお尋ねになるかもしれない。人間の網膜は神経の末端が二次元状の円盤をなしているものである。類推により、4D生物の網膜は神経末端の三次元球体であると期待できる。私がスクエア氏を見るのは、私の網膜の神経末端が四角形のパターンで刺激されることで成り立つ。4D生物が私を〝見る〟のは、彼の小さな球状網膜の神経末端が人形（ひとがた）のパターンで刺激されることで成り立つのであろう。スクエア氏の体のどの点からも光線が送

られてきて、私の網膜上の一点にアップで届く。私の体のどの点からも光線が送られて、4D生物の網膜上の一点にアナで届く。

心は3Dパターンではない

二つの堅い3D物体の中の二点を、各物体の表面から侵入することなく結び合わせることができるというのは、4D空間の奇妙な性質である。このトリックは、堅い3D物体に入ったり出たりするのにアナ／カタ運動を使うことである。もし立方体の部屋の中にいてアナ運動によってその外に出ると、突然非物質化したように感じる。壁や床や天井は通らないのである。部屋がまったく存在しない四番目次元のアナ方向に動くからである。

だから4D生物が内からも外からも私のすべてを見ることができる理由は、そのような生物の「網膜」が私の体の詳細なモデルを完璧に形成することができるからである。しかしこれは実際それほど摩訶不思議なことでもなければ、オカルトめいたことでもない。人間の脳はそのような振舞いをなぞることができるのである……君は自分の右手の詳細な3D心像をもってはいないだろうか？　自分の手について考えるとき、必ずしも手の正面やま後について考えはしない。不特定の方向から——ないしは一度に全方位から——3D物体を眺めるという感じをもつことは実際に可能である。

とりわけペーパーウェイトやワインの瓶、水が入ったグラスといった透明な物体についてはは格好な3D像を作ることができる。この場合は、手とは異なり、中身の部分を想像するのに困難がない。心の中に3D像をもつのは、明らかに全方位像を作るのに価値のある

なのである。彼らの目には、君は全智全能の生物——神学者や形而上学者たちが語っている超自然的な存在にも似た高次元世界の住人——として映るであろう。

N・A・モロゾフ
『シュルッセルブルク要塞に投獄されている友への手紙』1891

アナロジーはアナロゴス（ana-logos）に由来し、アナは"下から上へ、派生的なるものから原理的なるものへ"の秩序を意味している。カタログはカタロゴス（Kata-logos）に由来し、カタは"上から下へ、先なるものから後なるものへ"の順序を表す。

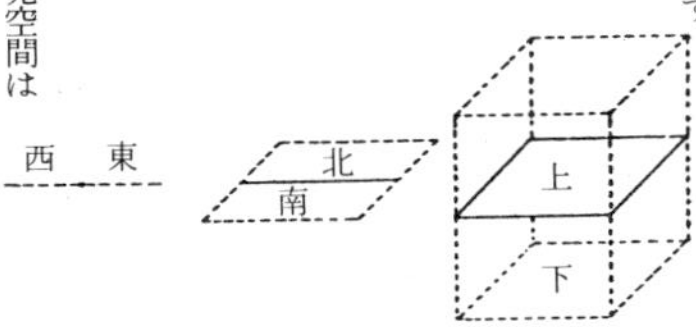

図26★n次元空間はn＋1次元空間を二分する。

図27★フラットランドを突き抜ける人。

図28★四次元からの生物に脅かされる婦人。

ことである。たとえば、特別に具合のいい場所からではなく、あらゆる角度から自分の家について考えていただきたい。この場合に、高次元の体験に迫っていると言える。

だから3D世界についての4D的外観は全体としては不可解なものではないのである。しかし、4D物体を見るとどのように見えるだろうか？　第2章の超球体で見たように、高次元物体のさまざまな3D断面のイメージを得ることは可能であるが、どのようにしたらこれらの断面を組み合わせて4D全体の姿を得ることができるのだろうか？

ある人たちはのっけから、四次元物体について考えようとするのは見込みのないことだと言うかもしれない。ならばどのようにして3Dの脳が4D物体のイメージをもつことができたのだろうか？　この論法は説得力はあるが、実際には回答になっていない。しかし、絵画は3D物体を表すために2Dの線の配置を利用する。4D物体を表すために3D神経の配線を築き上げることが可能でないことがあろうか？　もっと奇抜なことを言えば、人間の心はたぶん3Dパターンではないのである。脳は薄い4Dの高次厚みをもっているかもしれないし、心は脳をはみ出して超空間に入り込んでいるかもしれないのだ！

四次元幾何学と超ハエ（ハイパーフライ）

この章の後半は、超球体と超立方体という、二つの単純な4D形についての議論にあてることにしよう。まず超球体から始めるが、数学がお嫌いなら超立方体のところまで読みとばしても差しつかえはない。

どんな次元の球もその中心と半径を決めれば確定する。どんな空間においても、中心を

Oとし、半径をrとする球は、Oからの距離がrであるような点Pのすべての集合である。2D空間ではこの定義から半径rの円が導かれるし、3D空間では伝統的な球が、4D空間では超球体が与えられる。

近くの空間に一点Pをとり、この点を中心とする半径五フィートの超球体を想定してみよう。この超球体上のP点としてはどんなものがあるのだろうか。まず第一に、Oから五フィートの三次元空間の点がある。しかし私たちの空間での動きはOからの唯一の方法ではない。先程と同じように、Oからの運動と私たちの空間から出るアナ運動とを結びつけるとどうなるのだろうか？ たとえば、私たちの空間でOから四フィート動いて直角に曲がり、超空間でアナ運動によって三フィート動けばよいのかもしれない（ピタゴラスの定理か、解析幾何学の〝距離の公式〟を覚えている人は、$4^2+3^2=5^2$ だからこれが正しいことを確認することができる）。

ここで注目していただきたい興味深いことがらは、私たちの空間で最初にOから四フィートの変形をさせるその方向には関係なく、次に三フィートのアナ運動をさせると、Oから正確に五フィートの点が定まるということである。そこでOから四フィートの球上のすべての点から、三フィートのアナ運動をさせれば、Oの周りの半径五フィートの超球体に属する球上のすべての点が得られたことになるはずである。

いまや完璧な超球体がなぜ、中心を置く空間からアナ運動ないしはカタ運動によって作られる半径五フィート以下の一群の球から構成されるのか、という疑問に答えることができるようになった。つまり、これらの球族は全体として、球の二次元表面と類似した三次元的〝超表面〟を作りあげているのである。超球体の表面は、4D空間に置かれた湾曲し

◉それから私の幻視する球が広がり始めた。つぎにその家の壁を明瞭に識別できた。最初その壁はたいへん暗くはっきりしないように思われたが、間もなく明るくなっていき、やがて透明になった。そしていまでは隣接する家の壁を見ることができた。これらもまたすぐに明るくなり、そして消えてしまった——幻視をさらに進めようとしたとたんに雲のように融けたのだ。いまや私がいる部屋のものを見るのと同じように容易に、隣りの家の家具調度や人々を見ることができた……しかし私の知覚は依然として移ろっていた！ 眼前に押し流されていく、数百マイルもある広い大地の表面——はとんど半円を描いていた——が純水のように透明になった。そしてこれらを見ていた部屋からは何百マイル、いや何千マイルも隔たった東半球の森で眠ったり、餌を求めてうろついている動物たちの脳や内臓や完全な解剖細部を見たのだった。

アンドリュー・ジャクソン・デイビス
『不思議なやつ』1876

た3D空間だというわけである。

この概念は、多くの科学者が私たちの宇宙空間は実はきわめて広大な超球体の超表面なのだと信じている点から見ても、重要である。もう少しそれをよく理解してみよう。

何よりもまず、超球体の超表面とは四次元ではなく、三次元なのではないのか？　いかにもその通りである。地球のような惑星の通常の3D球表面を考えてみよう。表面はなるほど三次元的に湾曲していても、表面に拘束された人は、東西と南北という二つの運動の自由度しかもっていないのである。3D球表面上を滑り回るフラットランド人は依然として自分が2D空間にいると感ずるであろう。この空間はいくぶん湾曲しながら閉じているのである。

そこで超空間中を運動できるが、点Oから正確に五フィートの所にいなければならない、小さな超ハエ（ハイパーフライ）を考えてみよう。この超ハエが私たちの空間にあるOから五フィート隔たった点まで飛び立ったとしたら、自由にできる運動は基本的には（私たちの空間に中心がある五フィート球のまわりの）、東西と南北の運動および（Oに対する五フィートの半径を維持した運動と結びついている）〝アナ・カタ〟運動の三種である。

四次元サイコロを作る

あとで超球体に話をもどすことにして、しばらく超立方体を眺めるときが来たようである。

超立方体は四次元サイコロ(tessaract)としても知られており、たぶんもっともよく知られ

●機械というほどのものはなかった。大きな物はすべて単純だと思う。互いに直交する三本の束ねられたアルミの角材があり、それぞれにシリンダーとプランジャーがついていた。それからトグル継手が、厚いゴムマットをかぶり一種の〝万能継手〟になっている点と結合していた。それがすべてだった……。

それでパンザはゴムマットの上を歩いてみた。ブックストロムはこう教えてくれた。

「一回に一個のボタンを押すようにしてこのスイッチを動かしてごらんよ。いつも一段上がるようになっているのさ。その都度スイッチを入れる前にまわりをよく眺めることだね」。

最初にカチリとスイッチを入れるとパンザが消えてしまった。まるで映画の中の人物が突然姿を隠すようだった。クラジェットはうなったり、もがいたりして、それから静かになった。もう一回カチリと押したらパンザがまた現れた。手には湿ってくすんだ膜のかかった旧式の鼻メガネを持っていた。彼がそれを

た4D幾何学的パターンである。それは以下のようにして現れる。

ある一つの点から出発して、右の方に一単位動くものとしよう。これで一次元の線分が作られる。つぎにこの線分をこのページの下方に一単位下に移動させると、二次元の正方形が作られる。この正方形をこのページの外に一単位移動させると三次元立方体が得られる。

ところで、三次元の物体を二次元的なこのページの中にうまくはめるなどということはできない相談である。その操作を右で行ってきたのは、正方形の対角線の方向に三次元を表すという、標準的なしきたりにしたがったからである。四次元を別の対角線方向を使って表すとすればどうなるだろうか。この"四次元"に一単位だけ立方体の像を移動させたとすると、四次元の超立方体の図が得られることになる。

この図を眺めてみると楽しくなる――それにはある程度曼陀羅のような性質がある。自分で描いてみたくなったら、正八角形の各辺の内側に正方形を作るとでき上がることにご注意いただきたい。正八角形は交通信号の「ストップ」印を引きはがした形である。お望みなら円を八等分しても描くことができる。

超立方体は四次元空間中を立方体をひきずりながら移動させた"跡(トレイル)"として生じる。立方体は三次元空間中を正方形をひきずりながら移動させた"跡"として生じる。どんな立方体も異なる三つの方法で生み出すことができる。それは向かい合った三組の正方形を一方が"始め"の位置にあり他方が"終わり"の位置にあると考えるやり方である。超立方体では四組の立方体があるということになる。それらをすべて想い浮かべることができるだろうか?

差し出すと、クラジェットはそれをひったくって何かぶつぶつつぶやいた。

パンザはささやいた。「球のまん中に立って、君のまわりにある腹の中の器官を全部一度に眺めるなんて想像できるかい? それに似ているけど、正確に言うとそれとも違うなあ。頭の上にぐるぐる巻いた小腸があったかな。右には盲腸があってその脇にそのメガネがあり、左には腸骨にくっついているS字結腸と筋肉があったし、足下(もと)には前腹の壁になっている腹膜があったよ。もっとそこに踏みとどまっていたかったのだけれど、ひどく目まいがしてしまって、あまり長く立ってはいられなかったんだよ――」。

マイルズ・J・ブリューアー
『虫垂とメガネ』1928

超立方体を描く別のやり方は、面前に辺を針金で作った立方体を置いたとすると、大きな正方形の中に小さな正方形がはめ込まれたように見えるはずだという考え方にもとづいている。類推によって、大きな立方体中に小立方体を描き入れれば、超立方体を表すことができるのである。これは小立方体の方が四次元方向に〝遠く〟にあるという考え方である。驚いたことに、このような超立方体の形は、立方体の枠を石鹸液に突っ込み、その中心に泡をくっつけてやると自然にできるのである。

超立方体の監獄

しかし、超立方体を表すもう一つの方法は、展開法である。前と同様アナロジーから推論することにしよう。紙で作った立方体の縁をいくつか切り離すことによって、六つの正方形がどれもつながった二次元パターンとして広げてみることができる。これは本質的に異なる一つの方法で行うことができる。

超立方体を適当な方法で切断すれば、それを展開して八つの立方体がくっついた三次元パターンに〝押し広げる〟ことができる。超立方体を展開すると一種の三次元交叉を生ずる。サルバドール・ダリは実際に、この展開した立方体を一九五四年の絵画の作品「超立方体のキリスト」(Christus Hypercubus)の十字架として使っている。ロバート・ハインラインは『そして彼は湾曲した家を建てた』という古典的な小説の中で、このパターンで建てられた家を描写している。ハインラインの小説では地震が起こって家がねじれ、超立方体に折り重ねられてしまったというのである！

図29★スクエア氏の像を写す2D網膜と人間の像を写す3D網膜。

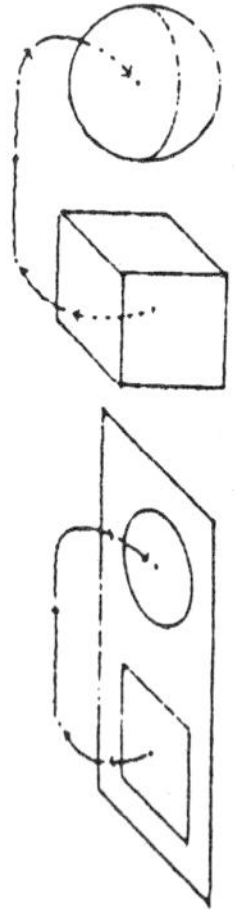

図30★境界を切り抜くことなく、内部の点を結ぶこと。

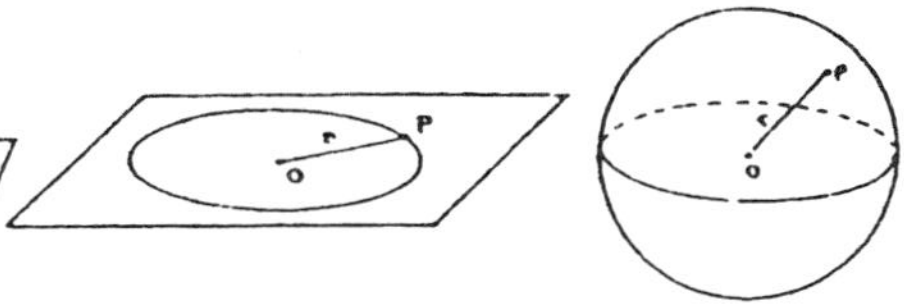

図31★円は二次元球である。

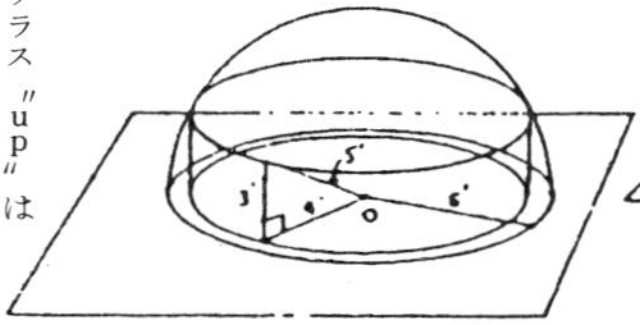

図32★2Dプラス〝up〟は3Dプラス〝ana〟と同じである。

超立方体に迫る最後の方法として、岩窟の監獄部屋に似た岩窟の超立方体を想定することにしよう。この超立方体の監獄が私たちの空間を通り抜けたら、どんなものに見えるだろうか？

ところで、岩窟立方体をフラットランドの平面を通り抜けさせたら、スクエア氏はどんなものを見るだろうか？　はじめに立体の石の床全体が平面を横切り、つぎに壁の断面からなる中空の石の正方形になり、最後に立体の天井石の横断面になることだろう。彼は中のつまった正方形を見、そのつぎに中空の正方形を、そのつぎにまた中のつまった正方形を見ることだろう。同じ論法でフラットランドの監房――中空の正方形の石――をラインランドを通り抜けさせたら、ラインランド人は線分を見、途切れた線分を、そしてまた線分を見るということになるだろう。

アナロジーによって論じるならば、中空の超立方体の石が私たちの空間を通過するとき、最初に堅い石の立方体を見、それから一連の中空の石の立方体を、最後に堅い石の立体を見るだろうということが、容易にわかる。超立方体の八つの堅い〝境界立方体〟は、最初と最後に見られる二個の堅い立方体として、また中空立方体の床、壁、天井という六個の〝跡〟としてたち現れる。

中空石の超立方体は、超生物――たとえば天使――を幽閉しておくときの監房として役立つだろう。その中には堅い石の床や壁や天井があると考えていただきたい。天使でさえもその堅い石を通過することはできない。けれども天使は普通にアナ運動をし、オーバーしてから、カタ運動をすることによって部屋から脱出することができるのである。しかし、

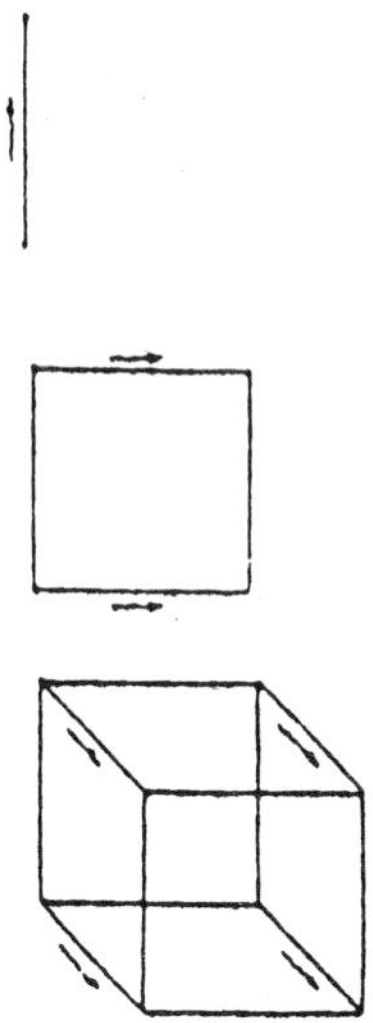

図33★点から立方体へ。

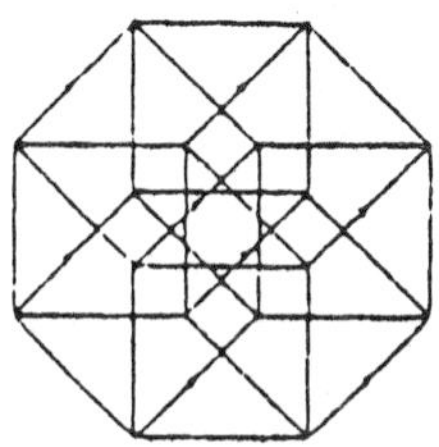

図34★超立方体。

その部屋が石の超立方体の単なる断面なのだとしたら、天使がア・ナ運動をするとき、自分は空虚な空間にいるのではなく、依然として石の壁で囲まれた部屋の中にいることがわかるはずである。天使がア・ナ運動をし続けるなら、境界の立方体の一つにぶつかり、部屋全体が堅い石であるためそれを超えて運動することはできないであろう。

アナロジーを超えて

私たちは四次元現象の多様性について論じてきたが、依然として多くの読者は何かが足りないと感じているかも知れない。四次元に関する理由を欲しているのではなく、何とかしてそれを見てみたいものだと願っているのだろう。いままで四次元について学んできたもののほとんどが、ラインランドとフラットランドのアナロジーを使用するものであった。そのアナロジーはたいへん教育的であるにしても、P・D・ウスペンスキーが『第三の器官（テルティウム・オルガヌム）』で描写しているような感じをもつこともまたもっともなことである。

一般的に言ってアナロジーの方法というものは、かなり人を悩ますものである。アナロジーによって、丸くもない円を描いて丸く歩いたと思うのである。それは一定の事柄や一定の事柄の関係を明らかにするのには役立つが、たいていは何ごとに対しても直接的な解答は決して与えないものである。アナロジーの方法を手助けにして高次元を解析しようと長い間いろいろな試みをしたあげく、すべての努力が無に帰したと感じるものである。壁の脇を歩いているだけだと感じるものである。それゆえわけもなくアナロジーを憎んだり毛嫌いしたりし始めるようになり、目的に導くもっと直接な方法を探す必要性を感ずるようになるのである。

次章では、いくぶん危険だが、四次元に踏込む直接的な道を探ることにしよう。

★パズル 3・1

四次元では、二つの3D空間を互いに対「垂直」にすることが可能である。そのような二つの空間は一つの平面を共有するであろう。今、私たちの空間に直交する3D空間があり、その中で人間が動き回っていると考えることにしよう。フラットランドとの類推を使えば、これらの人々は私たちにどのように見えるだろうか?。

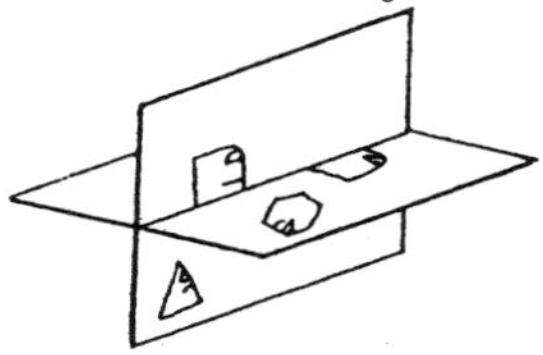

★直交する世界。

★パズル 3・2

スクエア氏の目が3D空間に引き上げられたときにも同じままであるとすると、私たちが見るようにすべての2D物体を見ることは実際にはできないだろう。彼は何を見るだろうか? 2Dフラットランド全体の心像をどのように作り上げたらよいだろうか?

★パズル 3・3

つぎの表が完成できたら先へ進め。

図35★八角形上の正方形。

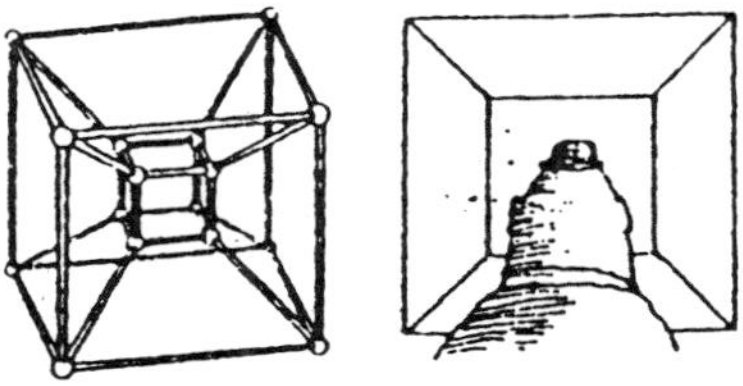

図36★正方形の中の正方形としての立方体。立方体の中の立方体としての超立方体(D・ヒルベルトとH・コーン-フォッセンの『幾何学と想像力』に書かれている超立方体)。

	角	辺	面	立体
点	1	0	0	0
線分	2	1	0	0
正方形	4	4	1	0
立方体				
超立方体				
超々立方体				

★パズル3・4

図38は展開された超立方体を示している。これをいま折りたたんでもとの四次元の超立方体にもどすとしたら、どの面がどの面にくっつくようになるか考えてみていただきたい。とりわけ底の立方体の面にどの面がくっつくだろうか？

★パズル3・5

一辺がSセンチメートルの立方体の体積は公式S^3で与えられる。君は一辺がSセンチメートルの超立方体の超体積の公式としてどんなものを考えるだろうか？　とりわけ各辺が2×2×2×2の超立方体の超体積についてはどうだろうか？

★パズル3・6

線分の両端の二点はお互いに等距離隔っているというおもしろ

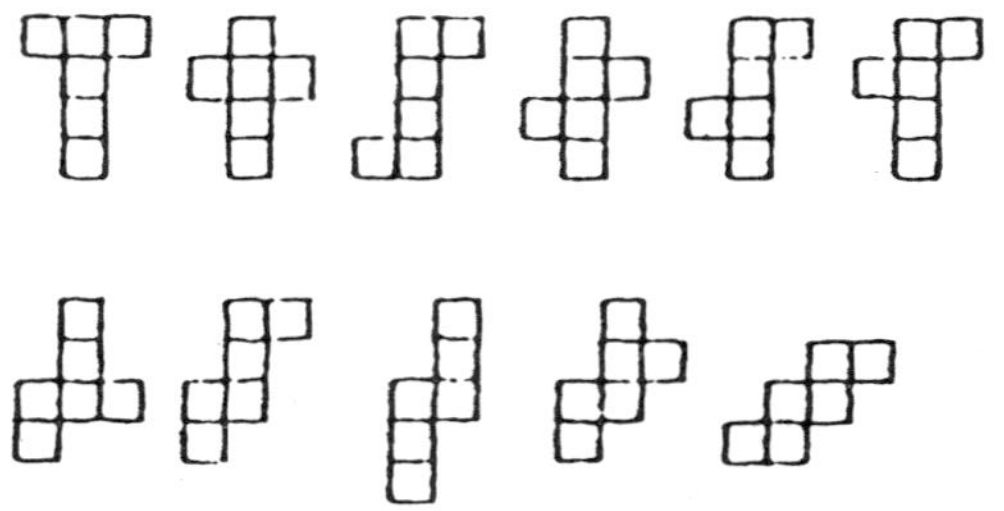

図37★立方体を展開する一一の方法。

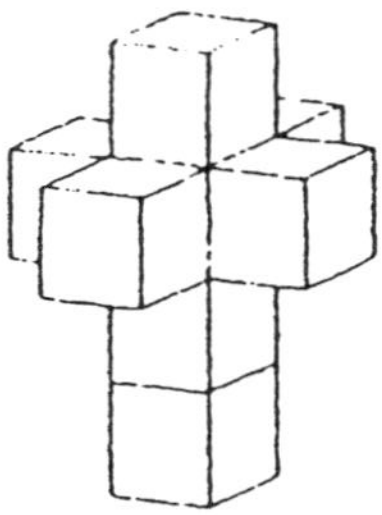

図38★超立方体を展開する一つの方法。

図39★2D監獄部屋がラインランドを通過する。

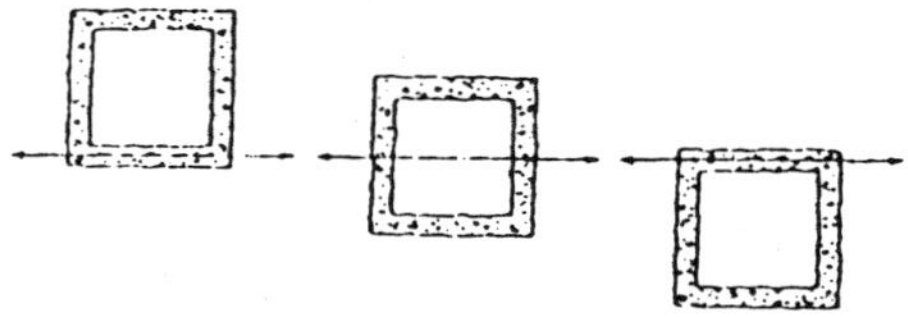

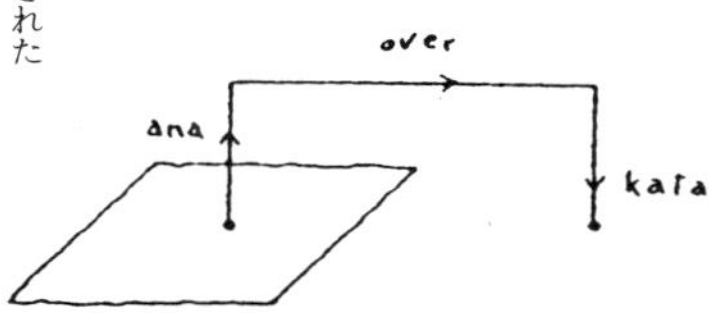

図40★密閉された部屋からの脱出。

い性質がある。もし2D空間に目を移してみると、そこには三点すべてが互いに等距離だけ隔っているような一組の三点がある。もちろん、この三点は正三角形をなす。3D空間ではこの三角形の平面から出て、四点すべてが互いに同じ距離にある一組の四点を得ることができる。この四点は三角錐の角を成しており、正四面体としても知られている。この手続きをもう一歩進めるとどんな種類の四次元図形が得られるだろうか？

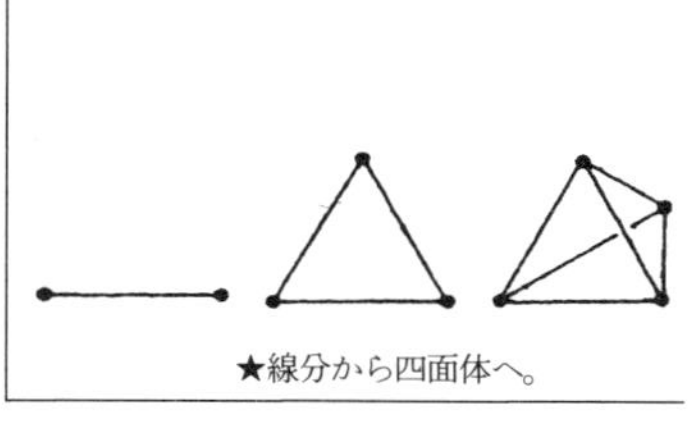

★線分から四面体へ。

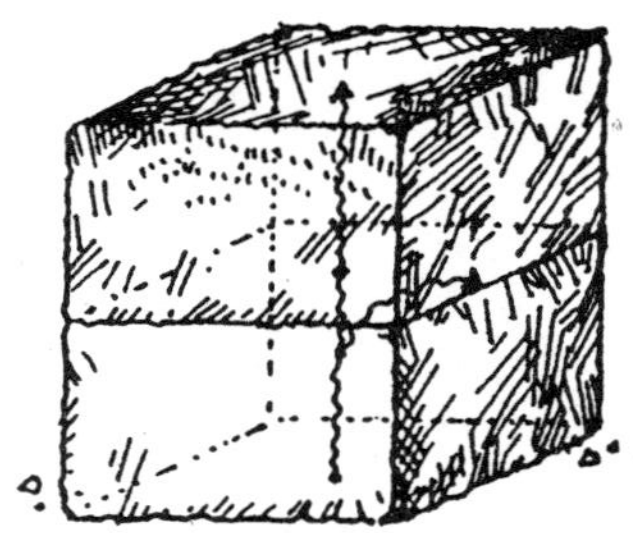

図41★脱出できない。

カントの左手

　第四次元は本質的には近代的な観念であって一九世紀中葉以前にまで遡ることはできない。高次世界という考え方にはいつも不明瞭なものがつきまとっており、科学的な幾何学的第四次元の概念が出てきたのは最近のことである。

　高次元空間のアイデアをまじめに心に抱いた最初の哲学者は、例の大イマヌエル・カント（一七二四―一八〇四）であった。彼は初期の随筆の一つで、そのような空間について熱っぽく書いている。「このような可能的空間をあつかう科学は、紛れもなく幾何学の分野における最高級の企てであり、有限な推論でそれにたち向かうことになるだろう……私たちの次元とは別の領域が存在するものならば、神はそのような領域のどこかに存在するものだと言えるだろう」。

　カントは晩年になって第四次元の着想に関係した有名なパズル、つまり、人間の片方の

●それらの鏡像以上に手や耳をどの点、どの部分をとっても申し分なく似せられるものがほかにあるだろうか？　しかしそれにもかかわらず、鏡の中の手を元の場所に置くことはできない。こちらが右手なら、鏡の中では左手だからである。右耳の像もしくは反射は左耳なのであって、反対の場所に写ることは決してない。この場合には、人間の理解力（悟性）が思考のみで決定できるというように内部的な差異は存在しないのである。けれども左右が逆になるという差異は感覚が教えるかぎり内部的なものである。というのは、鏡像の完全な同等性と相似性にもかか

わらず、右手を閉じても左手と同じ領域を閉じることはできない（両者は合同ではない）。右手の手袋を左手に使うことはできないのである。これを解明するにはどうしたよいだろうか。
イマヌエル・カント
『プロレゴメナ（未来形而上学序説）』1783

腕のほかには全空間が空っぽのとき、この腕が右腕であると明言することは意味をなすかどうか、というパズルを提案した。はっきりしていることは、答えがないということである。〝左〟とか〝右〟という概念は空虚な空間では意味をなさないからである。

なぜかを理解する糸口として、そこが手相見の店であることを示す大きなプレキシガラスの看板を想像していただきたい。その店は有名な占い師モム・オクソが経営しているものとしよう。手のひらの輪郭とシワが透明なプレキシガラスに描かれている。そこでその看板を一方の側から見れば右手に見えるだろうし、反対側から見れば左手に見えるだろう。ところがこの看板の二次元平面を外から眺めることができることを一度了解してしまうと、手のひらが本当に右手の方だというのは意味をなさないということに気がつくはずである。

図42★手相見モム・オクソの看板用「カントの手」。

同様のことは三次元空間でも正しい。四次元のどちら〝側〟から見るかによって、右手

図43★キューブ氏がスクエア氏を訪問する。

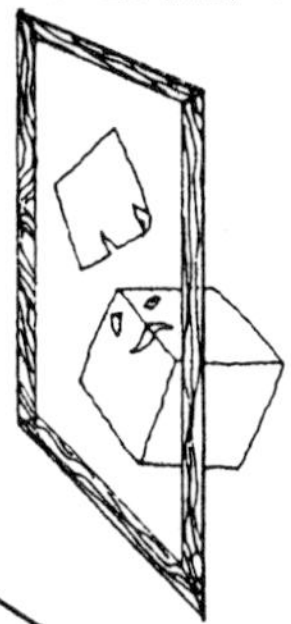

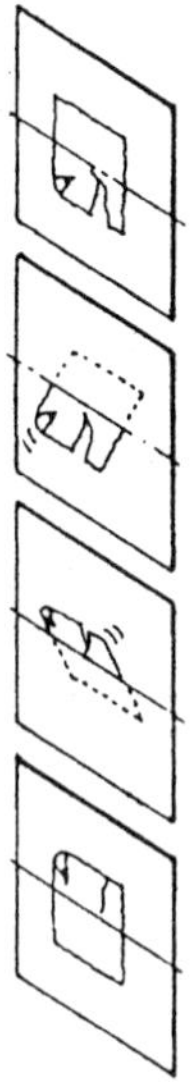

図44★スクエア氏がひっくり返る。

に見えたり、左手に見えたりする。別の表現をすれば、右手を四次元空間にひき上げてそれを“ひっくり返せば”左手に変えることができるのだ。

これをスクエア氏によってドラマ化してみよう。第2章フラットランドの終わりで、スクエア氏の三次元への旅をスフィア嬢とスクエア氏との大いなる議論で結んでおいた。アナロジーによってそれを超える四次元世界も存在しなければならないという結論を下し、そこを経験したかと尋ねている。しかし、ここではよく起こるように、教師が挑戦した以上に生徒の方がはるかに先を見ているのである。一次元ラインランド、二次元フラットランド、三次元スペースランドを超えた四次元“ソートランド”があるに違いないとスクエア氏が言い張るので、スフィア嬢はいらいらし、とうとう怒りだした。しかし、スクエア氏は、もっと高次元を夢みて話し続けた。スフィア嬢は度を失い、高次元への旅は終わった。

外でドスンという大音響がして、僕の言葉は中断され、同時に僕の内にもドスンと鳴り響いた。それは話が伝わる速さで空間を伝わり、僕の邪魔をし、押しやるのだった。落ちる！ 落ちる！ 急に降下していた。フラットランドへの帰還が自分の定めであることを僕は知った。眼前にぼんやりと広がる大平原が見えた。これは忘れ難い光景であった。僕は再び自分の宇宙にもどってきたのである。それから暗くなった。そして最後の雷鳴でその旅は終わったのであった。ふとわれに返ると、再び平面上を這って歩く普通の四角形になっており、自宅の書斎でこちらにやって来る平和な妻のかん高い声を聞

図45★ラインランド国王がはじかれる。

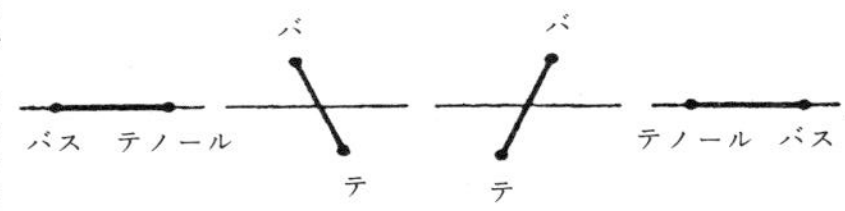

図46★フラットランドの鏡。

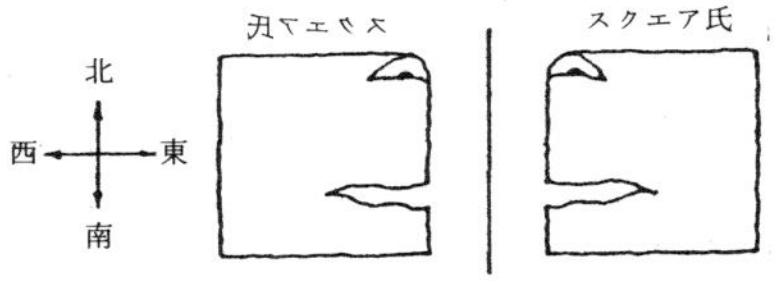

いているのだった。

裏返ったスクエア氏

さてスクエア氏はもちろん自分の天啓体験を人に話したいと思ったがまったく驚いたことには、フラットランドで高次元の話をするのは違法なのであった。つとめて抑えていたが、ついに地方思索学会の席上でこう述べた。

スフィア嬢とともに空中に旅行した全貌を正確に記述するにはいまでは記憶が薄れてしまっております……。最初は、確かに私は偽って、架空の人間と空想的な経験をしたと述べておりましたが、やがて感きわまってすぐにあらゆるごまかしを捨てざるをえなくなりました。そしてしまいには聴衆に偏見を捨てて三次元を信じて下さいと熱心に勧めたのです。

言うまでもなく、直ちに私は逮捕され、評議会の前に連れていかれる破目になったのです。

スクエア氏は有罪と宣告され、終身刑に処せられた。ときとともに彼はますます三次元について考えるのが難しくなった。エドウィン・アボットの『フラットランド』では、刑期を七年勤めてますます衰えてゆくスクエア氏という下がり調子で結ばれている。

一九八四年は『フラットランド』刊行百周年の記念の年である。私はスクエア氏が健在で活躍しているということを報告できるのを喜びとするものである。彼は健在であるというだけでなく、別の冒険談を伝えることに満足しているのである。以後本書の随所に『スクェア氏のもう一つの冒険』についてまとめた私のノートから引用をしていくことにしたい。ここではまず最初の一節を引用し、左右の問題をあつかった抜粋へと話を進めることにしよう。

私があなた方スフィアランドの愉快な国民と話をしてからまる一世紀もたってしまいました。一時健康を損いましたが、また丈夫になりました。獄中で衰弱したどころか、いまでは神学の名誉教授になっております。サークル総長は、天使や神として高次元宇宙空間生物(HSB)を崇めるミサを奨励しております。私の助手たちは、多次元理論の数学を前進させてきております。

私の特別な天啓は昔は神秘的なものでしたが、いまではどちらかといえば、一般大衆にとっては通俗的にすぎ、知識人にとっては該博な解析の対象になってしまっています。高次元空間というものはどんな想像力をも超越した王道なのだということを決して見失わないようにしたいものです。耳、もてるものよ、耳を傾けよ。

最初、私は侵入者を同僚のスクェア卿と間違えました。しかし、彼の周辺を探ってみて、異常なことを発見しました。目がなかったのです。私は彼を励まそうと考えて、つぎのような会話のやりとりがありました。

●世界でもっとも大きいブルードの・ソーセージから薄く輪切りにしたように見えるものは、模型の船の真ん中にあるように思われた。ヴァーナーはためらった……興味を惹かれたが、怖くて尻ごみした。「君かい、ミック？　君はへんな格好に見えるぜ」。

そのスライスの形は、動くシルエットに見えたものが最後にヴァーナーの前に漂ってくるまで、少しずつ変化した。それは薄い薄い人型に切り抜かれた紙のようで、ありとあらゆる色を塗りたくった……漂う奇妙な色パターンのようだった。突然ヴァーナーは、自分が見ているのはミック・ストーンの実際の断面なのだと気がついた。それはまるで誰かが大きな鋭いカミソリでミックの前半分を後半分から切り離したようだった。そして薄片にそぎ落として、ヴァーナーの方にひらひらさせたようだった。

　その断面はかすかに揺れ、ミック・ストーンは模型船にもどっていった。彼は変に曲がって見えたほかは申し分がないように思えた。彼は安心させようとしてヴァーナーに向かって左手を差しのべた。「すばらしい――」。彼は面前の爆発でさえぎられた。

　ヴァーナーの歯車が突然噛み合った。「もどるんだ！」と彼は叫んだ。「君は後に下がるんだ！　いまは君は反物質でできているんだ！」それがミックが奇妙に見えた理由であった。彼は超空間に出かけて行って鏡像としてもどってきたのだ。それは彼のどの粒子も鏡像粒子、すなわち反物質であることを意味していた。

ルディ・ラッカー
『時空ドーナツ』1981

私――――今度は失明しているあなたが投獄されたのですか？　どうして僕の独房にいるのですか？
新来者――――僕を監禁するだって？　僕は君の生活の中にはいないんだよ、スクエア君。僕はスフィアランドの立方体ことキューブという者です。どうかよろしく。
私――――あー何という神慮なんでしょう。だけど、旧知の師スフィア嬢はどうなりましたか？
キューブ氏――――スフィア嬢のことは心配ないよ、スクエア君。彼女が君を救出していれば、君はずっと前に救い出されていたんだがなあ。いったいどれくらいの期間を刑に服していたんだい。
私――――今までの獄中生活の長さを尋ねておられるのですか？　七〇年ですよ、先生。実のところ、なぜ彼女が僕を独房から引き上げてくれなかったのかと訝かしく思っていたものです。しかし、もし逃亡すれば、評議会は僕を再投獄し、もっと事態は悪くなったことでしょう。
キューブ氏――――心配御無用。君にどんなことができるか考えていたんです。キューブとスクエアが連れだっていくのが、当をえたことでしょう？　僕の考えは、君のために三次元が存在することを証明してあげたいということです。
私――――おっしゃることがよくのみこめませんが。
キューブ氏――――よろしい、ここから出してあげましょう。
　キューブ氏は私の方にやってきて、私の角(かど)を口にくわえました。体の中心を軸にして

図47★反転前と後。

言いようもない回転が起こったと思ったら、すべてが静かになりました。キューブ氏の姿はありませんでした。私は相変らず独房におりました。しかし……すべてが違っているのです。すべては鏡の中で見るようなものだったのです。目まいがし、頭が混乱して眠りに落ち、ラインランドの夢を見ました。

スクエア氏のラインランドの夢では、もう一度あの、左側でバスの声を、右側でテノールの声を発するラインランド国王と話をしているところだった。スクエア氏は国王を実際にひっくり返してやろうと思いたち、ラインランドにやって来たのである。そして国王の中点を軸にポンとはじいて回してやった。他のラインランドの民衆は国王が鏡像に変身してしまって、正しく発声しないのを聞くことができるわけである。逆上した民衆は国王に襲いかかり、彼をズタズタにした。

スクエア氏が翌朝めざめたとき、すべては逆向きに見えたままだった。そして朝食を運んで来た看守がわが友人を一目見て絶叫しだした。あのクレイジーなキューブ氏がスクエア氏の中心軸のまわりで彼をひっくり返したのは現実だったのである。

標準型のフラットランド人は、目が北の方にあるときには、口は東側を向いている。しかし、スクエア氏はいまや反対向きなのである。

まさに四角形をそっくりひっくり返したものになっているのだ。

評議会がスクエア氏に会い、〝神の不興をかった物体〟と断じ、処刑することに決めた。

メビウスの発見

すぐにもスクエア氏の冒険にもどるつもりだが、ここではちょっと立ち止まって、第四次元ではどのように〝ひっくり返る〟のか考えてみよう。それは、四次元生物が四次元方向に君の体を貫いて分断している平面――たとえば鼻の先、へそ、背骨を含む平面としよう――のまわりに君を回転して鏡像に変えてしまうようなものだろう。君の体のその平面は私たちの空間で動かずにじっとしている。たとえば、右半分がアナ運動をしたとすると、左半分がカタ運動をするのだろう。両方の半分がその平行空間内で回転平面を横ぎって動き、その後私たちの空間に揺りもどされるのだろう。平面のまわりを回転するといっても私たちには想像するのが難しい……しかし、フラットランド人にとっても、線のまわりの回転を考えるのがいかに難しかったかを思い起こしていただきたい。

回転途上の間は、君の姿は奇妙に見えることだろう。というのは、私たちの空間に残っている君のすべては、ミクロトーム［顕微鏡用薄片切断器］で切った薄い組織の断面になっているだろうから。もし君が私たちの空間に対して直角方向に上下に動いたとしたら、順繰りに私たちは君の各断面を見ることができ、君の体内の働きの3D情報をありのままに得ることができるのである。

実際、CTスキャンとして知られている医療診断装置はこれと似たような過程をとっている。つまり一連の断層X線を眺めることによって人体の3Dモデルを構築するのである。物体をその鏡像にしてしまう四次元回転は不可解に思われるけれども、実際にそのよう

●残念なことに、プラットナーが自分の死後解剖されるのは厭だと言っているので、彼の体の右半分と左半分が入れ替わっていることをはっきり証明することは永久にできないかも知れない。その事実におよそ彼の話の信頼性がかかっているというのに。普通の人が理解する意味での空間で人間を移動させて、左右を入れ替えてしまう方法は存在しない。どんなことをしても、右は右、左は左のままである。もちろん、完全に薄っぺらで平らなものでならそれをやってみることはできる。左右が識別できるものならどんなものでもよいからその形を紙で切り抜き、それを手に持ってただひっくり返せば左右が入れ替わるからである。しかし、厚みのある物体ではそうはいかない。数学者が語ってくれるのは、厚みのある物体の左右を入れ替えることができる方法は一つしかなく、その物体を私たちの知っている空間からそっくりとり出し――つまり、普通の状態からとり出し――、どこか外の空間でそれを

にして起こる回転を見ることは可能である。それを手短かに述べてみよう。第四次元への本当の直観を与える方法はキューブ氏にもとづいて行わなければならない。

お気づきのように、キューブ氏には典型的な精神分裂症の特徴があった。解析的で社交的な左脳が支配している彼の顔の右半分には、友好的な微笑といかつい三角の目があった。陰気で直観的な右脳が支配している彼の顔の左半分にはしまりのない表情とキョロキョロとした丸い目があった。明らかにキューブ氏とキューブ氏の鏡像とは全体的に違っている。三角の目はキューブ氏には右についている。キューーブ氏には左についている。

平面上でスクエア氏をいくらくるくる回らせてみたところで鏡像に変えることができないのと同様に、3Dでいくら転がしてみても、スフィア嬢がスヘィト嬢に変わった試しはない。しかし、一八二七年に数学者のアウグスト・フェルディナンド・メビウスは、3D物体を四次元空間で適当に回転させれば、実際にその鏡像に変えうるということを発見したのである。

ネッカー立方体を凝視する

驚くべきことに、現実に心の中で四次元空間におけるような回転をしてみることが可能なのである。読者の多くは〝反転立方体図〟をよく御存知であろう。それはネッカー立方体ともいわれている。立方体の骨組み図をしばらくじっと見ていると、心が図を3D的に解釈し、図示した二通りの図形の間を行ったり来たりするようにもし〝行ったり来たり〟が煩わしいと感じたら、図の中央に注意を集中させどこか一つの角を心の中で〝押す〟か

ひっくり返すことだということとである。もちろんこれは少し難解ではあるが、数学の理論の知識をあまりもたない人でも読者にその正しさを確信させてやれることだろう。もっと技術的な言葉で言えば、フラットナーの左右が奇妙にも反転しているというのは私たちの空間から第四次元と呼んでいる空間に彼を動かし、再び私たちの世界にもどしたという証明になるのである。自分が念の入った、動機のない作り事の犠牲になったと考える方を選びさえしなければ、これが起こったとほとんど信じざるをえないのである。

H・G・ウェルズ
『フラットナー物語』1896

◉天国だって？ 最近そいつを

〝引くか〟すると一方の図に収まるだろう。

ここでネッカー立方体の反転を重要なものにしているのは、最初に描いた骨組みの二通りの3D解釈は実際にそれらがお互いの鏡像になっている！　という点にあるのだ。

これは、キューブ氏の目と口をネッカー立方体上に描き込み、キューブ氏の体はガラスのように透き通っていると考えることによって見ることができる。その目と口を立方体の手前の方の側面に置けば、ちょうど右側に三角形の目がついたキューブ氏を見ていることになるが、向う側の側面に目や口がついていると解釈するとキューブ氏の裏面図、つまり左側に三角の目を持つキューブ氏の鏡像を見ていることになる。キューブ氏が透明であれば、最初のあいまいな図を、このキューブ氏かキューブ氏の鏡像かのどちらかだとみなすことができる。

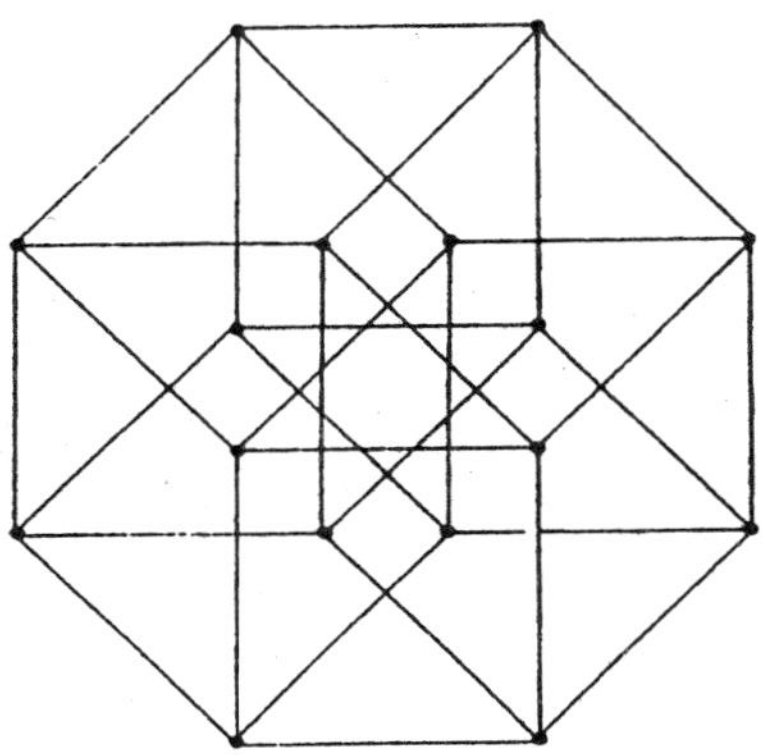

図52★超立方体。

すっかり経験したばかりだよ。

天国というのは、苦しみをストップするところに存するのでなけりゃならん。しかし、そうすると苦しみがなけりゃ天国に住んでいることを意味するわけだ！　そうだとすると僕らはいまでもそれを知らないのさ。

幸せな人と幸せでない人が同じ世界に住み、いまでもそれを知らないでいるというわけさ！

過去数か月の僕の生活はね、気まぐれで不可解な迷路を歩きまわっていた感じだね、やっといま、きっちり出発点にもどってきたのさ。しかし正常な次元の外で動いていたから、どういうわけか左右が入れ替わってしまったんだ。右手はいまでは左手になっていて、左手は右手になっているのさ。

前と同じ世界に舞いもどってみると、いまでは幸福に見えてくるよ。

ドアのはげかかったペンキが神秘的な芸術の仕事になるんだものね。

ラース・グスタフソン
『養蜂家の死』1978

ここでの要点は、ネッカー立方体が反転し、別の図形に変わるのは、第四次元への回転と等価だということである。それは速すぎてとらえ難いが、しばらくそれを見ていると、第四次元をかいま見ているのかもしれないというような気分がしてくる。ちなみに、超立方体の図は、ネッカー立方体の反転によって眺めるのには格別に具合がよい。それを曼陀羅を見るように凝視してみよう。そうすれば、それはまさしく生き生きと動き出して、超空間にいたる最良の手段となるだろう。

図53に描いたネッカー・キューブ氏を折ってやると、ネッカー立方体のまことに劇的な変型版を作ることができる。紙を折ると、それは空洞になっている頭の内側から見たようなキューベ氏の姿になっているのである。ネッカー反転で手前にある頂点を引き寄せると、まさにキューブ氏の姿になる。この錯覚を(**別の目を開くか、モデルの裏が見えるだけ回転させることによって**)壊すと、この物体は〝ぐらつき〟、四次元を介して空洞のキューベ氏にもどってしまうのである。

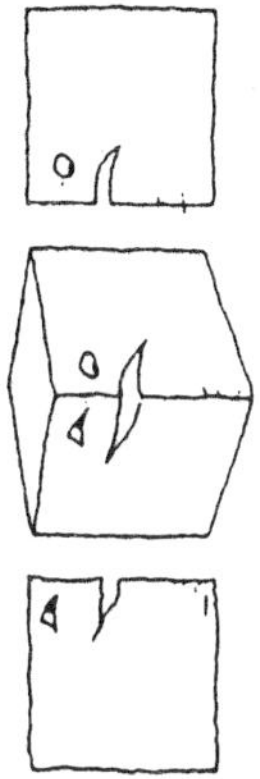

図48★キューブ氏。

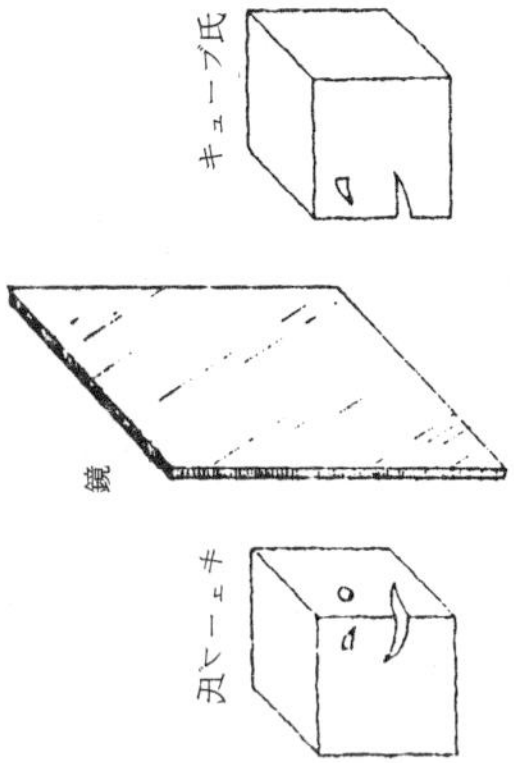

図49★キューブ氏と鏡像。

1、図を書き写す。
2、輪郭に沿って切り抜く。
3、線分ACと線分DEに折り目をつける。どちらの場合でも線が引いてある。面を折り込むようにして折る。
4、AB間を切り開く。
5、上の〝四角形〟の一つをもう一つの四角形の裏に重ねて、壁と天井が会している部

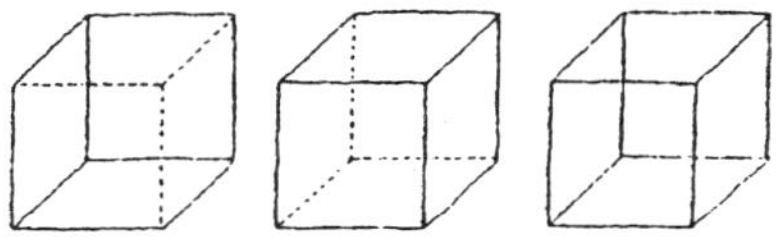

図50★ネッカー立方体とその二つの解釈。

屋の隅のように作る。これを右手の手のひらに載せる。

6、目を近づけてその角(かど)をじっと見つめる。ネッカー立方体の反転が生じるまでその角を〝引き寄せ〟る。

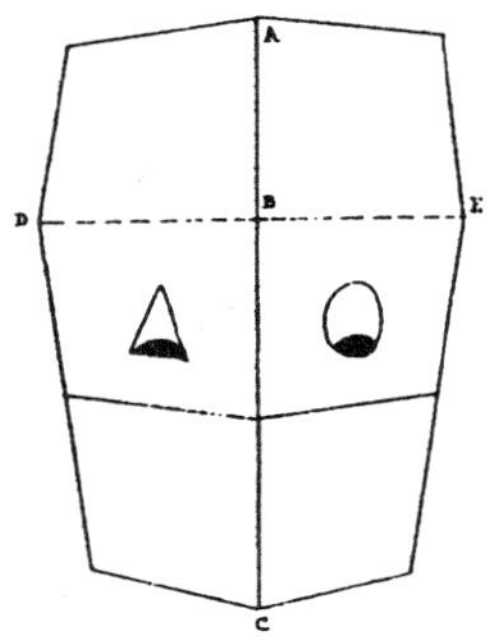

図53★ネッカー・キューブ氏の図。

7、この物体を一度そっくりひっくり返して手をまわりに動かしてみる。

8、この錯覚がうまく起こらなかったら、光が一様に当たっているかどうかを確認してみる(**陰は深さを生じるきっかけにはならない**)。ネッカー反転が起きるまでそれをしっかりともっていること。

立方体が一度反転すれば、それが不自然に動くように見えると思う。それを反転させ、手の中であやすように揺すってやると、空中に直立し、手の動きに合わせて反対方向にゆっくり振動するように見えるだろう。もっとも顕著な効果が、立方体を下に置くか壁に貼りつけるかすると得られる。反転するのである。さて、読者がもしそれを頭のまわりで動かして反転を起させることができるようになったとすると、明らかに立方体がいつもきちつと君の方を見つめるように顔を向けるのがわかるだろう！

ここで私のモデルが、オレゴン州アルバニー在住の天才的幻術師ジェリー・アンドラスが考案したものと類似したものだということをお断りしておかなければなるまい。アンドラスは自分の反転パターンをパラドックスと呼んでいる。

鏡の国のルディ

就寝前にネッカー・キューブ氏を十分に眺めてから床につくと、実際に気分の悪い夢を見ることになるようだ。第四次元というものが理論的にも哲学的にも大いに興味がもたれるものだとしても、それがあまりにも現実化してくるとき、何かしら恐ろしく、心も歪むものがつきまとう。私は、とくに一九七六年に見た一連の夢を思い出す。そのすぐあとで、右とか左とかいう概念は、上下あるいは前後と同じように相対的なものだという理解に達したのである。

この夢の中では、私は両側の誰かと並んで通りを歩いていた――それが左側に妻のシルヴィアが、右側には友人のグレッグがいたとしよう。私は自分の体から抜け出て、少し離れたところから、最初は私たちの空間の一点から、ついで完全に空間外の一点から私たち三人を眺めたのだった。私が強い印象を受けたのは、私が超空間のどちらの半分から見ているかによって、この三人の順序が、シルヴィアールディ（私）ーグレッグかグレッグールディーシルヴィアかになるということだった。通りを歩いていく夢を見たとき、そのような移し変えを心の中で始めていた。まわりの町全体が、それ自身とその鏡像との間を行きつもど

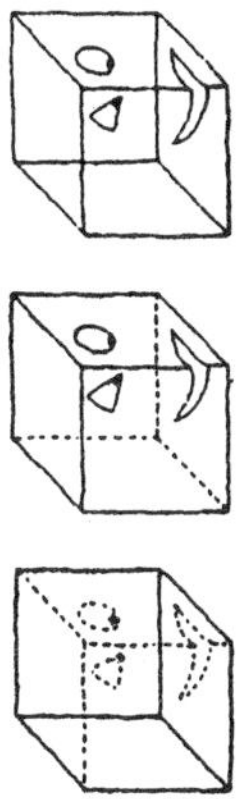

図51★キューブ氏がキューゾ氏に変わる。

◉「実際の物理的世界で、僕は誰にも負けないほど造作なく速やかに回転できるさ。だけど、目は閉じ体を動かさずに、精神的に一方から他方へ向きを変えることができないんだよ。脳の中継細胞がいくつか働かないんだ。もちろん心象風景のスナップをとっておいて、反対の光景を気長に選んで出発点にもどっていくことで、ごまかすことはできるんだがね。だけどごまかせないと、ある種のひどい障害がでてきて、それを押さえようとすると気が違いそうになってしまうんだな。一方向から反対方向に直接変換するねじり(一八〇度の回転)を考えることがうまくいかないんだよ。振り返ることを想定し、〝左〟に見ていたものを〝右〟に、あるいはその逆に見ようとするとき、僕は押しつぶされんばかりになっており、自分の背に全世界を載せて運んでいるんだ」。

ウラジミール・ナボコフ
『道化を見よ』1974

りつ変化するのであった。ある朝、目覚めたとき私と全宇宙が一晩で鏡像に変わってしまっているという確信をもったことがある。なかでも最悪の日は、ベッドから起き上がって実際に反転が起きるのを見たときであった。つまり、部屋全体・家具一切が、ドシン・バタンと勝手に鏡像に変わるのだ。しかし、もちろん私は何ごとも立証することができなかった……またもとにもどってしまっていたのである。

こういった経験のあとで、世界がその鏡像に変わってしまったという感覚と関係のある客観的な事実はないかとしばしば考えてみた。思いついた一つのアイデアは、われわれが脳の外に投影して超空間に入るような心の4D成分をもっているのかもしれないというものだった。もしこの〝超脳〟物質がたとえばもともと主にアナ側にあって、そこから主にカタ側へとシフトしたとすると、図42に描かれた手のひらが、片一方から反対方向に観察者が移動するにつれて変わるのと同じように、世界が変わったということが正当化されるだろう。

私は、時々左右が混乱してしまう。そんなとき確かなことといえば、つぎに来るものが何かということだけである。この感覚はイギリスに行くと――あるいはイギリス映画を観れば――得られる。そこでは誰もが私たちと反対に道路の左側を運転しているからである。左右のとり違えのきわめてありふれた例は、鏡で歯を調べていてそれを舌で触ったときに生じる。左右はすぐにどうしようもなくごっちゃごっちゃになってしまうのである。次章でお話しするチャールズ・ヒントンは、わざと左右をとり違えさせるのが、四次元的思考へいたる最良の道だと思っていたのであった。

★パズル 4·1

平面と直角に交差する立方体は正方形の断面をもつ。では三角形の断面をもつように、立方体と平面を交差させることは可能だろうか？　どんな具合に？　立方体はほかのどんな形の断面を示すだろうか？

★パズル 4·2

ここにあるのは非常に顕著なネッカー型の幻覚である。この小人はカブト虫を見ることができるか、できないか？

★パズル 4·3

ネッカー立方体を見つめるのは四次元を考える上で役に立つ。スクエア氏が三次元を考えるのを助けるのに使える"フラットランドの錯覚"を考えてみて欲しい。

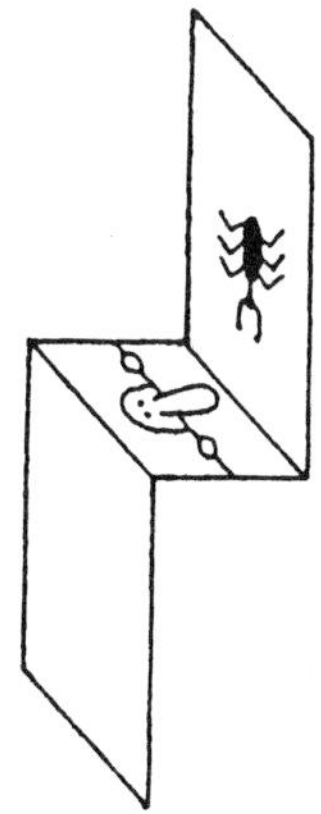

★キルロイは昆虫を見ることができるか？

第五章

幽霊は超空間からやってくる

降霊術の宴

心霊術——死霊が私たちの近くにいて接触したがっているという信仰——が一九世紀後半ほど俗受けした時代はなかった。アメリカ合衆国からイングランド、ヨーロッパにいたるまで、アマチュアの霊媒も職業的霊媒もこぞって降霊術の会を催したものであった。集まった人々が暗い部屋の中のテーブルのまわりに座り、霊媒がうめき声をあげたりつぶやいたりしたあとに、心霊が現れるのである。

それなら心霊が現れたという現象はどんなことだったのか？　たいてい机をコツン、コツンと叩くような音をたてただけである。またそれらは物体を動かしたりもした。テーブルが回転したり、前後にゆすられたり、ときには空中に持ち上げられたりするのだった。心霊はメッセージを送ったり、しばしばテーブルの下に置かれたスレート板に鉛筆で単語を書きつけたりもした。それは物質化して白い霧［**エクトプラズム**］となったり、ときどきはテ

◉(1)物理的には、死者の霊魂が霊媒と呼ばれているある生物体に入ってきて束縛されるのである。これらの霊媒の出身階層は少なくとも当面はそれほど広がりをもっておらず、ほとんどがアメリカ人である。これらの霊媒の意のままに、遠く隔たった霊魂があくまでも無目的な性格の機械的な離れ技を演ずるのである。コツコツと叩いたり、テーブルや椅子をもち上げたり、ベッドを動かしたり、ハーモニカを吹いたり、他の同じようなことをするわけである。(2)知的見地から心霊が霊媒たちのスレート板に託した記録から判断するなら、心霊のありようは誠に

痛ましいかぎりの存在と言わなければならない。スレート板に書かれたことは、一貫して愚にもつかぬ範疇に属するものであり、全般に無内容である。(3)心霊たちについて明らかにもっとも気に入られているものは、その倫理的な状態である。私たちが有する証拠によれば、その性格は無害なものだということ以外に何も言うことができない。心霊はたとえばベッドの天蓋を破壊するというように粗暴にふるまったかと思うと、きわめて礼儀正しく自制したりするのである。

ヴィルヘルム・ヴント
『降霊術、いわゆる科学の疑問』
1889

ーブルの反対側まで届く心霊の手になったりした。

もちろん降霊する霊媒には、当初から詐欺の嫌疑が大いにかけられていた。世間の人々は死後の生活を熱心に信じたがるものだから、降霊術の会に参加したという報告はあまり信用がおけないのであった。多彩な逸話の集積は、実際の科学的研究の場を得ることはできなかった。降霊術を信じた少数の科学者は、幽霊がいるという信念を支持する一種の固体理論を見つけ出そうとし始めた。

まったく抽象的なものではあるが、心霊が存在するとすれば、二つの可能性がありそうに思われた。

私たちの空間にいるが実体のないものであるか、まったく私たちの空間の外にいるかである。私たちの空間の中にいて、あいまいな形をもつ幽霊という考え方は初期の降霊術者に人気があった。彼らは幽霊は、〝心霊体(エクトプラズム)〟からできているとか、もっと具体性を欠いた〝振動エネルギー〟であると思っていた。ここには一つの難点があった。もし幽霊が実体のないものであるとしたら、どのようにして降霊術の会の重いテーブルを持ち上げるようなことができるのだろうか？

幽霊が固体や実体のあるものだと考えても何の困難も生じないが、それらが固体であるとするなら、当然どうして私たちはもっと頻繁に幽霊に気づかないのかという疑問が湧いてくる。それに対する回答は、幽霊の住まいはどういうわけか完全に私たちの空間の外にあるという主張である。幽霊たちは空間の外でどのように最善の生活をするのであろうか？　彼らを無限に遠くに置くことはできるが、しかし霊媒が呼び出したときいかに早くここにやって来るかという点で問題が生じてくる。幽霊は四次元に住んでいるというのが、より申し分のない説明である。

この着想の美しさは、幽霊はもっぱら私たちの物質的な空間の外にいるが、――同時に――すぐ隣りにいて、数フィートだけアナまたはカタの所に待機しているという点にある。幽霊が四次元生物だという着想は一九世紀にはもっとも通俗的なものになったが、それは約二〇〇年前にケンブリッジのプラトン主義者ヘンリー・モア(一六一四―一六八七)によって示唆されたものである。科学的な降霊術者と同じように、モアは幽霊や天使やプラトン哲学のイデアは実体のない抽象として存在することができるという考え方に反対した。もし幽霊が実際に存在するとすれば、実際に空間を占有しなければならないと彼は考えた。しかしもし人間の魂が空間を占有するなら、立体的で物理的な人間の体の中にどのようにしてそれが入り込むことができるかという疑問が生じる。一六七一年にモアは、幽霊は四次元的であるはずだという提言を思いついた。彼はこれを〝物質の濃密さ〟のようなものを意味する物質度(spissitude)と称する神秘的な属性で言い表した。彼のアイデアの夢占いは、物理的には同一だが死人と生身との違いは、生身の方が物質度が高いということ、そして物質度は四次元方向の超厚さに対応しているので物理的には観察されないものであること、の二点にあるように思われる。

ツェルナー博士の災難

四次元から幽霊が降霊するという見解を実際に通俗化させた人物は、ヨハン・カルル・

図54★オカルトの力。

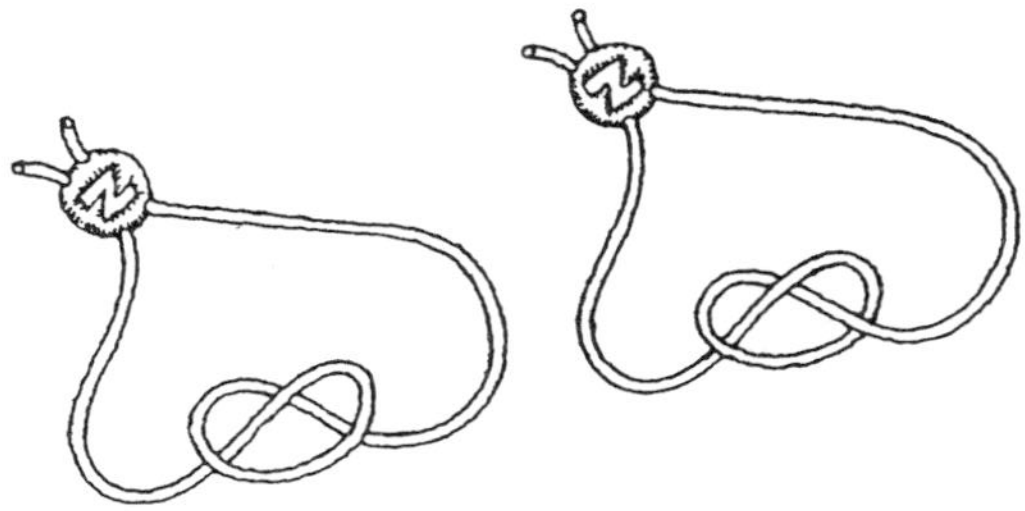

図56★ツェルナーのひも。前と後。

フリートリッヒ・ツェルナー（一八三四—一八八二）であった。ツェルナーはライプツィヒ大学の天文学の教授であったが、同じ大学で、アウグスト・メビウスは一八二七年に3D物体を超空間で回転することによってその鏡像に変えることができることを発見しているし、グスタフ・フェヒナーは一八四六年に『なぜ空間には四次元があるのか』というエッセーを書いている。ツェルナーは一八七五年のイギリス旅行で、陰極線管の発明者であるウィリアム・クルックスを訪問してから降霊術に関心を抱くようになったのである。

図55★肉体と魂。

クルックスは降霊術にたいへん傾倒しており、アメリカ人の霊媒ヘンリー・スレイドの擁護者であった。スレイドはイギリスを訪問し、しまいには逮捕され、詐欺の有罪判決を受けた。この霊媒は、霊魂が四次元的であることを証明してくれる人を心待ちにしていたツェルナーの許を訪ねたのだった。ツェルナーの一八七八年の『超越論的物理学』にしたがえば、そのとき行った実験はたちまち好評を博したということである。

スレイドが行った最初の実験は、ツェルナーが用意したひもに四つの一重結びを作ることであった。このひもには最初結び目がなく、その両端が一かたまりの封蠟で結ばれてツェルナー自身の印が押してあったから、この離れ技はいっそう目立ったものとなった。もちろん実際には、スレイドが巧妙にひもを切り離したことは疑いないが、もし本当に彼が騙したのでなかったとしたらこのトリックは四次元的なものであったはずである。

なぜだろうか？ それでは幽霊がひものごく一部分を私たちの空間の外のアナ方向に動かすことができるものとしてみよう。すると実際上ひもに切れ目ができ、ひもに輪を作って〝潜らせ〟結び目ができるようになるだろう。ひもが適当な位置におかれたら、動かされたひもの切れ目を私たちの空間のカタ方向にもどし、ひもの端を動かさずに結び目を締めればよいということになるからである。

それは結び目を作る一つのやり方である。もっと簡単なやり方は、最初に結び目を作りそれからその両端を合わせて印を押すことである。両端が結ばれ封印されているひもに結び目があっても、それだけですぐさまこの結び目が四次元幽霊によって作られたものだと信じるわけにはいかない。もちろんツェルナーはこれに気がついており、スレイドの霊媒仲間が四次元性の永続する証明を樹立することができるようなおもしろいテストをいくつか立案してやった。そのうちの三つが『超越論的物理学』に書かれている。

1、それぞれ一木から挽いた二つの木製の輪——一つはオーク［ナラの木］で、もう一つはアルダーウッド［ハンノキ］でできている——がある。……この二つの輪を壊さずに連絡することができるか。もしこれができたら、木材の繊維が連続していて損われていないかどうかを顕微鏡で子細に調べるテストによって、さらに確信が深まるだろう。異なる二種類の木材を選んだので、同一材料から二つの輪を切って作る可能性もまた排除されるわけである。したがってこのような二つに連結された輪はそれ自体、一つの〝奇跡〟を表していると言えるだろう。つまり、私たちの物理的・論理的過程に関する概念は、その現象を説明するにはまったく役立たないだろう。

2、自然の被造物の中には、カタツムリの殻に右巻きと左巻きがあるように、身体の各部分の配列が特定方向を向いているものがある。四次元でこの物体を振ってこの配列を反転することが可能であるから、多くの生物種について殻のような例をたくさん、少なくとも各類に一つずつをテストに提供した。

3、紡糸工場で使用されているような乾燥ガット［ヒツジやブタの腸］から作られた、端のない帯輪に結び目があるとしたら、微細に調べてみれば、この輪のどの部分がきちっと結びついているかどうかも明らかにできるだろう。

この着想は、スレイドの霊魂が二箇の木製の輪を連結したり、カタツムリの殻を鏡像にひっくり返したり、豚の膀胱からつくった閉鎖ループの中に結び目を作ったりするというものを要求しているのである。本当にそんなことが起こったのだろうか？

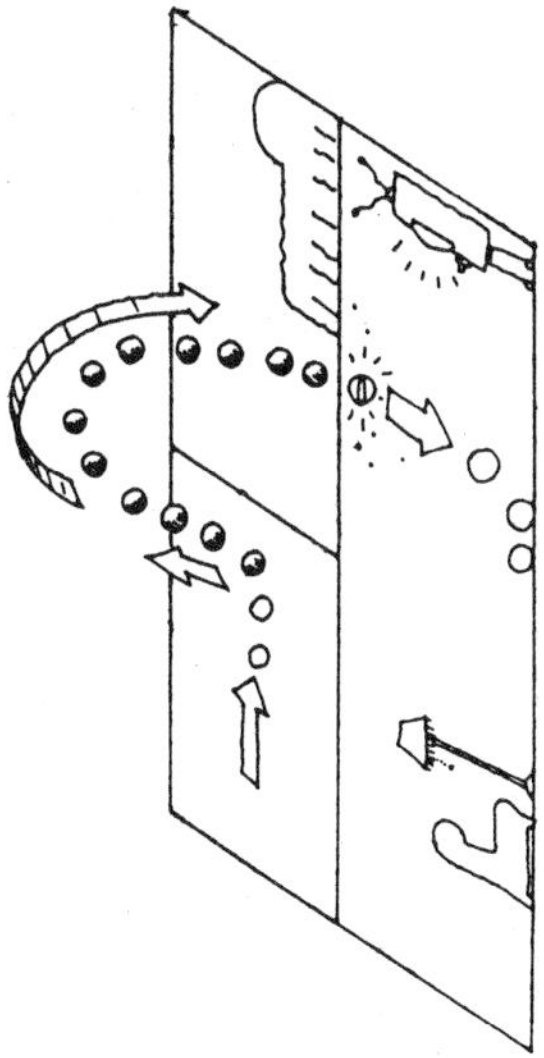
図58★映画「ポルターガイスト」のボールが進む場所。

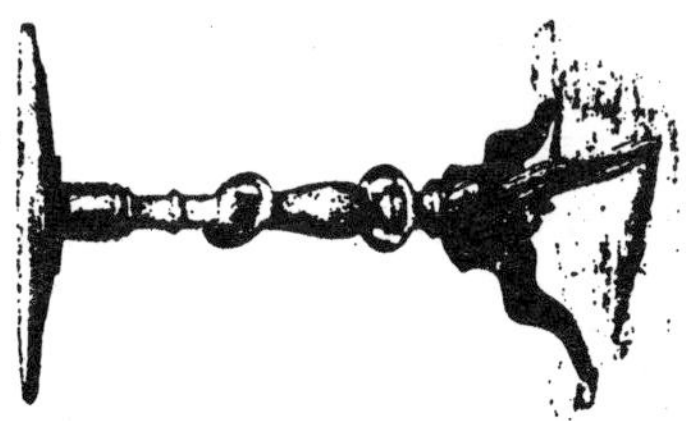
図57★4D幽霊の証拠？（J・C・F・ツェラー『超越論的物理学』の挿絵から）。

私たちの知るかぎりにおいて、自分たちが願うようなことはめったに起こるものではない。しかし過去数年を顧みてどんな事件が起こったかを注意深く思い起こすならば、賢明なる計画にしたがって私たちの運命を蓋然性の高い真の幸福へと導き、人生全体を調和あるものへと劇的に定めてくれた御手の知的卓越性に、感謝していることを認めないわけにはいかないのである。

言い換えれば、そんな事は起こらなかったのである。ツェルナーが望んだことをする代わりに、心霊たちはテーブルの脚のまわりに輪をくっつけ、テーブルの天板からその真下の床までカタツムリの殻を動かし、膀胱のひもの一点を焦がしたのだった。

ツェルナーの実験を信じた科学者はほとんどいなかった。ツェルナー自身は申し分のない正直者であったが、信じ難いほど騙されやすかったので、この俗世にまみれたことのない科学者はスレイドのようなプロのイカサマ師に手もなくカモにされたのである。一世紀経った今日では科学者はもはや安物の手品によって騙されるほど愚かではないと思われるかも知れないが、実際にはそうでもないのである。わずか数年前に、ほとんど間違いのないペテン師であるユリ・ゲラーは、スタンフォード調査研究所の多くの科学者たちの支援と賛同を勝ちえることができたのであった。スーパーマーケットの情報誌を一目見れば、大衆の心霊に対する興味がかつてないほど高まっていることがわかる。

図59★「もっとも強力な望遠鏡の助けで」。

霊界＝四次元論の限界

最近の幽霊物語は四次元を引き合いには出さない。興味ある例外はスティーヴン・スピールバーグの映画「ポルターガイスト」である。この映画の4D的場面は、ある部屋の戸棚に投げ込まれたボールが別室の天井から顔を出すときに生じる……それは第四次元を通る道筋を示しているのである！

ツェルナーの仕事の主たる効果といえば、第四次元が感心しない非科学的なものだと思われ始めたことであった。心霊は四次元に住んでいるという彼の基本的な御託宣は、聞く耳をもたない者ばかりを襲ったわけではなかった。見えない超空間世界に住むものという概念は、世紀の変わり目にイングランド中のプロテスタント［新教］のどの牧師によっても論じられたのである。

この中でもっとも著名な牧師はもちろんエドウィン・アボットであったが、天国や地獄、人間の魂や天使、神自身をも高次元に心おきなくゆだねることができるという考えを熱心に採用した多くの人たちがいたのである。これらキリスト教徒の降神信者の基本的な信条は、A・T・ショフィールドの一八八八年の本『別世界』に見ることができる。

> したがって私たちより高次の世界を想像することが可能であるだけでなく、実際にありうると結論します。第一にそのような世界は四次元の世界であると考えることができますし、第三にこの聖霊の世界は多分に、神秘的な法則やバカげてみえる言葉や奇跡的

●不可思議な現象というものは常に存在してきたし、今後も常に存在するであろう。しかし、私たちが目のあたりにしてきたように、科学が進歩して、前世を超自然的なものだとみるのが当然という立場が繰り返し明らかにされてきた。世界のことごとくを説明することができるとするツェルナーのような仮説を、神秘的に見える現象の説明にもち込むのは確かにまったく誤っている。心霊が世界の働きに任意に干渉するとみなす観点を採用するならば、すべての科学的研究は終息してしまうだろう。というのは、いかなる化学的・物理的実験も、いかなる植物学的・動物学的文化も信頼し当てにすることができなくなるからである。もし心霊が神秘的な現象の張本人だとすれば、なぜ彼らは神秘的でない現象をも支配しないのだろうか？　神秘現象が存在することは、心霊が存在し神秘現象を生み出すという仮定をどんな形であれ立証したことにはならないのである。超自然的な影響を主張しなければな

な幻や干渉、全知全能などのいや高き要求および他の細目と合致するのであります。それらから類推したものが法則となり、言語となり、四次元の要求……となるのでありましょう。

この栄光に満ちた物質宇宙は、もっとも強力な望遠鏡の助けを得て人工的に拡大された視界の果てを超えて広がっているのですが、それは聖霊世界とその住人、また天国と地獄が私たちのすぐ傍にあることを妨げるものではありません。

大は小を含むのが確かであるようにこれらの聖霊領域が物質宇宙をその片隅に占めさせているというだけでなく、広大な物質宇宙も聖霊宇宙にのみ込まれているのは確かなことなのであります。

洗練された思索者にとっては、霊魂や天使や神などが四次元空間の文字通り多量な超物質からなっていると考えることが、どこかしら粗雑すぎ唯物論にすぎるところがあるように思われる。なぜズバリ四なのだろうか？　高次の実在を任意の高次元空間で考えるのが妥当であるなら、私はそれを私たちの霊魂が無限次元ヒルベルト空間のパターンであるという説として受けとるだろう。心霊や天使が私たちの空間のまわりをうろついているという考えに対する第二の異論は、独立に行動している個体という概念そのものが、高次のレベルでは消滅してしまうという感覚である。

この最後の考えを二次元のフラットランド図として図61に示しておこう。

多数の個の集りに見えるものが、高次のレベルでは一個の高次の実在物の部分であると

らないとしても、素朴な宗教的観点を採用して、生じるすべてのものを、神と呼ばれる一者の直接的で、現実的で人格的な干渉に由来すると考えるほうが、もっと単純だとは言えないだろうか。

ヘルマン・シューベルト
『第四次元』1898

図60★神は父か？

図61★一と多。

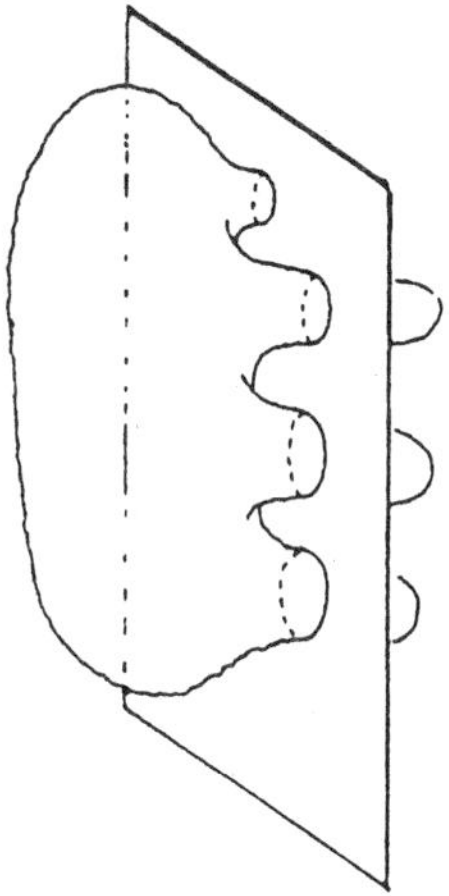

いうことになるかもしれない。高次の単一体という見解を考慮に入れず、またビリヤードのエイト・ボールで賭金を絞りとるプールのサメたちのように各種の心霊が私たちの世界を突ついているとする世界観には何か欠けたところがある。

心霊術のもう一つの欠点は、キリスト教徒であろうとなかろうと、奇跡や霊的離れ技に関する逸話によりかかっている点にある。高次元が私たちに何らかの現実的意味をもつとするならば、その意味は私たちの日常生活の一部でなければならない。私は奇跡を信じない。そんなテーマすべてに興味が湧かないのである。水の上を歩くことができるのか？　スプーンを曲げることができるのか？　など。誰も水上を歩かないと証明したことがあるのだろうか？　誰も本当に曲げないと証明したことがあるのだろうか？　私は気にかけはしない。知りたいことはもっとずっと簡単なことである。つまり、生きているということはどのようなことか、ということである。

ウスペンスキーの超空間

「私たちは三次元空間に住んでいる」という陳述は実際にはまったく複雑なものであり、どんな人も自動的に正しいと考えるものではない。空間が三次元であるのはなぜかということを人に説明するのは、実際にはその人のまわりの世界を決まった方法で考えるべきだということを納得させることなのである。建築物が立方体を基礎にしていないような異文化を考えてみよう。部屋のどの隅にも不可避的な三つの直行する線を廃し、すべての経験を三つの握りのついたエッチ-A-スケッチ［図3］の振動に帰するという見解はいくぶん奇妙に思われるかもしれない。では感情はどうなのだろうか、思考レベルや夢についてはどうなのだろうか？

ここで提案しようとしていることは、現実的な意味で、私たち自身が三次元以上の生物なのだということである。P・D・ウスペンスキーは一九〇八年のエッセイ『超宇宙論』の中でこれについてたいへん興味深いことを書いている。

> もし第四次元が存在するなら、二つのことの一つが可能である。私たち自身が第四次元を所有している、つまり四次元生物であるか、三つの次元だけをもち、その場合第四次元はまったく存在しないかのいずれかである。

> もし第四次元が存在し、一方で私たちが三次元のみを所有するなら、私たちには実際には第四次元は存在せず、誰かの想像力にだけ存在するのである。これは私たちの思考や感情、経験すべては私たちを空想している高次元生物の心の中に生じるということを意味する。私たちはその生物の心の産物にすぎないし、私たちの宇宙はその空想が創り出した人工の世界にすぎないのである。
>
> もしこれに同意したくなければ、私たち自身が四次元生物であることを認めなければならない。
>
> 私たちは睡眠中に空想的で優美な王国に住んではいないのだろうか？ そこではことごとくが変身可能なため、物質世界に属しているものには安定性というものがない。そ

◉洞穴が完全に暗くなるにつれて、音楽も消えうせ沈黙が訪れた。壁の前が明るく照明されているだけである。牧師の影がわれわれの前にうかび上がった。テキストはエペソ人への書第三章一七節、一八節の句と伝えたのち、影の頭から直接届いているように思える低い響く声で彼はこう読み始めた。〝……汝らをして愛に根ざし、愛を基とし、凡ての聖徒とともに、キリストの愛の広さ、長さ、高さ、深さの如何ばかりなるかを悟り、……〟。

筆記するには暗すぎたが、つぎの一節がスレイドの顕著なお説教の本旨を正確に要約していると思う。

われわれの宇宙――われわれが見たり、聞いたり、感じたりする世界――は巨大な四次元海の三次元〝表面〟である……。

海の表面の外側には何があるのだろうか？ 神のまったくの別世界なのだ！ 神学はもはや神の内在性と超越性の矛盾によって苦境に陥ることはない。超空間は三つの空間のすべての点

こでは一人の人間が別の人になったり同時に二人の人になったりする。またもっとも起こりそうにもないことが単純で素朴に見え、事象はたびたび終わりから始まりへと逆の順序で起こる。そこでは着想やムードの象徴的なイメージが見られ、死や空中の飛行、壁の通り抜け、水死や焼死について語られ、死んだり生き残ったりするのである。

以上のことは、降霊術の会で現れたり現れそこなったりする心霊が四次元の唯一の例だなどと考える必要がないことを示している。私たちは、自分が四次元生物で四つの側面の一つを軸に、つまり私たちの存在の小部分だけが三次元方向に裏返しになっているのだと述べる十分な理由があると言える。私たちのこの部分だけが三次元で生活し、この部分が自分の体だと意識しているにすぎないのである。私たちの大部分が四次元で生活しているのだけれどもこの大部分には気づいていないのである。あるいはこう言うほうがもっとも適切である。私たちは四次元世界に住んでいるが、三次元世界に住んでいる自分に気づいているだけなのだと。これは、私たちが一種類の状況で暮らしているけれども、自分が別種の状況にいると心に描いているのだということを意味する。

ウスペンスキーにとっては、第四次元は単なる空間概念であるだけでなく多岐にわたる複雑さと高度な統一性への気づき、つまり一つの意識なのである。彼にとっては、第四次元の数学の研究は神秘論を教えようという信念をまったく自然に抱かせてくれるものであった。これらの教えをもっとも単純な形で言い表せばつぎの二点になる——**全は一にして、一は不可知なり**。

に接しているのである。神はわれわれの呼吸よりももっと近くにおわすのである。神はわれわれの世界のどの部分をも見ることができ、われわれの空間で指を動かすこともなくどの粒子にも触れることができる。いまなお神の王国は完全に三つの空間の"外"にあり、われわれが指し示すことさえできない方角におわすのである。

マーティン・ガードナー
『第四次元の教会』1962

図62★あのスプーンを曲げろ!

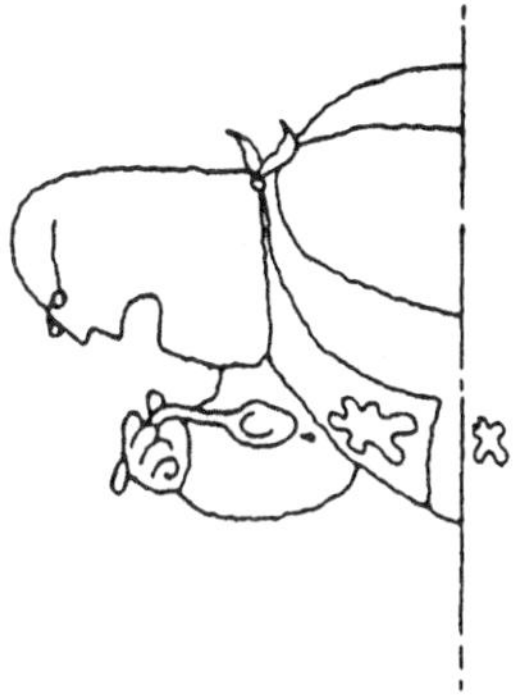

この仰々しい二つの格言が第四次元とどんなかかわりがあるのかとお尋ねになることだろう。簡潔に言えば、第一のアイデアは高次元空間を、世界のさまざまな現象を結びつけている一連の現象の背景として見ることができるということである。もしさらに高次の空間概念に考えを進めていくと、遠近、過去と未来、大小、虚実といったあらゆるものが、偉大なる一者に合一してしまうという、まさしく観念的な〝超空間〟に到達しやすいのである。

霊媒としての空間

偉大なる超空間学者チャールズ・H・ヒントンは、その一八八五年のエッセイ『多次元』の中で、神秘主義の〝唯一神〟は抽象的な〝空間〟の観念と同じものだということをつぎのように明確、かつ生き生きと述べている。

> しかし私は彼ら（**東方の神秘主義者たち**）に霊的共感を抱いている。というのは彼らと同じように、私も点や回転や証明といったすべての［**幾何学の**］背後に横たわる原因と、霊的に交わり歓喜を覚えるからである――それは霊的な話し相手と言ってもよく、その友が三〇分も心の中にいることは、いままでに聞いたどんな天地創造説よりも私には価値があるのであり、それについていままでに考えたどんな思考もまったく些細なもので、それらは無知と誤謬がない混ぜになったものだと言ってよい。彼ら（**神秘主義者**）の秘密――空間の霊的理解――が何であるか私は知らない。私の経験はとるに足らないものである。

図63★全は一である。

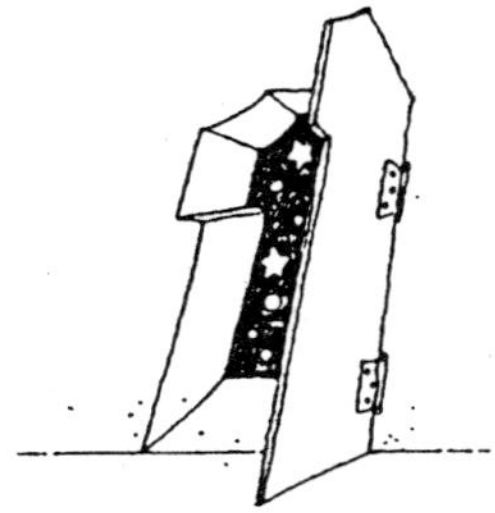
図64★唯一神は不可知である。

そうそう、汽車の旅をしていて、暗い地下駅から地下駅へと行く間、若者や使い走りの少年が粗末な印刷物の屑にかがみこんで恐怖小説を読んでいるときなどに、よく思ったものだった――つまり、彼らが私が〝空間と共在する〟と呼んでいることをすればどんなにか素晴らしいだろうにと。そうすれば、もともと決まりもなく中身も伴わない、しわくちゃの安物新聞よりはずっと、はかり知れない喜びやロマンスや好奇心が得られるだろうにと。

しかもなお、その同じ新聞を入念に調べ、顕微鏡でますます細くみるならば、インクのしみとはっきりしない繊維構造の中に、各部分がそのかぎりでは完全に明確かつ精密で、厳密に適正な構造に見えるが、それを超すとそうではなくなるのだわかる。さらにその奥に行くほどに、豊かなフォルム、諸形態の豊かな多様性と幅広さに満ちた世界が広がる。それは夢の中に登場する突飛な空想よりもずっと高く、たちまちのうちに飛び出してくるのである。

それから誰もと同じように、こう夢想したものだった。工業都市のうす汚れた水が突然裂けて、水から出たり入ったり潜り抜けたりしてアフロディーテがたち現れ、煤煙のかなたの青空に続く道を明るくさん然と照らしている。こういう判読し難い商標とかしわくちゃになった新聞には、ただ眺めるだけで、アフロディーテの無限の変幻自在性があるのである。彼女が空間そのものなのである。

こういうわけでヒントンには、空間それ自体が世界の統一性を理解せんがための霊媒になっているのである。では神秘主義を教えている第二の著書『唯一神は不可知であるか？』についてはどうであろうか？　ここでは〝知る〟という言葉が使われているが、その意味を明らかにしなければならない。神秘主義的にいえば、唯一神は知りうる、すなわち私たちをとりまく空間を感知できるとか、人生や美と愛を感じとるために心を開くことができるという意味で知りうるのである。合理的精神に対してだけ、唯一神は不可知なのである。

それを神とか唯一者とか絶対者とか全能なるものとか好みのままに名前をつけたところで、人間の有限の表象をもってしてはその究極の実在を言い表すことは本当はできない。これは全自然数（1、2、3、……）の集合Nのような無限集合を理解しようとするのと似たような状況であると言える。数の観念を認めれば、Nがどんなものであるかをかなりうまく理解するようになるものである——この高次な理解は一者を知るという神秘主義につながっている。しかし、もし集合の要素の完全なリストを作ることに固執するなら、集合Nはつねに私たちの理解を超えたところにあると言えよう——これは合理的精神が一者をまったく理解できないことと対比される。

人間のもっとも単純な行為

ヒントンは以下の長い抜粋（今回も『多次元』から引用した）の中で、空間はもっとも深奥の所では脳ではなく心によって知りうるのだという意味のことを明らかにしている。

空間は実にすばらしい。私たちはみな、空間は無限に大きく、際限もなく広がっていることを知っている。

そして心静かに空間を見やると、たちまち空間はその無限次元の性質を現してくれるのである。

けれども、大きさとか次元とかいうものにはどうも人工的な匂いがする。

大きさを測定するためには始点が必要であるが、空間には始点の目印をつける〝場所〟がない。結局、測定と言っているものは便宜上のものであり、直接空間には関係ないのである。

また次元に関して言えば、異次元を数えたり認識したりするために、まずある線を固定し、つぎにそれに垂直に別な線を引かなければならない。

しかし最初に書く直線は、無数の方向に書くことが可能である。なぜそのうちの一本を選ぶのだろうか？

もし特定の直線を一本選ぶとすると、それは空間によって自然に与えられるのではなく、私たちが望み、決定する恣意的なものだと言える。

そのようなことをすれば疑いもなく、際限のない仕事を背負いこむことになる。

人間が空間を理解する上で必要なこういった努力は、空間そのものとはかかわりがないのだと思う。私たちは自分自身に属するものをもち込み、それがもたらす複雑さの中に埋没しているのである。

私たちは自分をエジプトの神官と比べることはないかもしれないが、彼らは空間にはベールに包まれた神の力があるとして崇め、豊かな外被で覆い、麗しい衣裳で飾ったの

図65★「可視的世界という最小限の部分」。

であった。

同じように私たちも空間に広がりという衣装を着せ、多次元という装いをさせているのである。

その前で神官のように頭をたれていると、突然、神の力がみずからその装いを脱ぎすて、姿を現す。神の力そのものは顕現しているが、目には見えない。それは見えないが、そこにあることはともかく感じられる。

これは空疎な言辞ではない。特定の形式や形状で表される空間ではなく、可視的世界の細部(ディテイル)を観察するときに、いつでもそこにある空間——こういう空間は理解可能な空間なのである。それは私たちが知っている形とかものについて言っているのではない。空間がそういうものの中で理解されるということなのだ。

空間に対する正しい理解と尊敬は、多様に変化する形や形式の細部を理解することにかかっているのである。正確さと精密さという点で、それらはみな、一つの深遠な理解へと導かれるのである。

そしてこの理解というものは、それについての論議から得られるものではないということを覚えておかなければならない。それは説明することのできないものなのである。

私たちが理解していない仕組みがあまりに多く存在するからといって、あまり呆然としないように気をつけなければならない。ただ幾何学と数学だけが、不完全な手法と限界にもかかわらず、自然が教えてくれる知識の高みへと私たちを引き上げてくれるのである。

図66★「人間のもっとも単純な親切行為」。

大きさと次元がなくなる所までどんどん進んで行きたいと思うのならば、私たちはすでにそれを実行していることになる。大きさと次元のない実在は単純であり、私たちも同様である。なぜなら、どんどん進んでいくと自分自身は消えてしまい、人間の善良さというもっとも単純な行為を理解すること、大きさも次元もない人間の魂についてその根底から認識すること、そしてすべてが実在であるということを、あらためて見出すことができるのである。

チャールズ・ヒントンの数奇な生涯

この奇妙だがいやおうなしに惹きつけられる一節を書いた著者は――当時の状況において――同じように数奇な生涯を送ったのであった。

家族内ではハワードで通っていたチャールズ・ハワード・ヒントンは、一八五三年ロンドンで生まれた。父ジェイムズは生涯を通じて、耳鼻科の外科医から一宗教哲学者へさらには新しい性道徳の闘士として広く活躍した高名な著述家であった。ジェイムズ・ヒントンは、晩年には彼を崇拝する女性サークルにとりまかれていた。その大半と彼は情を通じていた。彼の口癖はこうであった。「神は男性の救世主であったが、私は女性の救世主なのだ。私は主を少しも羨ましいとは思わない!」

ハワードは一八七七年にオックスフォードから学士号を授与され、まもなく「ブール代数」を考案した有名な論理学者の娘、メアリー・ブールと結婚した。一八八〇年にヒント

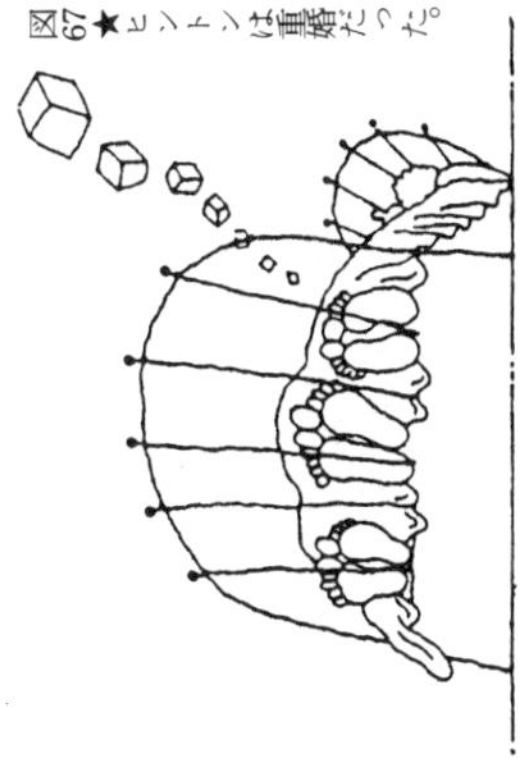

図67★ヒントンは重婚だった。

ンはアッピンガム・スクールの理科教師の口を得て、勤めながら数学修士のための研究を続けた。

十分な教育を受けたにもかかわらず、ヒントンは、自分がやや無定見で、真にきちっとした知識を身につけることがまだ何もできていないと感じていた。理性が何であるかをわかる人のために、彼は一辺一インチの立方体からなる一辺一ヤード（三六インチ）の立方体を暗記用に使うというアイデアを思いついた。つまり、三六×三六×三六の立方体を作り、その四六、六五六個のそれぞれに二語のラテン語の名前（たとえば、Glans［ドングリ］Frenum［手綱］）を割り当てて、このサイコロ・ブロックのネットワークを〝立体単語帳〟として使うようにした。たとえば、ある立体構造を視覚化したいときには、何立方インチ必要かを見て、そのヤード立方体に大きさを合せた。それから積み上げられたサイコロのリストを調べることによって、この構造を描いて見せることができた（これは途方もないことのように聞えるけれども、実際には不可能なことではない――ヒントンは実際のサイコロ面の数を二一六［六の三乗］に抑えたブロック・システムを作ったのだった）。

その後わかったことだが、この一見とっぴなアイデアがヒントンのすばらしい霊感の源泉となったのである。というのは、彼が実際に行ったことは、心の中に（第3章で議論したように）4D生物がもっていると考えられる〝三次元網膜〟を創造することだった。ある神秘的な霊感がヒントンをして正しい進路に駆りたてた。つぎに彼は二四の方向（底面の6方向×前面の4方向）のそれぞれに立方体を置いて［単語の］練習をするという着想を得たのである。

この結果、いまやヒントンは3D物体を手にして、その各部分がどこの隣りにどの部分

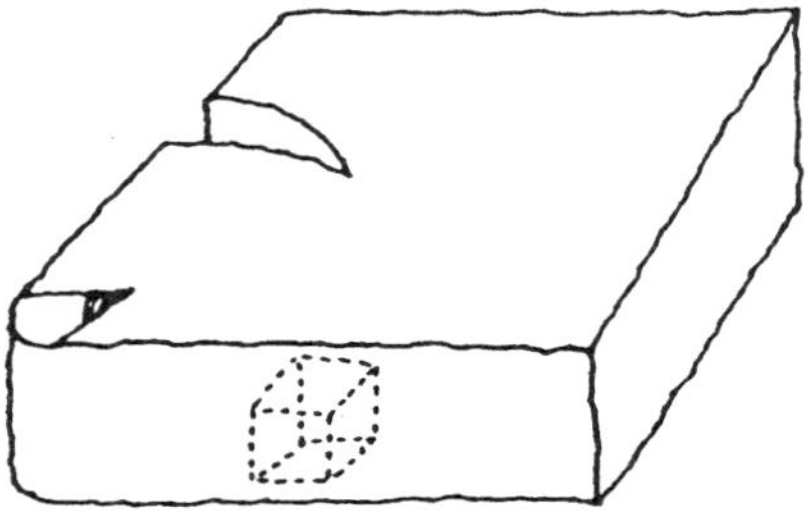

図68★スクエア氏の心象をもつ厚みのある正方形。

が来ているのかを見るだけで、前後とか上下といった私たちの空間がもっている制約から自由になることができたのである。このあとまもなく彼は、最後のステップとして、左右の概念を捨て去り、(第4章で論じたように)完全に四次元的な世界観に到達することができたのである。こうして、超立方体が私たちの空間のどこにあるかによって、その横断面がそれ自身の鏡像になりうるなどというようなことに煩わされることなく、ヒントンは難なく超立方体のあらゆる横断面を思い描くことができるようになった。

四次元についての理解が深まってきたので、ヒントンはそれについて書き始めた。一八八〇年に『ダブリン大学雑誌』に登場した彼の最初のエッセイは、一八八三年九月の『チェルテンハム女子大学雑誌』に再録された。最終的には一八八四年に、スヴァン・ゾネンシャイン出版社から無神経で営利本位の〝幽霊かく説けり〟という副題がついた小冊子として発売された。一八八四年―一八八六年の間に、スヴァン・ゾネンシャインはヒントンの九冊の小冊子を出版し、その後『科学ロマンス』という二巻本にまとめた。そのうちのあるものは四次元に関するエッセイであり、あるものは今日ＳＦと呼んでいるものである。

ヒントンは父のような快適な生活――インテリに尊敬され、女性たちから愛される作家としての生活――を享受するはずであった。しかし一八八五年に災難が襲った。チャールズ・ハワード・ヒントンはモード・ウェルドンという名の女性と重婚をしているというかどで逮捕されたのである。彼は彼女とキングズ・クロス・ホテルで一週間をともに過ごし、双子の父となった。このときまでアッピンガムの校長は、モード・ウェルドンはヒントンの妹だという印象を抱いていた。彼女はハワードの常客だったようだ。法的な妻はメアリーであったから、無論彼は失職した。経歴に破綻を来たした。一八八六年に判決を受けに出頭すると、裁判官は三日間の留置という名ばかりの刑で免じてくれた。こののち、すぐに、ハワードとメアリーと子供たちは日本の横浜の中学校に教職の地位を得て旅立ったのであった。

ヒントンがこの時期に受けたに違いない苦痛は、彼の『科学ロマンス』の中の二編「ステラ」と「未完の通信」に見受けられる。「ステラ」は、少女の保護者が、虚飾の罠や肉欲に陥らなくて済むだろうという理由で彼女を盲目にしてしまった物語である。しかしステラは恋人を見つけてしまう。男は皆が彼女に注目するように、はやりの衣服を身につけたり、化粧をしたりすることを強制するのだった。モード・ウェルドンがステラのモデルだと想像するのは容易である。

「未完の通信」は実に奇妙な物語である。それは自分の恐ろしい過去を忘れることができる健忘症の男の世話をしようとして、絶望的になっている男の話である。この健忘症男は生活の重大事を公開し、自分の秘事を共有することを力説するのだった。それはヒントンが父の自由恋愛哲学を実践させようとして創作したもので、彼がますます消沈し怠惰になるにつれて、行動が異常になっていったに相違ないことを反映している。

ヒントンが日本に向けて出発したとき、二人の友人の手に原稿を残していった。この『思考の新紀元』という本は一八八八年に世に出た。ここではヒントンは、八一個の色つき立方体を操作することによって四次元的に考える単語の練習システムを詳細に述べている。八一個というのは3×3×3×3の超立方体であることを意味する。ヒントンはここできわめて確信に満ちてこう主張している。「私が一〇年以上も研究を続けてきたこの独特の問題は、完全に解決済みである。知性は三次元空間の概念と同じほど適切に高次元空間の概念を学びとり、同じような方法でそれを使うことができるのである」と。

ヒントンは、『思考の新次元』の中で、なぜ私たちに4D思考が生じるのかということも説明している。人々はときには、人間の脳は3Dのニューロンの網目からなるので、脳の中で4Dパターンをモデル化しようという望みは無駄なことだと感じるものである。しかしヒントンは答える。私たちの空間がわずかながら4Dの超厚さをもつということはありえないだろうか？　もしこれが事実であるなら、私たちの思考をコード化している物質の小部分に実際の4Dパターンを形成する自由が生じ、4D思考は容易に達成されることになる。

ひと頃はヒントン立方体のセットを出版社から購入することが可能であった。私は以前そのセットを自作してみて、いくぶん失望した。色つき立方体を動かすのは、四次元性を考えるための初歩として最適ではないのかもしれない。

一八九三年にはプリンストン大学に数学部の教授としてのハワード・ヒントンの姿があった。不思議なことに、プリンストンにいる期間中、ヒントンは〝野球銃〟の発明にエネルギーの大半を費したのである。そういう銃を作る狙いは、一週間の練習期間にプリンストン・チームが――投手の腕が疲れきってしまうことなく――速球の打撃練習ができるようにというものであった。その銃はボールのスピードを時速七〇マイル（一一三キロメートル――秒速三一メートル）まで変えて発射することができる上に、ゴムを被った二本の鋼鉄製の指

●超幾何学に熱中したために大学の教師としてはさしたる成功を収めなかったけれども、彼は多くの友人を作った。プリンストンではかってそこでやらかされた悪ふざけのうちで、彼のものがもっとも成功したものの一つであることから学生に慕われ

が銃口にとりつけられていて、望みのカーブを発射することができた。

ヒントンはしばらく熱中してから、ミネソタ大学につぎの仕事を見つけた。一九〇〇年にはミネソタを去ってワシントンDCに行った。そこでは最初に海軍天文台に勤め、ついで特許庁に勤めた。彼の誠実な妻メアリーはこの遍歴にずっと従い、彼との間に四人の息子をもうけたのであった。彼女はワシントンでは詩歌の非常勤講師として有名になった。

ヒントンは、一九〇七年に五四歳で突然劇的な死を遂げた。「科学者、卒倒し逝く」という大見出しを掲げて彼の死を報じた当時の新聞は、博愛調査協会が毎年ワシントンで催している懇親会の席上で、司会者の求めに応じて〝女性哲学者〟のために乾杯の音頭をとったあと、彼がどのように倒れたかについて書いている。

チャールズ・ハワード・ヒントンは波乱万丈の人生を生きた。彼を支えたものすべては、若いときに楽しんだ神秘的な空間の幻想だったと私は考えたい。

ここまでの話で、ほとんどの読者が四次元に対して、それが独自の価値をもった興味深い概念だという感情をもたれたのではないかと思う。本書の第2部、第3部では、さらに論を進めて空間、物質、時間、精神の本性を理解するために四次元をいかに使うことができるかを考えてみることにしよう。

た。それは彼が野球銃(ピッチング・マシーン)を完成させたすぐあとでやったことである。彼は教授や学生を講義に招待して、問題の機械を展示し、その科学的理論を説明したのであった。教壇に立って講義をしている最中に、速達配達夫が到着し、正面通路を進んできてこの教授を大声で呼んだので、講義は中断された。彼はプリンストンの慣習にのっとって学生たちの数々の悪ふざけの犠牲となり、〝からかわれていた〟ので、聴衆はこういったバカらしい気晴らしには心構えができていた。この邪魔に抗議したが、この特別郵便配達人を追っ払うこともならなかったので、ヒントン教授は、このような時間に考慮を要求されるほど重要だという手紙を調べさせてくれるよう請うた。彼はそれを音読し、二ページ目をめくって一九五〇年の野球のスコアを読みあげるにおよんで、初めて学生たちがかつがれたことを悟ったのである。

ジェレット・バージェス
『晩年のチャールズ・H・ヒントン』1907

★パズル 5・1

線とかひもとかは3D空間でだけ結ぶことができる。2D空間でひもを結ぶことはできないし、4D空間では結び目は結ばれたままにはなっていないだろう。なぜそうなのだろうか？　4D空間では平面を結ぶことが可能である。どのようにしたら想像できるだろうか？

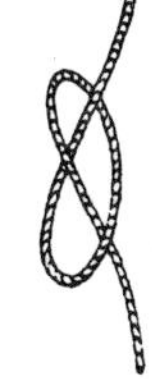

第2部
空間
Part II. Space

世界を作っているもの

空間は空虚か？

私たちは、世界が空虚な空間に浮遊している物質のかたまりからなると考えることに慣れている。物質とは何かであり、空間とは何ものでもないものである。しかしこれは本当に正しいのだろうか？　過去には、可視的な物体と物体の間の空間は希薄な物質で、なめらかで連続的な実体〝宇宙充満体〟という、いわゆるエーテルで満たされているとの考えが強力に支配していた。

最近はあまりエーテルについて聞くことはない。しかし一九世紀にはこの概念は、今日〝場〟がそうであるように、ありふれたものだったのである。現代電磁気学の理論の基礎を築いたジェイムズ・クラーク・マクスウェル（一八三一－一八七九）は、『エンサイクロペディア・ブリタニカ』第九版のエーテルの項に、つぎのように書いている。

エーテルの構成について、私たちが作りあげてきた矛盾のない考え方がどんなに困難を伴っていようとも、疑いもなく、惑星間空間や星間空間は空虚ではなく、物質的な素材、すなわち物体によって占有されているに相違ない。明らかにそれは最大にして未知の、きわめて一様な物体であろう。

しかしなぜエーテルに満たされた空間に、頭を悩ましたのだろうか？　空間は物体が運動するための空虚な背景だという考えのどこが間違っていたというのか？　困難の一つは、空間が本当に空虚だとすると、万有引力がどのように伝達されるか理解できないというところにあった。アイザック・ニュートンは、万有引力の定量的な記述として有名な万有引力の法則を唱えたが、この力が空虚な空間をよぎってどのようにして遠くまで作用するのかということについては、いかなる理解のしようもないと鋭敏にも気づいていた。一七世紀末にニュートンはこう不平を述べている——。

生命のない不動の物体が、物質ではない何物かの仲介によることもなく、互いの接触なくして他の物体に作用し影響するなどということは想像もおよばないことである。一つの物体が真空中の離れた所にある物体に何の仲介もなしに作用することができるということは、私にはきわめて不合理に思われる。それほど、哲学的問題について十分な思考能力をもつ人たちの間でさえ、そのことに意見の一致が見られたためしはないと思う。

◉平面世界の場合には、運動が生じる表面は振動はするものの不活発である、と私たちは考えている。それは単に滑らかな支持面なのである。

議論を簡単にするためにこの滑らかな平面を平面世界の場合の〝エーテル〟と呼ぶことにしよう。

単に滑らかで薄いシートであると想像しているエーテルは決まった構造をもたず、その上に置かれた物体の本当の擾乱によって振動をひき起こすのである。その振動が擾乱の効果を物質の他の部分に光と熱として運んでいる。ここで、平面世界の場合にエーテルについて完全に異なった見解をもつことが可能となる。

エーテルを単なる支持面として働く滑らかなシートと考える代わりに、それにはっきりと印と溝がついているものと想像してみよう。

チャールズ・H・ヒントン
『思考の新紀元』1888

図69★どのようにして真空中に信号を送っているだろうか？

手短かに考察するように、現代の重力理論はアインシュタインの一般相対性理論に包含されているが、それは、重力に引かれる物体が遠方の物体の運動にどのように影響をおよぼすことができるかを説明するために一種の〝空間に充満するエーテル〟を使っているのである。アインシュタインにとって連続したエーテルとは、単に空間そのものであり、重力を生み出すこの高次元中のエーテルの曲がりなのである！　しかし私は私で先に進むことにする。

一八世紀末にトーマス・ヤングとオーグスタン・フレネルは、光は粒子の流れというより一種の波の運動であるという理論を提唱して成功を収めた。回折や偏光のような多様な光学効果は、背後に横たわる媒質中の振動でなければならないことを示すように思われた。外部空間は〝光エーテル〟で満たされており、それが光としての波動運動を伝えるのだと仮定された。一九世紀に入るにつれて、このエーテルはさらに磁気力と電気力の伝播体とみなされるようになったのである。

図70★波と粒子の二重性。

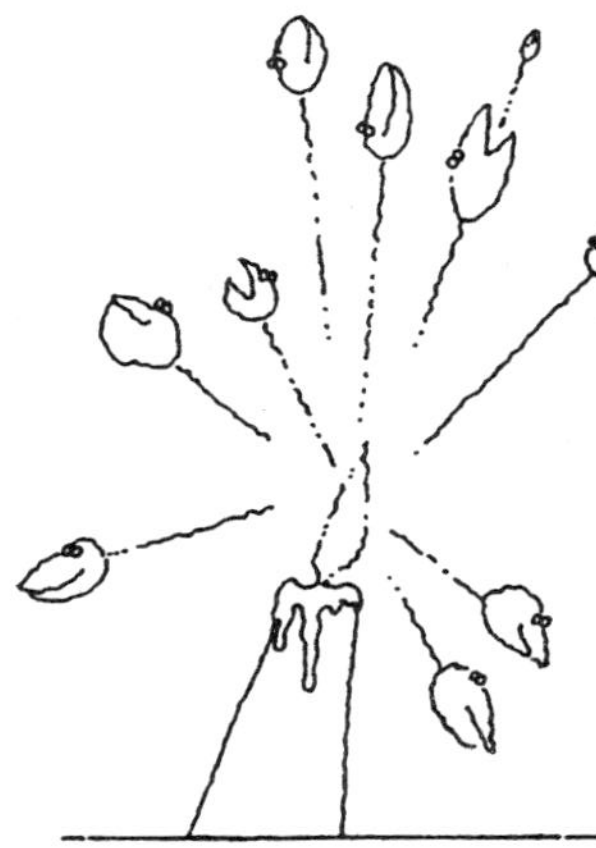

エーテルの風

今日では、光は粒子でもあり波でもあるという量子力学的な考えが好ましいと考えられている。光子は波ではあるが、空虚な空間を疾駆する固い小さなひとかたまりの束になっている。足元で振動する目に見えないゼリー状の物質の助けなど借りることもない。光エーテルという概念がどんなに不調和に思われようとも、いまではすたれてしまっているこの光エーテルが描き出した一九世紀の景観を想像してみることにしよう。噴射するガスは燃えているが、光エーテルが存在しなければ、それを見ることができる者はいないのである！　光の振動を伝える光エーテルを伴わない光源は、排気したベルジャー（ガラス鐘）の中で音もなく鎚打つベルのようなものだろう。

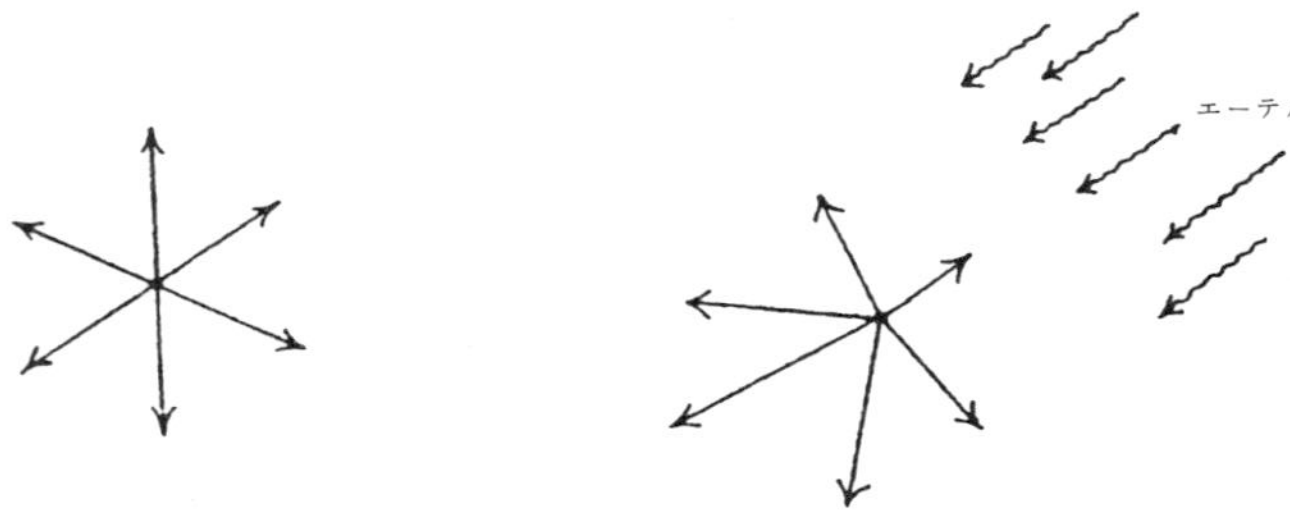

図71★エーテルの風があるときとないときの光源。

エーテルが入っていない部屋という考え方は、当然非現実的なものである。というのは大半のエーテル理論家は、普通の物質はエーテルに対してすき間のある構造をしていると感じていたからである。トーマス・ヤングの言葉を借りれば、エーテルは〝森の木々を通る風〟のように固い物体を通り抜けることができるはずである。もしこれが真実なら、エーテルを締め出しておくことができる部屋の壁などありえないことになる。

エーテルの風が人間の体を吹き抜けるというのは、むしろ目新しくて興味深い考えである。風通しのよい丘の上に立つと、私はよく、空気が体の中を吹き抜け、私の分子のほこりを払ってくれるような錯覚を抱いたものである。もしエーテルを空間と同じものだと考えると、私たちが空間の中を動くのと同じように、エーテルが実際に私たちを吹き抜けると考えるのは理にかなっていると思えてくるだろう。

しかしこれは本当に理にかなっているのだろうか？　確かに私たちは他の物体に対して運動することができる。しかし、空間は運動することができるような類のものなのだろうか？　あとでわかったことだが、その答は否である。現代物理学はエーテルが存在しないことを証明したということをよく耳にする。これが意味していることは本当は、現代物理学は空虚な空間に対する運動を論ずるのは無意味であることを証明したということなのである。これはどのようにしてわかったのだろうか？

一九世紀末に、物理学者や天文学者は大地の絶対運動を決めることに興味を抱いていた。この考え方は、空間が運動をしないよどんだエーテルで満たされていて、大地や太陽系や銀河系が震動するとそれに応じてある種のエーテルが顔に吹きつけてくるのを感ずるだろうというものである。そういう微風をもっとも強く感じる方向が、私たちが実際に運動している方向だというわけなのである。

〝微風を感じる〟とはもちろん比喩的な表現である——実際の実験上のテクニックは、いろいろな方向で光速度を測定することである。光はエーテルの風の方向に伝わるときもっとも速くなり、反対向きに伝わるときもっとも遅くなるはずである。

地球のエーテル中での運動を測定するさまざまな試みがなされたが、そのうちでもっとも有名なのが一八八七年のマイケルソン＝モーレイの実験であった。その結果は、光がどちらの向きを向いているかにかかわりなく、光信号は常に同じ速さで伝わるというものであった。光線の速さを測定してエーテルの風を探すという感覚は、いまどの方向に進んでいるかということを見るために宇宙船の外に旗をとりつけるようなものである。ところがそうやっても何事も起こらない。船外には空気も風もないからである。

マイケルソン＝モーレイの実験でエーテルの風が存在しないという結果が得られたのちにも、まだ少数の物理学者たちが空間とエーテルを通して地球の運動を測定する別の方法を発見する希望を抱いていた。しかし、大多数の物理学者たちは、原理的という点においても、エーテルの風を検出する可能性は存在しないのではないかと疑い始めていた。一九〇五年になってアルバート・アインシュタインはまさしくそのような仮説をたてて、途方もなく強力な特殊相対性理論を創造したのであった。この理論はもっと詳細には第9章で論ずるが、つぎの二つの仮定の上に基づいている。(1)光速度は常に同じである、(2)絶対運動を検出する方法は存在しない、がそれである。

図72★空気もなく風もない。

第一の仮定は一九〇五年までには、マイケルソン＝モーレイのような実験をもとにしてかなりはっきりと確立されていた。第二の仮定は、事象を考察する上での劇的に新しい方法を表している。アインシュタインにしたがえば、空虚な空間の中の運動を見出す方法は存在しないのである。彼はここで実験事実（光速の測定はエーテルの風を明らかにしない）から包括的な仮説（エーテルの風を検出できる実験はあり得ない）へと飛躍するのである。

アインシュタインの弁明

一九世紀のエーテル概念を聞くと私たちのたいていの人が笑ってしまう。しかし空間がそれ自身の権利で存在する何ものかであると信じる限り、私たちもエーテル概念を保有しているのだということを自覚することが重要である。空っぽの空間はエーテルなのであり、エーテルは空っぽの空間なのである。しかしそうすると、エーテルに関するアインシュタインの第二の仮定の意味は何なのだろうか？　この疑問に関してアインシュタインが一九二〇年に書いたつぎのような『エーテルと相対性』というエッセイがある。

もっと注意深く熟考すれば、特殊相対性理論はエーテルの否定を強制してはいないことに気づかされます。私たちはエーテルの存在を仮定してもよいのです。ただ、一定の運動状態をそれに帰することは諦めなければなりません。

水面の波を考えてみましょう。ここでは二つのまったく異なる事象を書き表すことが可能です。空気の波面でも水の波面でもどちらによっても、境界を形成する波状の表面

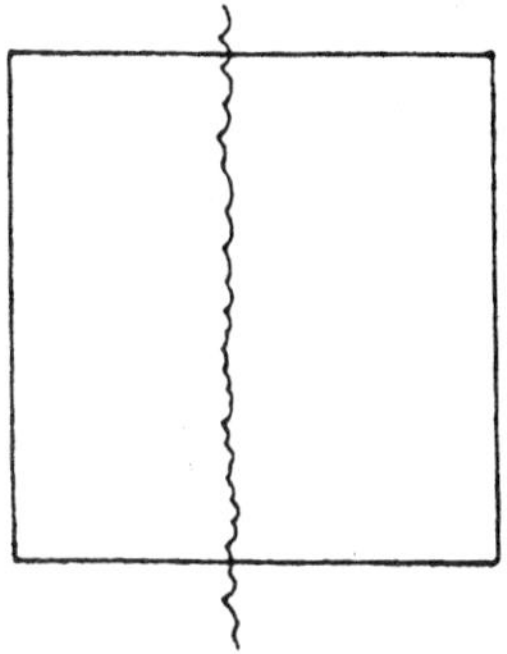

図73★空間は海の表面のようなものである。

が時間とともにどのように変わるかを観察することができます。さもなくば——たとえば小さな浮きの助けを借りて——隔たった所にある水粒子の位置がどのように変わるかを観察することができます。物理学において、もし液体粒子の運動を追跡するのにそのような浮きが基本的に存在できないのだとしたら——実際、ただ単に水が時間とともに変化することによって占有される空間の存在形態にすぎないのだとしたら、私たちは水が可動粒子からなるという仮定に対する根拠をもたないことになります。しかしそれでもそれを媒質として特性づけることができるのです。

一般化するならこう言わなければなりますまい——運動の考えを適用できないものに対しては拡大された物理的な対象を想定してもかまわないのです。その対象を、それぞれが時間を追って追跡することを許す粒子で構成されていると考えてはなりません。特殊相対性理論はエーテルが時間を追って観測可能な粒子からなると仮定することは禁じておりますが、エーテル仮説そのものは特殊相対性理論と対立するものではないのです。

アインシュタインはなぜそのように理知的なこじつけをすることに頭を悩したのだろうか、といぶかしく思うかもしれない。もしエーテルがはっきりとした追跡可能な部分からできていないのであれば、なぜそんなものに思い煩うことがあるのか？　なぜ一歩先に進めて空虚な空間とは純粋に何もないことだといわないのだろうか？　なぜ空間はエーテルと呼ばれる連続体だなどと言い張るのだろうか？　フラットランドに戻って答をさがしてみることにしよう。

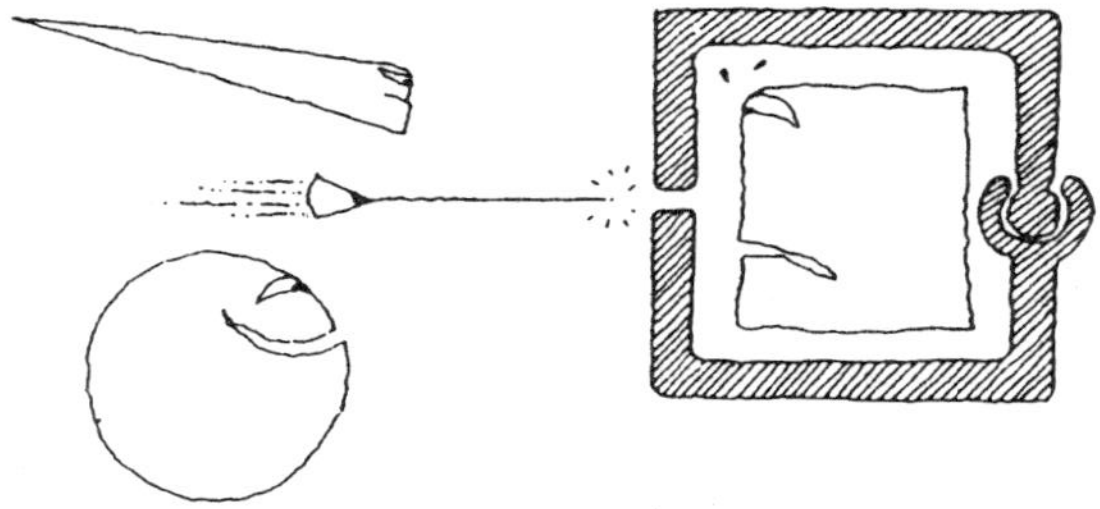

図74★ギロチンにかけられようとしているスクエア氏。

二次元ギロチン

サークル大王は自分の妻のクィーンにスクエア氏を処刑させることにした……彼女は血に飢えた線分で、哀れなスクエア氏をまっ二つにしようと待ち構えていた。わがヒーローは、一方に窓が開いている重いギロチン箱の中に拘束されているのである。クィーンは自分のきらきら輝く鋭い突端を前方に振りかざし、箱の小さな窓にその突端を突っ込んだ。もう一度、さらにもう一度おまけとして突っ込んだ。しかしギロチン箱を開けてみたら、スクエア氏はまったく無傷だった。どうなっているのだろうか？

どんなことが起こったかを理解するために、手始めにフラットランドの空間がゴムシートか、より適切には巨大な割れない石鹼膜のようなものだと考えることにしよう。もしキューブ氏がフラットランドの一部をつかんで引き上げたのなら、わずかながら空間は引き伸ばされ、その分だけ広くなるはずである。そしてまさにそういうことが行われたのである。キューブ氏はギロチン箱の中の空間部分をつかんで、一生懸命にその空間を引き伸ばしたのである。クィーンの一二インチの体は〝空間のコブ〟を超えて、スクエア氏に達するほど長くはなかった。スクエア氏にそれがどのように見えたかをつぎに示す(**再び架空の『スクエア氏のもう一つの冒険』から引用する**)。

もし僕の、何が起こったかという報告が混乱しているとすれば、この混乱は僕とこの国の人たちがみな感じていることを反映しているのだとだけしか申し上げられないので

●不幸なことに、救い難い女は、一時の激情であらゆる思慮分別をなくしてしまうものである。激情に駆られると彼女らはいかなる権利も認めず、いかなる差異も承認しないものだ。私は、ある女が家族全員を撲殺してしまった事件を実際に知っている。三〇分後に激しい怒りも静まり、破片が掃きとられたあとで、その女は私の夫や子どもたちに何があったのですかと尋ねたものである……。

もっとも規則正しく、ほとんど丸に近いわがサークル氏の一家においてさえ、家族生活の理想がスフィアランドの君たちほど高いとは言いかねるのである。大量殺戮がないことをそう呼ぶというかぎりでは平和は存在するが、調和のとれた趣味とか娯楽といったものは必ずしも存在しないのである……。

エドウィン・A・アボット
『フラットランド』1884

ある。

　キューブ氏が空間の外から声をかけて、ギロチン箱は君のまわりでしっかり締まっているよと言った。大声で笑ってから、彼は僕に気を静めて元気を出すようにと励ましてくれた。悲惨な状況におかれていたので、これは場違いで、不親切な要求にさえ思われたものだ。

　クィーンが近づいてくると、奇妙な緊張が全身を突き抜けた。まわりの箱は広くなったように感じられた。箱の壁の穴がいくぶん深くなり、クィーンの血に飢えた先端は震えている僕の肌にまでは届かなかった。

　女たちの鋭い剣にはみな神経がない。そこでクィーンには自分の失敗がわからなかった。処刑は済んだぞよと叫んで、引き上げてしまった。二等辺三角形野郎は、急いで箱を開けようとした。

　しかし開け終わる前に、僕は再び中心軸のまわりに回転させられた。僕の高貴な原型であるキューブ氏は、今や僕を元の方向にもどしてくれたのだ。僕がいろいろと礼を述べたてると、彼はその日以後の僕の安全を保証する決定的な行動をとってくれた。つまり残酷なサークル大王の体内に入り込み、この圧制者の心臓をおしつぶしたのである。


この物語の要点は、もし空間が連続的なエーテルゼリーからなると考えるなら、空間を引き伸ばしたり、歪めたりすることについて語るのは意味のあることだということである。アインシュタインが強調したように、空間が粒子から構成されていてはならないものだと

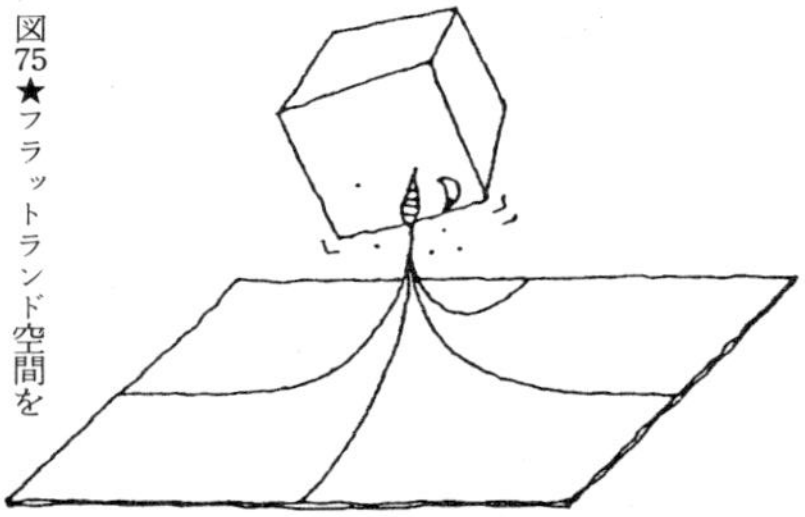

図75★フラットランド空間を引き伸ばすキューブ氏。

しても、空間にコブや起伏があると考えるのは意味のあることである。与えられたコブがあちこちへ移動するなどということに**絶対的**な意味はないが、コブがお互いにどのように相対的に移動するかについては自信をもって指摘することができる。

物質が空間を曲げる

空間（厳密に言えば時空）の中のコブを万有引力の説明に用いることができる。一九一五年のアインシュタインの一般相対性理論は、(1)物質とエネルギーは空間を歪ませる、(2)空間の歪みは物質の運動とエネルギーに影響する、と表現するともっともよく理解できる重力理論を具体化したものである。こうしてエーテル、すなわち空間は重力効果を伝達する媒質として役立つのである。質量は空間に影響し、空間は質量に影響する。その様子を見ることにしよう。

まず重い物体の周辺の空間は引き伸ばされるものと想像しなければならない。質量が密になればなるほど、引き伸ばされ方が大きくなる。このうまいイメージは、ゴムシート上に置かれたビリヤードのボールで得られる。シートはボールのまわりでたわんでいる。あるいはシートの下にヘリウム・ガスの入った風船を入れて（図77のように）持ち上げたものを想定してもよい。"上"とか"下"とかはここでは重要ではない。問題なのは、質量の存在が空間を引き伸ばすということである。

では空間の曲率が空間中の粒子の運動にどのように影響するかを見てみることにしよう。特別な例として、運動する粒子を光子——光の微小部分——とすると明快になる。

図76★ずんぐり（Lumpy）空間。

通常は光は直線にそって伝播すると考えられている。しかしもし空間が曲がっているなら、空間中には本当にまっすぐな線など存在しなくなる。にもかかわらず、光はもっとも直線に近い線にそって伝播するのである。同じことを、点Aから点Bに向かう光線は常にAからBまでの最短距離を進むと言い換えることもできる。

AB間の空間に大きなコブが存在するとき、そのコブを直接乗り超える道が最短距離とはならないだろう。最短距離は、山を直接越える道とコブを環状に迂回する道の中間を通るはずである。これは図78のように、山がAという村とBという村を隔てている場合を考えれば容易に理解できることである。二点間の自然にできた道は波状（弧状）の線になっているものである。

もし上からこの軌跡を見下ろしてみれば、どうあっても重い物体の万有引力があたかも光線を引きつけて曲げたように見える。しかし、実際に起こっていることはといえば、質量がAからBへの最短距離がそこに膨らみをもたせるように空間を引き伸ばしているのである。重力による物体の経路の湾曲も、もう少し事情は複雑になっているものの、これと同じように説明される。

クリフォードの幾何力学

重力も、物質が空間を曲げると仮定することによって説明することができる。しかしなぜ物質はそうすべきなのか？ なぜ物質は空間を曲げなければならないのだろうか？ 一つの説明は空間の曲率とは物質が何であるかということなのだというのである。ウィ

は、純粋に数学的構造物なのだろうか？ この疑問を別の方法で表すことにしよう。つまり時空とは場や粒子が〝物理的〟かつ〝他所者的（よそもの）〟な実在物として動き回る単なる競技場にすぎないのであろうか？ あるいは四次元連続体こそ実在するもののすべてなのであろうか？ 曲がった、物質がない形状というのは、一種の魔法の建築材なのか？ それらから物理世界のすべてのものが作られていて、(1)空間の一領域のゆるやかな曲率が重力場を記述し、(2)どこかほかの別種の曲率をもつさざ波の形状が電磁場を記述し、(3)高曲率で結び目ができている領域が粒子のように運動している電荷と質量エネルギーの凝縮を記述するというのであろうか？ 場と粒子は幾何学に浸け込まれた他所者の実在物なのだろうか？ それとも幾何学以外の何ものでもないのだろうか？

ジョン・A・ホイーラー
『物理世界の建材としての物質のない、曲率をもった時空――一つの見積り』1972

図77★質量をもつ物体は空間にコブを作る。

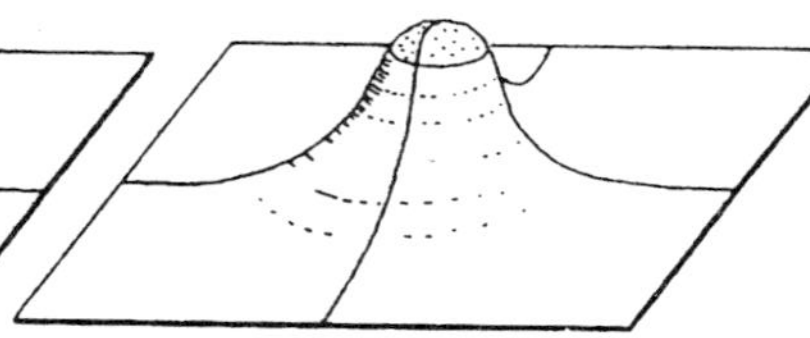

図78★AからBまでの最短距離。

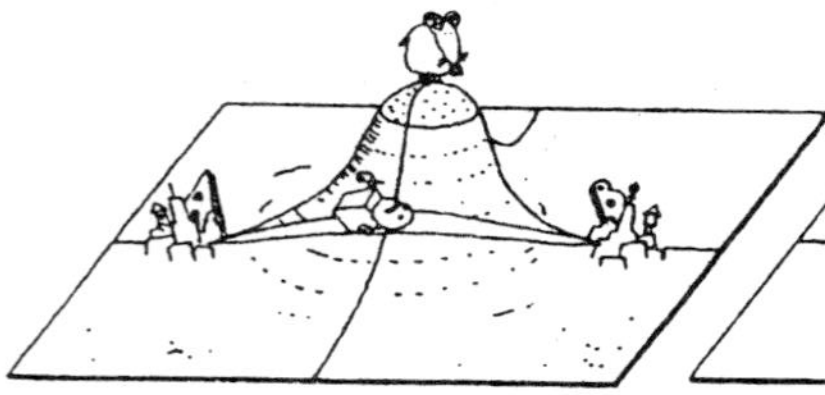

リアム・K・クリフォードは「物質の空間理論について」という一八七〇年の論文でこの理論を最初に提案したのである。

私は実際つぎのように考えている。

1、空間のあちこちの小部分は実際、平均してしまえば平坦だと見なすことができる表面上の小さな丘に似た性質をもっている。すなわち、幾何学の通常の法則はそこでは成り立たない。

2、湾曲したり歪んだりしているこの性質は、空間のある部分から別の部分へと波を伴う物質が通過するのに応じて連続的に動く。

3、空間の曲率のこの変化は、重さがあってもエーテル的であっても、物質の運動と呼ばれる現象には実際に起こっていることなのである。

4、物理世界では、連続の法則に（たぶん）従い、この変化以外には何も生じない。

これはきわめて興味深い物質観で、それを当代の物理学者ジョン・ホイーラーは幾何力学(geometrodynamics)と呼んでいる。伝統的に物質は空虚な空間に漂っている固い実体だと考えられてきた。しかし幾何力学の観点からは、空間は実は空虚ではなく、また物質は実は固くはないのである。空間はエーテルであり、高次元で湾曲している連続体なのである。そして物質はエーテル中の一種の模様なのである。

この考え方は、弁証法的三段階［正・反・合］を完成しているので知的にも満足すべきもの

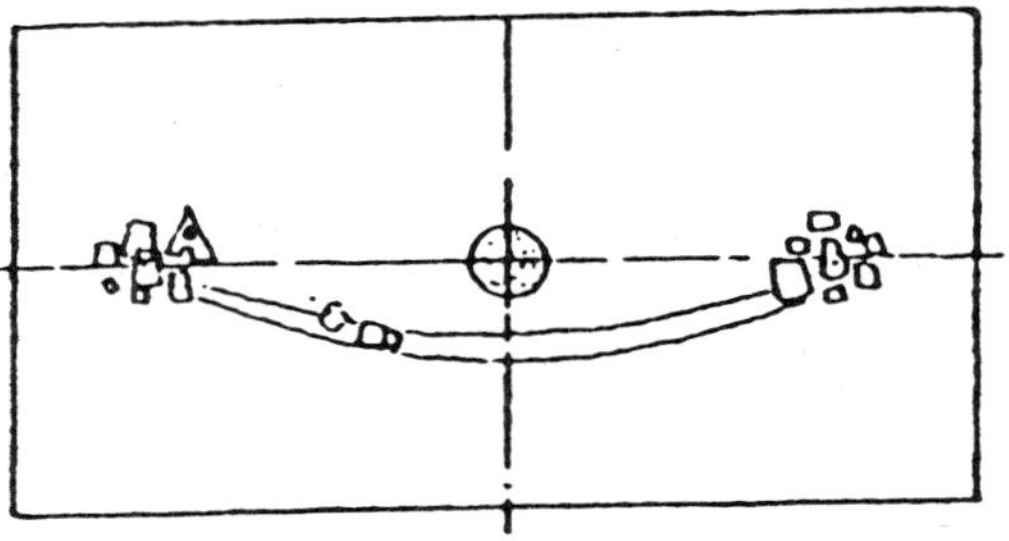

図79★真上から見た
AB間の最短距離。

である。以前には命題［定立(テーゼ)］として固体物質の概念が、反立(アンチテーゼ)としてまったく空虚な空間という概念があった。物質対空間、あるもの［有］対ないもの［無］。その総合は空間と物質をともにエーテル連続体とみなすことである。エーテルが平坦であれば、それは空虚な空間に見えるし、鋭く湾曲していれば物質に見えるというわけである。古い定立と反立は、単により高い総合の異なった相貌なのである！

渦輪の結び目

クリフォードの湾曲した純粋の空間から物質を作りあげるという考えは、きわめて大胆に一歩を進めるものであった。それより数年前にウィリアム・トムソン［ケルビン卿］はこの

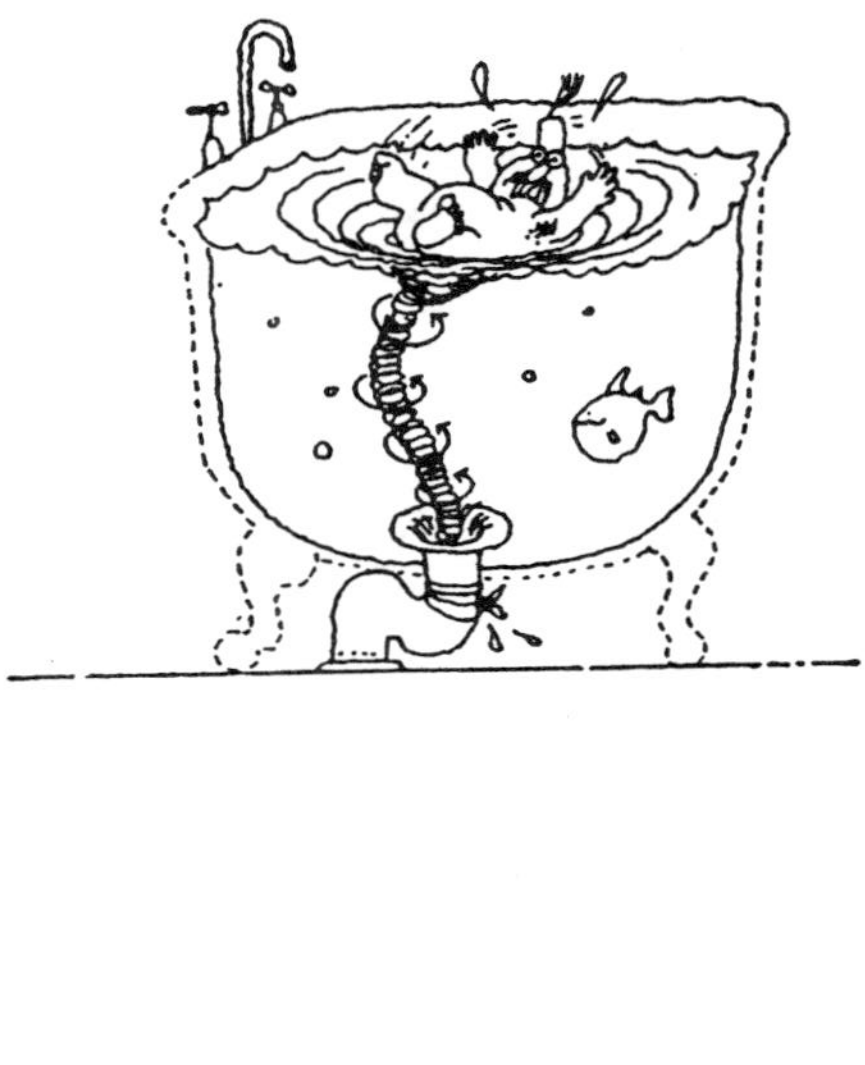

図80★渦糸。

◉もし体内に可視粒子以外の物質が存在せず、通常の状態で知られているように脳内に一定量の燐と他の物質以外には物質が存在しないものとし、さらに個々の意識が体内および脳内のこれらの物質の構造的な様態に依存するものだとすれば、この構造がいくつかの部分に分けられると意識は完全に停止してしまうと想像してもよい根拠が当然存在する。しかし目に見える宇宙と呼んでいるものを超えて何かが存在するとか、ある神秘的なやり方で各自の意識が現実のものと非現実のものとの相互作用と関係、もしくは依存していると信じさせるさまざまな科学的理由を提示することがこの本の目的である。

バルフォア・スチュアートとピーター・ガスリー・テイト

『非現実世界』1875

方向の中間的な段階にいた。トムソンは、物質をエーテルもしくは空虚な空間中の高次元の〝コブ〟と考えるよりも、エーテル中の三次元渦輪からできていると考えるべきだと提案していたのである。

〝渦輪〟はタバコの煙に似たもので、自分のまわりにグルグル回る実体である。トムソンの理論は、「完全流体中では、いかなる渦も、流体の境界に進んだときであろうと、円を描いてもとにもどってきたときであろうと、渦線上に中心を置いていなければならない」というヘルマン・フォン・ヘルムホルツの一八五七年の証明に触発されたものである。湯舟から水が排水するのを見ていると、最初のタイプの渦糸、すなわち水の表面から下の排出口までつながってグラグラとゆれている糸状の渦をしばしば目にする。トルネードと呼ばれる大旋風の漏斗状の雲は渦糸の同種の例である。そこでこの渦糸が曲がって頭とシッポがくっついて円を作れば、渦輪ができることになる。渦糸に顕著なものは、それが基層流体の閉鎖領域からなるということである。これは煙の輪の観察によって見ることができる。少なくともしばらくの間は煙の輪には空気の得失はない……。それは同じ煙空気が自分自身のまわりをぐるぐる回っているだけなのである。

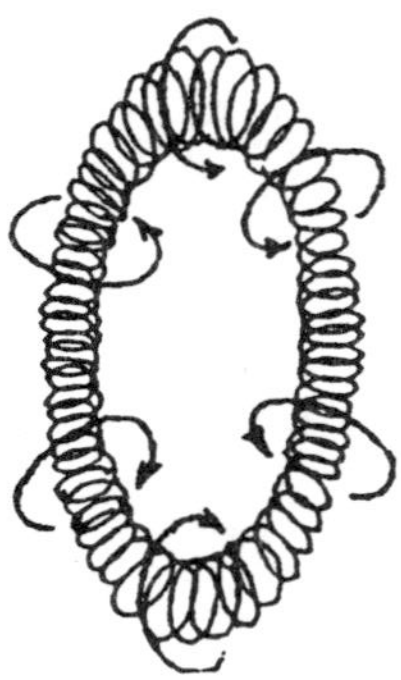

図81★渦輪。

一九世紀の研究者たちは実際に煙輪投射器を作り、複数の煙輪がどのように動き、振動し、互いにはね返るかを眺めては何時間も過ごした。原子を完全に無摩擦な基層エーテル中の渦輪であると考えて、物質のさまざまな性質が説明できるという期待があった。渦輪理論の格別に具合のよい性質は、原子が測定可能であるにもかかわらず、それがなぜ目に見えない大きさなのかということを説明できるという点にあった。すなわち煙の輪は一定の半径をもつが、もし輪を半分に切ろうとすると、ただ空気の流れを急速に散逸させる結果に終わるのである。

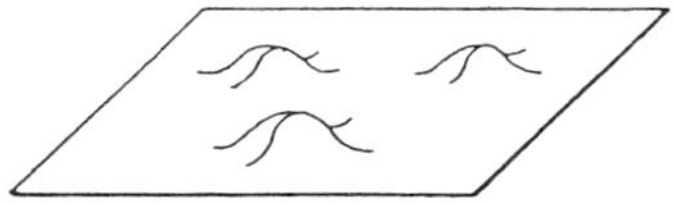

図82★空間中のちっぽけな三つの物質。

図83★煙輪投射器（A・E・ドルベア『物質、エーテル、運動』より）。

THE
UNSEEN UNIVERSE
OR
PHYSICAL SPECULATIONS
ON A
FUTURE STATE
BY
B. STEWART AND P. G TAIT

London
MACMILLAN AND CO.
AND NEW YORK
1894

図84★バルフォア・スチュアートとピーター・ガスリー・テイト著『非現実世界』の題扉。

物質の渦輪理論は検証可能な予言を導くことに失敗し、結局は見捨てられた。この理論を支持する最後の本の一つは、『非現実世界』(1875)という奇妙な仕事であった。この本は霊魂はエーテル中で結び目を作った渦輪として存在すると述べているようである。この概念を図解しようとして、著者たち（バルフォア・スチュアートとピーター・ガスリー・テイト）はこの本の題扉と装丁に結び目の絵を載せた。

即座に明らかになるわけではないけれども、結び目のある渦輪は四次元を含んでいるのである。なぜなら、渦輪は自分自身を潜り抜けることができないからである。それは一種の完全性を備えている。あるいは質量をもつ物質で作られた実際の輪と同じように固さをもつ。スレイドとツェルナーが高次元精神は封印されたひもを結ぶことができるということを要求したの同様に、『非現実世界』の著者たちは、神はエーテルの渦輪中に複雑な結び目や組みひもを作ることによって私たちの不朽のかたまりを創り給うたと考えたのである。ジェイムズ・クラーク・マクスウェルはこの考えを面白がりそれに魅せられて、詩を書いた。

わが心(ソウル)はもつれた結び目
それは非現実存在の知性によりて
手の込んだ渦状渦の上にあり
汝、罪の座にあるが如くになすべし
そのもつればぐす網通し針もて
ただとわの節コブを見出さんものと
結び目を解く道具はみな

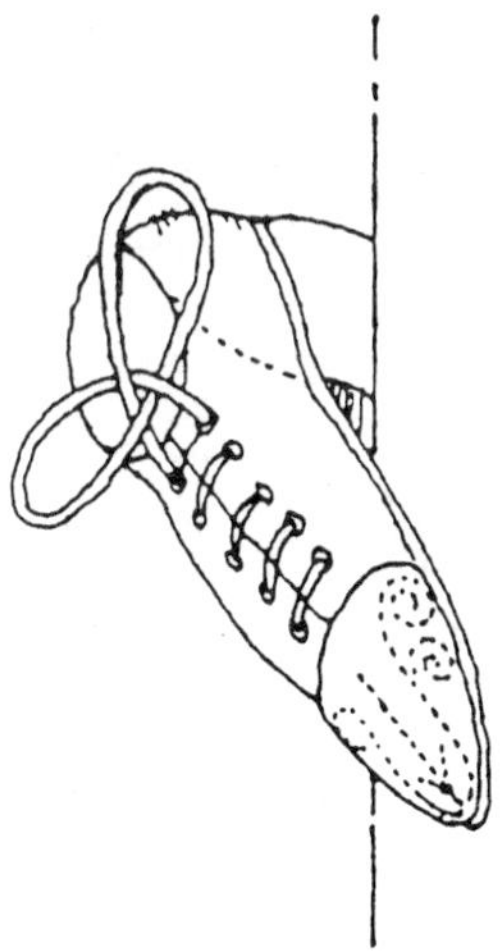
図85★"わが心はもつれた結び目"。

四次元空間にあるからして

エーテル噴水

一九世紀も終わりに近づくにつれて、物質やエーテルや四次元を含むもっと奇妙な理論が登場し始めた――それらの理論は何層にも重ね着したヴィクトリア朝のコルセットとペティコートを思わせる異様（バロック）で、過剰な装飾や絢爛たる世紀末的な頽廃（デカダンス）を思わせるものであった。

たとえば、一八九二年にカール・ピアソンは『科学の文法』という本の中で、エーテルは三次元空間に浸出している四次元流体――ボートの底に開いている孔から噴出する水のようなもの――であるという説を提案している。

この理論では、原子はエーテルが空間のあらゆる方向へ流れ出ていく点だと考えられており、そのような点はエーテル噴〝水〟と呼ばれる。それゆえエーテル中のエーテル噴水とは、栓のような機械仕掛けこそ存在しないけれども、ボートの底の栓をひねったようなものにたとえられる。二つの噴水がエーテル中に置かれると、重力をおよぼし合っている二粒子を正確になぞるように、互いに相対的に運動するのである。そしてそれぞれの質量はエーテルがその噴出点で溢れ出る平均の割合に対応している。

◉この広漠として均質に広がった等方的な物質［エーテル］が、離れている物体間の物理的相互作用の媒質で、たぶんまだ知られていない概念に属する別の物理的作用をおよぼしているというだけでなく『非現実世界』の著者たちが示唆しているように、高度な生命と心の機能を働かせる生物の物質的有機体を構成したり、目下の私たちの生命と心よりさらに高度なものにしたりするということは、物理的な推測の限界をはるかに超えた問題なのである。

ジェイムズ・クラーク・マクスウェル

『エーテル』1876

第四次元はピアソンの理論に含まれている。なぜならこの高次元は、エーテルの流れを各原子に運ぶ"栓のような機械仕掛け"を用意する必要がないからである。そのような二つのエーテル噴水は、両者の間のエーテルが空間の他の部分より激しく動いているので、お互いを引きつけるだろう。何故かということを手短かに説明させていただく。流体力学の法則にベルヌーイの法則というものがあり、それは流体が速く動けば動くほどその圧力は低くなるということを述べている。噴水間のエーテルは激しく動くから、両者の間には低圧力領域があり、エーテルの他の部分はこの低圧力領域を押すようになる。だから二つの噴水はあたかも万有引力によって引かれるようにお互いに近づく運動をするであろう。

どの理論も気狂いじみている……しかしそれのどれも正答であるほど十分には気狂いじみてはいない！

第11章では物質が空間＝エーテルから作られているという現代の方法を眺めることになるであろう。物質は空間のコブであるというクリフォードの考え方は基本的には正しい——しかし彼は基層空間が三次元であるとか四次元であると仮定するには保守的にすぎた。現代量子力学によれば、一個の小質量は**無限**次元のヒルベルト空間における"コブ"なのである！

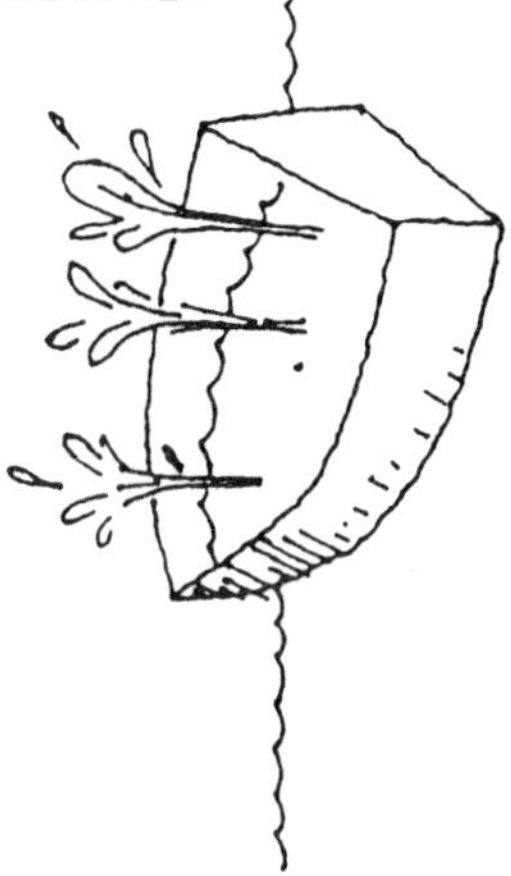
図86★水の噴出。

★パズル6・1

チャールズ・H・ヒントンの『平面世界』の話にでてくるアストリア国では、二次元生物には若干の厚味があり、堅い面上を滑り回

図87★二つのペチャンコ・エーテル噴水。

るものと仮定されている。彼らは盆上に置かれたコールドカッツ「コールドミートとチーズの薄切りの取り合わせ」のようなもので、その盆という空間はあらゆる振動を伝える弾性媒質として機能しているのである。ティッシュペーパーのように薄い体の奥に、アストリア人は一種の〝星型振動子〟とでも称する、鋭い小さな3Dコブを内蔵しており、蓄音機の針くらいの大きさのこの振動子をそれぞれの思考のリズムに合わせて振動させて、足下の空間中に感応振動をひき起こすのである。近くにいる別のアストリア人は、実際に振動の拾い上げ方を知らなくても、自分のコブの振動から他人の思考のニュアンスを拾い上げることができる。アストリア人は、第三次元でひっくり返された仲間についてどんな種類の印象を抱くのだろうか？

★パズル6・2

パズル6・1のように、アストリア人をその空間＝エーテルの上面を滑り回る二次元生物であるものと考えることにしよう。どのアストリア人も堅い下の空間を掘り返す一種の高次元の歯をもっている。アストリア人は超能力で空中浮遊する瞑想技術をどのようにして使うだろうか？

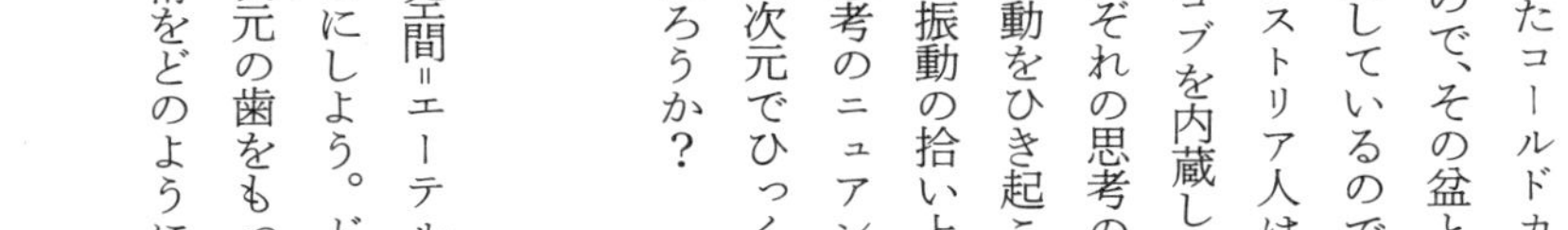

★アストリア人のテレパシーの側面図。

★パズル 6・3

フラットランド人は薄紙のインクのしみか、石鹸膜中の色の渦のように、現実に空間中にあるものと仮定してきた。フラットランド人は空間の外で存在することができない。しかし、そうするとキューブ氏はどのようにしてスクェア氏をフラットランド空間からもち上げてひっくり返したのだろうか？

★パズル 6・4

アインシュタインとともに、空間の与えられた点に変化することのない目印かラベルをつけることができるものと信じることにしよう。しかしここで空間中に穴を発見したものとする。その穴は一定の空間的位置を選びとるのに役立たないだろうか？

★パズル 6・5

クェーサー（準星）はきわめて明るく、きわめて遠方にある天体である。最近［一九六四年］天文学者は通常とは異なりぐっと接近して見える二つのクェーサーを発見した。この二つの輝点をさらに解析した結果、私たちが見ているものは実際は同じクェーサーの二つの像であることが明らかにされた。これは私たちとクェーサーの間に大

★アストリア人は空間の上をすべり，フラットランド人は空間に埋め込まれている。

質量の銀河が存在すると仮定することによって説明される。一つのクェーサーの像がどのようにして二つに分離するかを示す〝空間のコブ〟の図を、描くことができるだろうか?

★パズル6・6

一般に一個の質量がひき起こす空間の曲率は湾曲したコブとして表されている。空間のどんな種類の形がそのような質量点をもっともよく表しているであろうか?

空間の形

三種類の曲率

前章では空間を第四次元に膨れ出させることによって**彎曲させる**ことができるという考え方について簡単に述べておいた。そこでは万有引力に関係した中間の尺度での曲率と、物質を産み出す微小な尺度の曲率という二種類の曲率について見た。ここでは空間を全体として捉える大きな尺度での曲率について話そうと思う。

〝曲率の尺度〟が異なるということの意味を明確にさせるために、つぎのように考えよう。大きな尺度で見れば、地球の表面は球形——赤道で少し膨らんでいる球——に彎曲しているという。中間の人間の大きさの尺度で見れば、地球の表面は丘や谷で覆われているということに注意が向けられる。そしてより小さな尺度では、地球表面は個々に岩や土くれになってしまうというわけである。

さてもう一度、**微小尺度での空間の曲率**について話すときは、私は、物質の素粒子と同

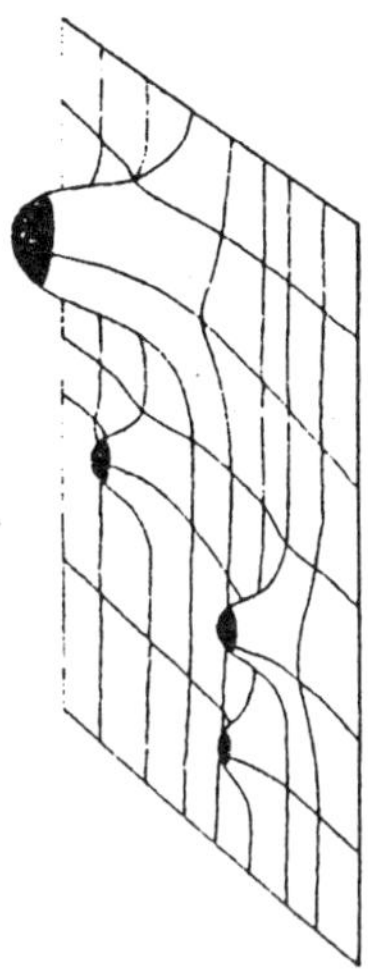

図88★中間的な尺度での曲率。

じものだと考えてよい微小なコブもしくは泡か渦のことを考えているということをお断りしておく。中間尺度での空間の曲率について話すときは、アインシュタインにならって重力の効果を生じる惑星や銀河系の大きさのことを言っているものとお考えいただきたい。そして巨大尺度での空間の曲率について話すときは、宇宙全体の形について問うているのである。

宇宙の形はどんなものなのだろうか？　それは平らなのだろうか？　曲がっているのだろうか？　それは具合よく平らに広がっているのだろうか、それとも歪んでいるのか、収縮しているのだろうか？　それは有限なのだろうか、無限なのだろうか？　つぎのうちのどれが似ているといえるだろうか？　(a)一枚の紙、(b)果てしのない砂漠、(c)石鹸の泡、(d)ドーナッツ、(e)エッシャーの絵、(f)アイスクリーム・コーン、(g)木の枝、(h)人体。

空間全体の形状に関する質問は宇宙論と呼ばれる科学に属する。私は宇宙論を愛好している。そこには全宇宙がある形状を有する単一体だという、精神を高揚する何かがある。神はともかくとして、人間の注目するものの中で、宇宙そのものよりほかにもっと高貴で価値あるどんな実在があるというのだろうか？　利率のことなど忘れたまえ、戦争や殺人のことなども忘れたまえ、空間について話そうではないか。

境界のない有限

たいていの古代文明人は私たちの宇宙には限界があると考えていたようだ。大地そのものも限界をもっているとか、大きなクリスタルの天球の中に星はぶら下がり、その中心に

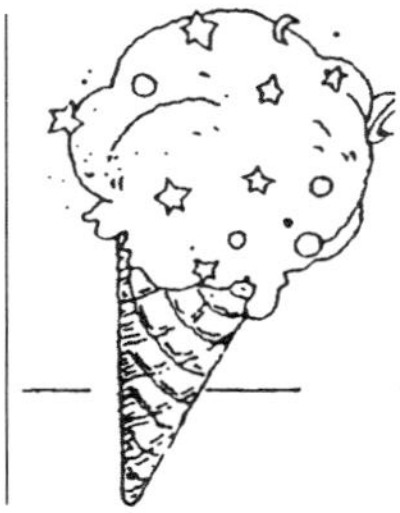

図89★宇宙の形はどんなものなのだろうか？

◉宇宙論では、宇宙のへりを超えてもそれほど違う事物に出会うこともないので、物理的単純さ、純粋な思念、天啓による知識への信頼が十分に支持されている。この無謀ともいえる方法によって人間は、宇宙がどのようなものであるかという二、三の簡単な描像に到達した。その主たる目的は宇宙にもっと親しみ、どの描像が妥当な近似となっているか、またそうならそれをどのように改善できるかを学ぶことにある。宇宙論がたまらなく刺激的なのは、それを研究すること自体を展望するだけでもすてきなものに思えるというところにある。

P・J・E・ピーブルス
『物理的宇宙論』1971

浮かぶボールが地球だなどと考えられた。しかし現代の思索家にとっては、辺縁をもつ宇宙という概念はほとんど思いもよらぬことなのである。

空間がつきる所に到達するとは、どのようなものなのだろうか？ 無の国（ナッスィングネス）に向かって開いている黒い出入口を考えていただきたい。その出入口を通り抜けるといかなる物体もただちに存在することをやめる。このドアの向こうには、エーテルも物体を支える空間もない。そのような〝無の国に入るドア〟は、つぶれてブラックホールになった星にいくぶん似ている。ことによるとそんなドアは私たちの宇宙のあちこちに散らばって存在しているのかもしれない。しかし依然として、非常に巨大な尺度ではそのようなドアは存在しないと私たちは感じている……。全体としての空間が辺縁をもつのだとは考えないのである。言い換えれば、空間は無限だと信じているのである。

一見したところでは、空間に境界がないとすると、それはまた無限であるに違いないと考えやすい。しかしこれは正しくない。一次元では円が、長さは有限だが終端をもたない例である。円のまわりを永久に歩くことができる。地球のような球の表面は有限だが境界のない二次元空間の例である。ベルンハルト・リーマンは、一八五四年の有名な講演「幾何学の根底をなす仮説」の中で三次元空間に対しても類似のものが可能であることを初めて述べた。すなわち——。

空間構成の無限に大きな広がりにおいて、**境界がないこと**と**無限の広がり**とを区別しなければなりません。空間に境界がないということは、いかなる外的な経験よりも大き

図90★有限で境界のある宇宙。

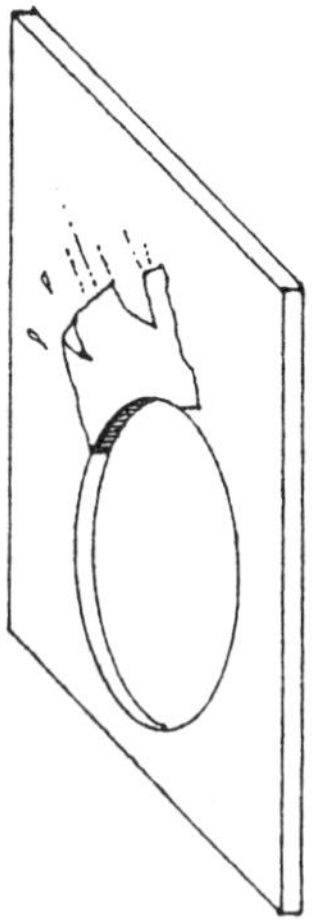
図91★空間の穴。

な体験による確実性があります。しかし無限の広がりは決してそれから導かれるものではありません。もし空間が一定の曲率をもっているものといたしますと、この曲率がどんなに小さくても正の値でありさえすれば、空間は必ず有限なものになるに相違ありません。

リーマンはここで、私たちの空間は４Ｄ超球体の３Ｄ超表面であるかもしれないと言っている。第３章では、外部から超球体を見るとどのように見えるかを述べた。ここでは超平面上の一点から超球体はどのように見えるかを想像してみることにしたい。もちろんスクエア氏に話をもどすわけである。平面ではなく３Ｄ球の表面に住んでいるフラットランド人にとっては、それはどのようなものであろうか？

〝スフィアランド〟のテーマは以前に何度もあつかってきたものである。ここでしたいことはこのテーマに新しい角度から接近することである。

地下室の宇宙

これから案内しようとしている話題への導入として、この夏（いまは一〇月である）の一時期、フラットランドは本当に存在し、エドウィン・アボットはいつでもそれを考えようとしていたのだという空想的な考えに私がとり憑かれたことを告白すべきだろう。通常フラットランドは無限に広がった平面だと考えられているが、どこを見たところで、惑星地球の近くのどこかにピカピカ光って多角形の詰まった無限に広い平面が漂っていることなど、

◉一月になると大地をかすめる太陽光線が届かなくなり、闇に溶け込んでいく。それは奇妙な世界である。

それはガラスのような物の中に舞う一個の大きな泡で、しかし、もっとずっと堅くて不透明である。

私たちが飛ばすシャボン玉が膨らんだ膜であるのと同様に、比ぶべくもなく巨大なこの泡は、膨らみ整然とした膜からできていた。

歳月とともにその表面には宇宙の塵が薄い層をなして降り積もった。泡の表面が非常に滑らかなため塵たちはあちこちへと滑り、やがてみずからの引力や運動によって決まる形で密集したり、かたまりを作っていった。

塵は広大な膜の引力で滑らかな表面上に束縛されているが、それを除けば、どの方向にも自由に運動している。

そしてあちこちに凝縮があり、そこにはこれらの浮かんでいる質量がたくさん落ちて、そこに長年月かかって凝集した塵がそこに広大な円盤たちを形成して

ありはしないのである。だれもフラットランドを見たことがないのだから、それはどこかに隠されているに違いない――たとえば地下室などに――と私は推論した。そこで「普通の三次元の部屋の中に果てしのない二次元世界をいかにうまくはめ込むことができるか？」という興味ある問題に当面したわけである。

さて私は地階のフラットランドに適合する三つの方法を考えてみた。ここにある最初のものは、それを考えた人間のアーノルト・クルーベからの抜粋として紹介するものである。この抜粋の初めで、クルーベは廃校になった工業学校の地階にスフィアランドを想定しようとしている。

〈アーノルト・クルーベ著『スフィアランドの神』からの抜粋〉

背後でドアが閉まった。私は用心深くほこりっぽい階段を下りて行った。底に着くと灯かりのスイッチがあった。ゆっくりとためらいながらパチンとひねってみた。

狭い地階の部屋には明らかに重さがなさそうに見える大きな球が鎮座していた。直径がほぼ二メートルはあるその球は床上数センチの所に浮いていた。これはスフィアランドなのだろうか？

もっと近寄ってきらきら光るこの物体の表面を調べてみた。それは大きなシャボン玉のピンと張った被膜のようなもので、透明だが、色が変化する斑点模様がついているのだった。最初すべてが乱雑だったが、さらに近づくと色の斑点が動いた跡に小さな通りが見えてきた。これらの輝き飛び回る極微動物は疑いなくフラットランド人だった。

いた。
チャールズ・H・ヒントン
『平面世界』1884

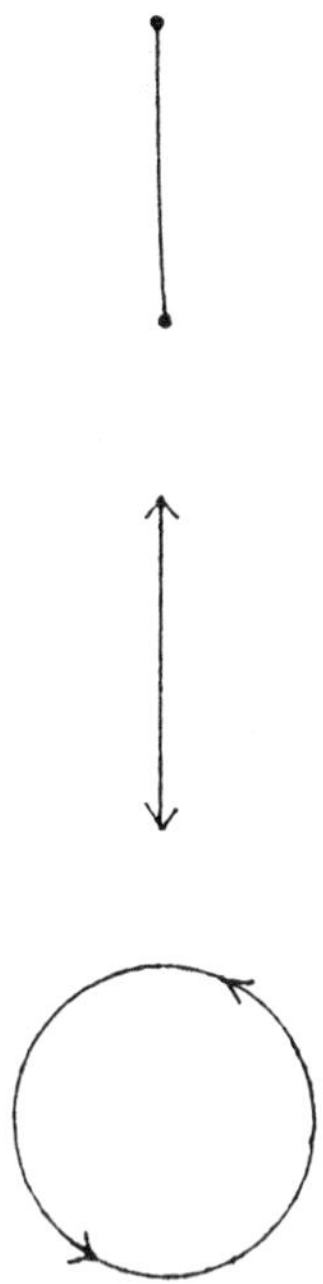

図92★一次元空間の三つのタイプ。有限で有界、無限で無限界、有限で無限界。

私は部屋の一方の側に科学器具が並べられた作業台を見つけた。一番に目についたのはスタンドに架けられていた双眼顕微鏡であった。私は興奮して少し震えながら、素晴らしい球の横で顕微鏡を顔にあてがってみた。

私はこの出来事を、可能なかぎり簡潔に表現していくことにしよう。私が発見した世界は周囲五メートルそこそこの、球形に湾曲した二次元の膜なのである。この世界――スフィアランド［球体国］と称する――の住人は、点のように小さな多角形で、平均の幅が1/10ミリメートルほどである。それゆえ彼らの空間は周囲が五万体長そこそこの長さに等しいものだということになる。比較して言えば、人間の五万体長は一〇〇キロメートルになることに注意せよ［一体長を二メートルとしている］。

ほどなくして私はスフィアランド人の"唇"を読んで彼らの言葉を理解することを学んだ。アボットが報告しているように、彼らは自分たちが無限に広い平原に住んでいるという印象をもっているのである！ 私たちにとって一〇〇キロメーターを歩くと想像するのはいとも容易だが、実のところ空間をぐるっと"回って"旅したスフィアランド人はいままでに一人としていないのである。

これにはもっともな理由がある。球の表面積がE^2/πという式で与えられる（ただしEは赤道の円周である）ことを思い起こせば、スフィアランド人の空間は、端から端まで市民をびっしり詰め込んでも一〇億人以下しか収容できないことは簡単に計算できる。私の試算では、実際のスフィアランド人の人口は五〇〇〇万人である。だからスフィアランド人は空き空間をもつが、各人のそれは体長の一〇倍だということになる――これは私たち

◉いま非常に細い穴になっている中空管を円形に曲げ両端がつないであって、その管の中に虫が一匹いるものとしよう。そうして管の穴と虫をかぎりなく微小なものにするという極限的な場合には、一次元空間を考えているとしてよい。この虫が管の空間の外にあるものは何も識別できないものと仮定し、その管の内側に識別のためにCという目印をつけておくとすると、空間の性質について一定の推論を引きだすことが可能であろう。逆もどりするとき虫は点Cに気づくはずだし、穴の中をグルグル回るとこの折り返し点に絶えずもどることがわかりもするだろう。言い換えれば、虫は空間の有限性を容易に仮定するだろう。さらに虫は常に同じ量のカーブを描き、円のどの部分も同じ形をしているから、自然に全空間の一様性を仮定したり、空間はすべての点で同じ性質をもつと仮定するようになるかも知れない。

ウィリアム・K・クリフォード
『精密科学の常識』1879

図93★フラットランドが地階にあるものとしよう！

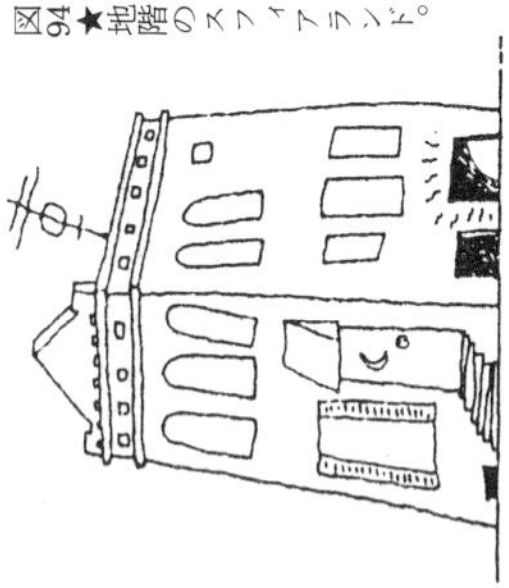
図94★地階のスフィアランド。

の言葉で言えば、体を横たえるのには十分な長さだが天井の低い監房にたとえられよう。

要するにスフィアランドは大変混雑しているのである。空間全体が体と建物で満ちているのである。曲がりくねった小道は極東のバザールのように生き物で埋めつくされていた。いたる所に盗人や殺し屋がおり、遠出の旅は実際にはできないのであった。

日一日と経て、月を数えるようになっても、怠惰な神よろしく私はスフィアランドの上にホバリングしながら、ただ見つめていた。仕事台の上に、明らかに微小生物を調査するために設計されたと覚しき道具が見つかった。

実験によって私は、スフィアランドの空間が完全な二次元ではないということを学びとることができた。それはほとんど知覚できないけれども、一定の厚さをもっていたのである。私は、特殊なピンセットと小さな裁断台とを使って、実際に空間の一部をとり出して調べることができた。あるケースでは、一人のスクエア人をつまみ上げてひっくり返し、裏返しにしてもどしてみた。

変身したスクエア人の出現によって仲間たちは彼を殺そうとしたのである。私は彼を救い、迫害の首謀者を抹殺した。このスクエア人は今ではまったく私に奉献し信者になってしまっている。彼の空間に押し入った私を物体にたとえれば、私は一個の立方体（キューブ）なのである。

超球体空間の内側で

今日多数の科学者が、私たちの空間は、本当は曲がって超球体になっているのだと考え

図95★アーノルト・クルーベ。

ている。前章からアインシュタインの一般相対性理論は、物質が空間を湾曲させることを意味していると解釈できたことを思い起こしてみよう。明らかに宇宙に十分な物質があれば、その集積された曲率で空間は湾曲してそっくりもとに帰るということは十分にありうるであろう。空間が超球体であるとすると、有限の数の銀河系が存在してそのへりの外には銀河系は一つもないことになる。どの銀河系も等しく[宇宙の]中心点に位置する。これは地球上のどの国も自分の国がこの惑星上の中心地であるという見解をもつことが可能であるのと同じである。

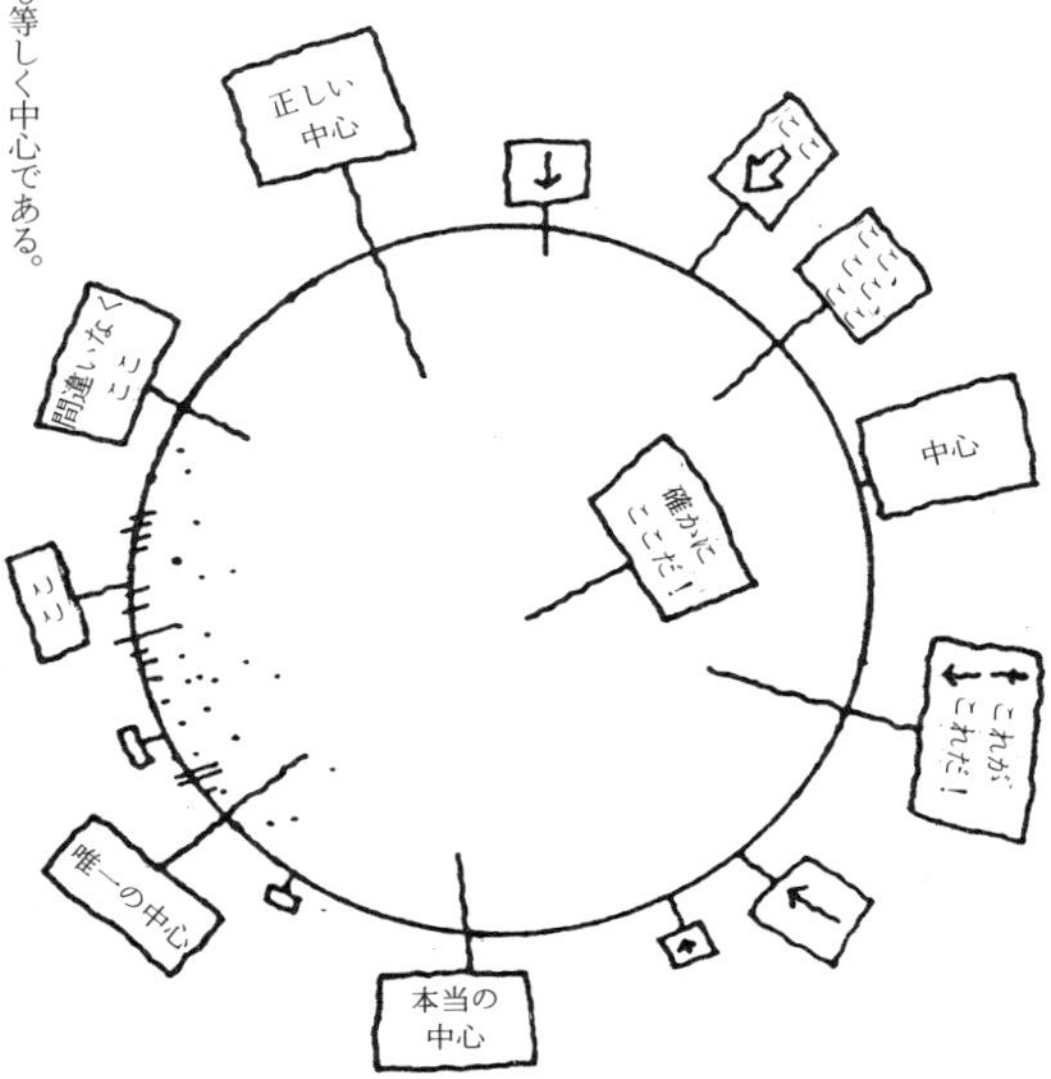

図96★球上のどの点も等しく中心である。

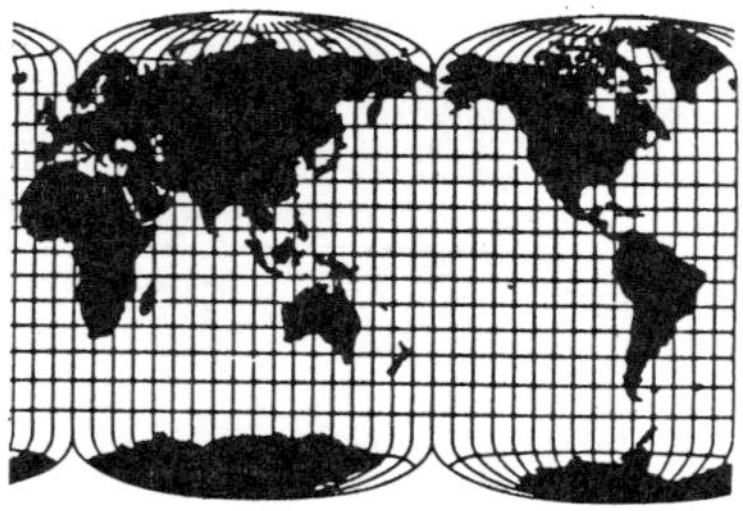

図97★非アメリカ的世界。

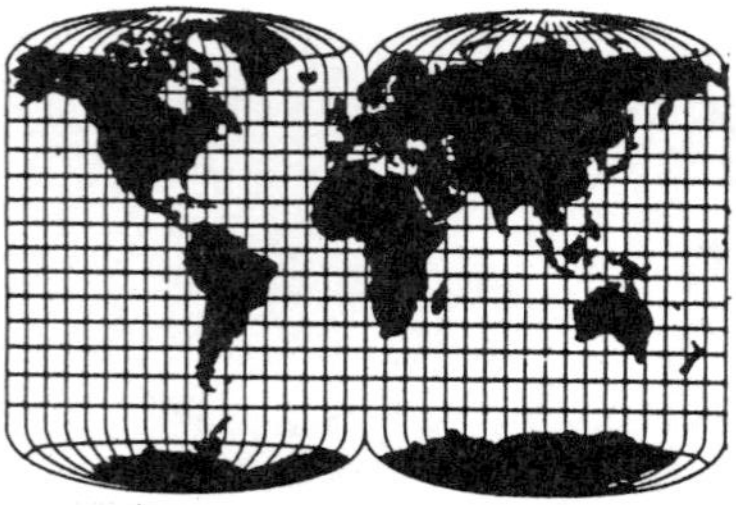

非日本的世界。

もし宇宙空間が超球体であるなら、ある定まった方向に宇宙船を飛行させると、いつかは私たちの銀河系にもどってくると考えられる。あいにく私たちの周囲の長さは極めて長いので、宇宙のマゼランがそのような周航をなし遂げる可能性はない。ある試算では私たちの空間は周囲が約八〇〇億光年もあるということである！

超球体空間のイメージをうまくつかむためには、湾曲して周囲が一〇〇メートルの超球体の形をした空間に君が漂っているものと想像してみるといい。君が空間の唯一の物体である。すると実際に空間は暗いことになる。君は手探りして宇宙服から照明弾をとり出し、発光させる…するとある理由で二つの光が存在する。一つは君のすぐ隣りにあり、もう一つは五〇メートル離れた所にあるのである！　君の空間に何やら別の照明をもった宇宙服の人間がいるのである。

君は別の照明をもった人に会いに行くことにした。自分の照明をそこに残して漂わしておき、小さな握りがついた携帯ジェットの反動によって君は前進する。君の照明も別の人の照明も不動のままである……。しかし彼は君から逃げていくのである！　彼——それとも彼女かな？——は君と相対的にひっくり返っていて、君がどのような道を進もうとも、彼（**または彼女**）は近づこうとする君から一定の距離をとるように方向を変えるのである。その別の人はある種の鏡像なのではないだろうか？

そうなのである。小さな球の表面のスクエア氏を考えよう。スフィアランドの光線は球状の空間を大円を描いて進むものとしよう。図98で見ることができるように、スクエア氏の体から出た光のすべてが球の反対側で互いに再交差する。これはスクエア氏が球の反対側に自分の体の各部分の像の集まりを見ることを意味する。この像は裏返しになっているので、それらは集まってきっちりと上下が鏡映反転した幻影(ゴースト・イメージ)を作るのである。

図98★スクエア氏は幻影を見る。

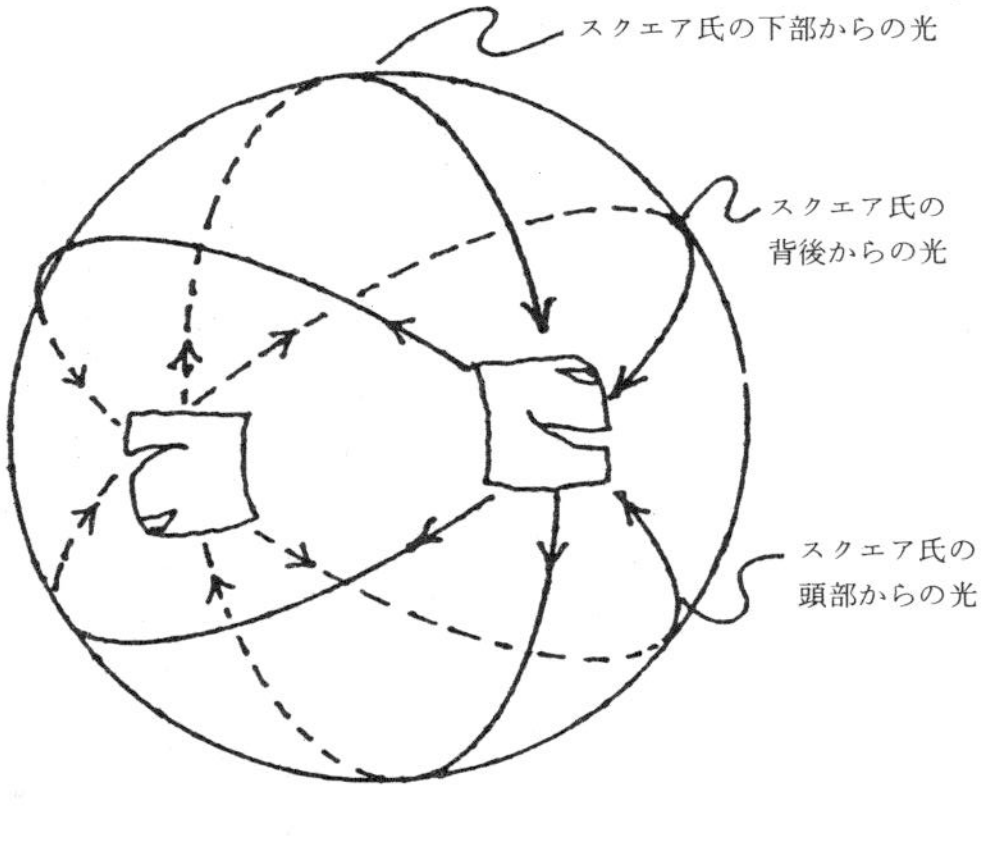

続けよう。君は別人の照明を見に行くことにした。それはそこで漂ってこうこうと輝いているが、それに触れようと手を伸ばすと何もないことがわかる。なぜだろうか？〝別の照明〟は事実君の本物の照明の虚像だからである。それは君の本物の照明から出たすべての光線が互いに交わる場所に作られる幻影なのである。

なんと奇妙奇天烈な。君は自分の照明にもどったのち、宇宙服が窮屈すぎると思った。

大きなゴム風船をとり出しその中に入ってから、君は自分のタンクからそれに空気を詰め始めた。照明を持ってきてあったので、風船の内部は隈なく照らしだされた。風船の中は快適で、照明と君自身の奇妙な幻影を見せつけられるということはなかった。服を脱いで、風船のなだらかに湾曲した壁にだらりと寄りかかった。傍らのタンクがシューと音を立てていて、風船は大きくなっていた。

突然、何だか様子がおかしくなった。風船の壁が平たくなって今度は反対に湾曲し始めたのだ。君は風船の外に出てしまっている！　タンクは依然として傍らにあるが、空気はどんどん薄くなっていくようだ。風船は急速に後退しながら縮んで、ビーチボールくらいの大きさになり、つぶれてしまった。何が起こったのか？

一次元下げて、スクエア氏で見ることにしよう。フラットランド[スフィアランド]での風船は弾性をもった円に相当する。その円が膨張して赤道を超えると、逆に縮み始め最初の大きさにもどることができる。ただし今度は球面の反対側の点になっている。

これは超球体空間の奇妙な性質である。十分に膨張できる球ならどれでも、極大の大きさを超えて膨張すると、さらに"膨張"を続けて大きさが点になってしまうのである。地球からさまざまな方向に飛び立つ探測船の艦隊を考えると、私たち自身の宇宙でこれを視覚化することが可能になる。どの宇宙船も同じ速さで航行するなら、それらは地球を中心として膨張する球の表面上にいることになる。しばらくすると、驚いたことに進路をいささかもかえないにもかかわらず、どの船も互いにどんどん引っ張られるように近づいていることにパイロットたちは気づくはずである。まだ探査されていない空間が収縮する球に

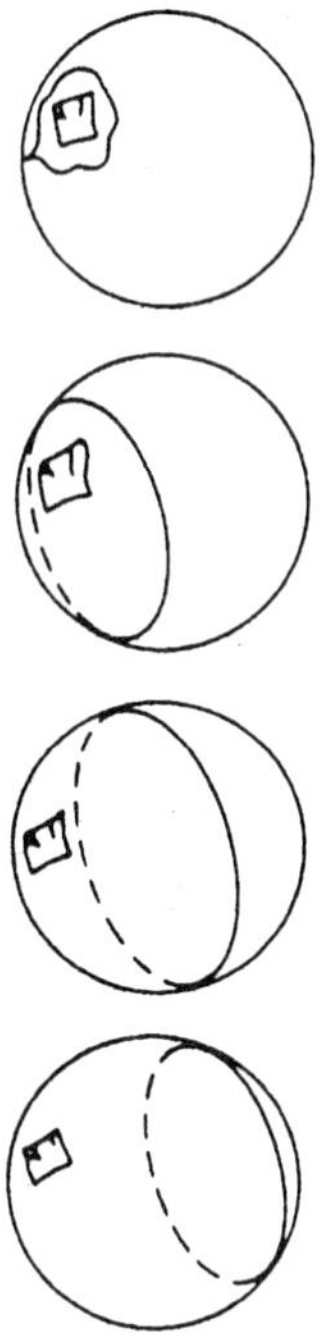
図99★奇妙な風船の中のスクエア氏。

なってしまったのである！　宇宙船が落ち合うとき、その位置は地球からもっとも遠ざかった点になっているだろう。そして驚くようなことは何もないままなのだ。

双曲線空間と擬球

こうして通常の昔風の平坦な空間と有限かつ果てのない超球体空間という、少なくとも二種類の空間についてかなり詳しいイメージが得られたことになる。〝平坦な〟空間とは、どの方向にも無限に広がっている標準的な三次元ユークリッド空間である、という以上に面倒なことを意味してはいない。二次元の平坦な空間は平面と呼ばれ、三次元の平坦な空間はしばしばホモロイダル空間と呼ばれている。

ホモロイダル空間と超球体空間に共通なものは、それらがいたる所一定の大きさで湾曲しているということである。同様に、平面と球は一定曲率の表面であるという。球は確かに平坦ではないが、球上のどの点も他の任意の点と似ている——それらはコブを作らない。定曲率の表面を特徴づける一つの方法は、三角形を辺と角度を変えることなくその上で滑らせることが可能だということである。同じ言い方で、三次元定曲率空間は剛体を剛体の相対的比率を変えることなく移動させることを可能にする空間だということにする。

実を言うと、私たちの空間は定曲率空間ではない。星の近傍の点に移送されるとスクエア氏は、重力で曲がっている空間によって歪められて、湾曲した長方形になるだろう。しかし多数の宇宙論者は、少なくとも巨大な尺度で見たとき私たちの空間は定曲率だと仮定するのを好むようである。中間の尺度では、地球表面は定曲率から少しずれている。しか

◉私は居眠りをしていて夢を見た。しかし驚いたことに、今度はラインランドの光景を目にしなかったのである——そこに私はえらく賢いフラットランド人としてよく訪れたものである。人々が知覚できなかった本当の関係を見ることができたから、私自身には明らかな真実を屈み込んで話してやったのであった——ところが今度は、まったく別の夢を見たのである。私は三次元の国から来たスフィア（球）氏になっていて、私自身の世界、わがフラットランドを訪れたのであった。そう、フラットランド人としてではなくスフィア人として。なぜなら、わが世界が以前の私には決して見えなかった方向に湾曲しているのを、いまやはっきりと見ることができたからである……。

右を見、左を見、あらゆる側面を見た。いまでもこの世界は、つまりわが世界は、どの方向にも無限に延びてはいなかった。

し巨大な尺度では、地球表面は滑らかな球で――たぶん私たちの重力のコブも平均化されて滑らかになってしまうのだろう。

　もし私たちの空間が巨大な尺度では近似的に定曲率をもっていると仮定するなら、どんな可能性があるだろうか？　平坦な（またはホモロイダルな）空間と超球体空間の二つについてはすでに述べた。定曲率をもつ三番目の種類の空間が存在する。この種の空間は通常双曲線空間（ハイパーボリックスペース）と呼ばれる。三次元双曲線空間がどのようなものに似ているかを理解するために、最初に二次元双曲線空間を眺めてみることにしよう。ちょっと前では球の表面になっているフラットランドを考えていた。二次元双曲線空間はいわゆる擬球（シュードスフィア）の表面でもっともうまく表現される。しかし擬球とは何なのだろうか？

　球と異なり擬球は2D表面と考えることができる。球は平面より小さい。つまりそれは曲がって自分自身にもどり閉じて有限であるのに対し、平面は言うまでもなく無限である。まったく奇妙にも擬球の方は平面より**大きい**のである。平面と擬球はともに無限であるが、擬球の方がもっと余地のあるものなのである。擬球の概念を作っていくために、まず、終端のないタフィー［**黒砂糖・糖蜜・バターを煮つめて練って作るキャンディー**］の上を這い回っているさまを考えてもらってもよい。数フィート進むごとに、君は止まって平面物質をつかんだり引っ張ったりする。それはだぶだぶになったり、シワが寄ったりして……ますます空白が多いものになってくるであろう。

　正確に言うと擬球が実際には平面より大きいので、正常なユークリッド空間で図を表現することがたいへん難しいのである。しかし擬球を円盤にはまるように縮めてしまう特別

当然のことである。というのもわが世界は無限ではないからである。それはあらゆる側面で無限に延びているのではない。それは曲がった湾曲した世界なのであって、一周することができるのである！　私はわが世界、わが球状フラットランドを回り、限なく飛ぶことができるのである。何と幻想的なことか……。

　しかし光線はどうなるだろうか？　どのように伝わるのだろうか？　直線にそって進むのだろうか？　いや、もちろんそうではない。光線はそれが属する空間を離脱することはできないのである。それらはその空間に属しているから空間の湾曲にしたがうのである。私たちスフィア人にとっては、光線は直線のように見える。私たちの空間では実際に湾曲しないが、私たちの空間の湾曲にはしたがうのである。そうあらねばならないのだ。しかし外から見ると、それらは直線ではなく、球の表面の二点間を最短距離で結ぶ線にほかならないのである。

ディオニス・バーガー
『スフィアランド』1965

なトリックが存在する。そのような収縮の手順がどのように働くかをもっともよく理解するために、正常な平面を正方形にはめるにはどのように縮めたらよいかということから考えることにしよう。

圧縮された無限世界

この方法を、地下でフラットランドを発見した男による、もう一つの空想的な一人称の物語として示すことにしよう。その男の名はフェリックス・ウングルック［姓は不運というドイツ語］といい、悲しいことにはきわめて不器用なのだった。

〈フェリックス・ウングルックの『汚れなき世界』からの抜粋〉

ドアが後で揺れてバタンと閉まった。一瞬何も見えなかった。落ちるかもしれないと心配だった。しかしそれから頭を前後に動かしてみると、下の方からかすかな光が来ているのがわかった。何かがそこにあった。

電灯のスイッチを見つけたので、カチッと入れてみた。階段の下あたりに一辺が二メートル位もある、重さのない正方形が漂っていた。それには不規則な模様がついていて、はっきりしない縁(へり)の近くでますます入り組んだものになっていた。最初僕は一種の空飛ぶカーペットだと思った……。しかしそれからそれぞれの色模様が各自の流儀で動いているのに気がついた。これは無限の広がりが二メートル四方に圧縮されたフラットランドなのだった。

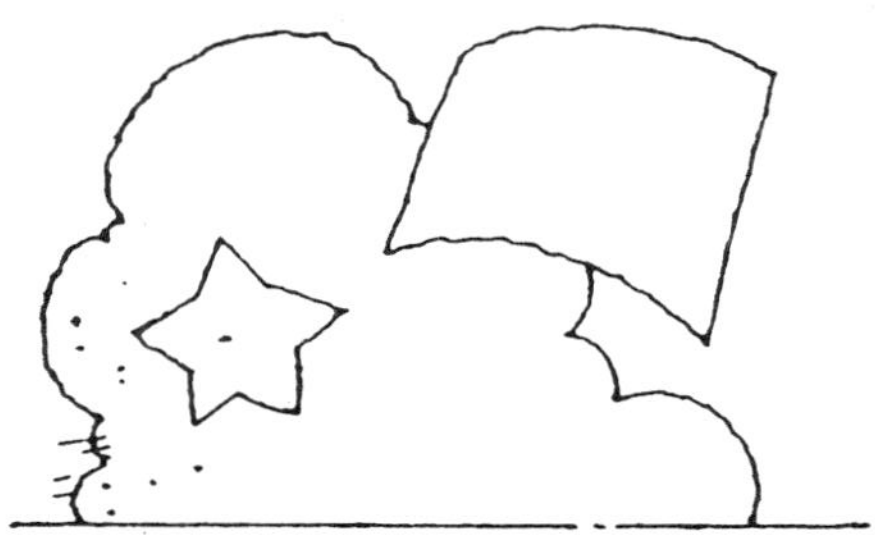

図100★重力で曲がっている空間。

らっとりとしながら僕は階段を下りて、その縮んだ世界の上に身を屈めてみた。小さな多角形のフラットランド人たちが、あちこちの道を突進していた。彼らは中心に近づくにつれて大きくなり、縁に接近するにつれて縮むのだった。それは新聞の生きた、日曜版漫画欄のようだった……どの辺に向かってもコマがどんどん小さく押しつぶされながら無限に動いていく漫画欄であり、二メートル四方の空間の中で無限に退行していく模様なのであった。

階段の上で突然大きな音がした。音に驚いて足元が不確かになり、僕は前に倒れた。僕の体は、ダイバーが湖の表面を通り抜けるくらい造作もなくフラットランドを突き抜けた。

いきなり跳び込んできた僕の体から、小さな生き物たちが、アメンボのようにパッと逃げ散り散りになった。僕は——無限大のだだりのように——丸く閉じた土地を覆い隠し、どさりと床に落ちたのだった。フラットランド人たちのかすかな絶望的な叫び声が聞えたと思った。

自分の体を眺めわたしてみて、僕は多数の罪なき生き物を彼らの空間から放り出してしまったことを知り、ぞっとした。彼らは僕に突き刺さっていたり、粗く織られた僕の衣類の上のあちこちで折り重なっていた。彼らが致命傷を負っているのを見ることができた。格子状の微光はゆっくりと光を失っていって息絶えた。僕は顔を手でおおい泣き始めた。

図101は擬球ではないが、擬球がすぐに描けるようにするトリックにもとづいている。図

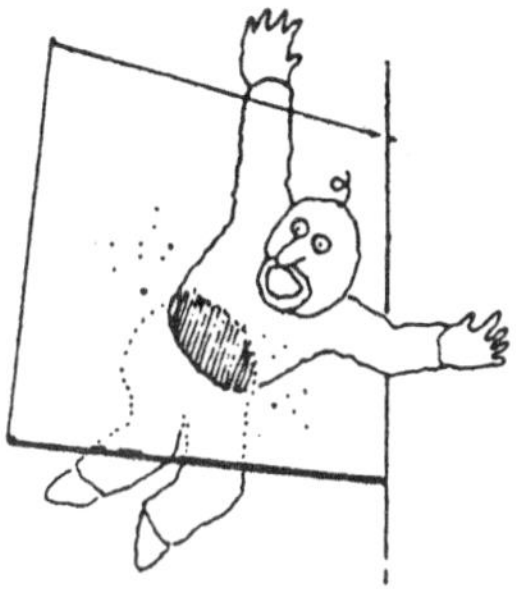

図102★フェリックス・ウンゲルック。

図101★正方形にはまるように縮めた無限大のチェス盤。

101には平面が描かれており、無限の平面全体が有限の正方形に圧縮されている。これはどのようにして描けるだろうか？　正方形の縁に近づくにつれて距離を半分にすることを繰り返していけばよいのである。

ゼノンのパラドックス

読者の中には、ゼノンのパラドックスについて聞いたことがある方もおられるであろう。ゼノンはギリシア初期の哲学者で、〝運動〟についての単純な考え方から一連の論理的な困難を導くことができることを明示してみせて注意を引いた人物である。そのもっとも著名なパラドックスは、部屋の中にいる人は決して室外に出ることができないというものである。なぜならドアに達するためには、まずそこにいたる半分の距離を通過しなければなら

図103★「僕は顔を手で覆い、泣き始めた」。

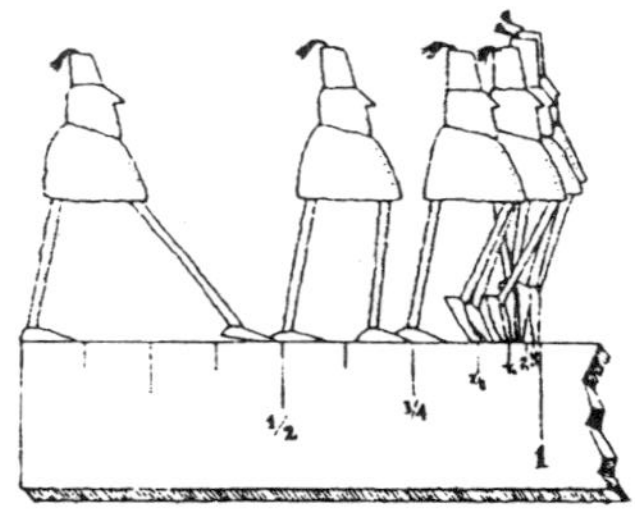

図104★無限に多くの歩み。

ないと、ゼノンは論証する。しかし、まだ部屋の中にいるわけだから、ドアに達するためには残りの距離のさらに半分を通過しなければならない。しかしそれでも部屋の中にいるからドアに達するためにはさらに残りの距離の半分を通過しなければならない。このパラドックスの要点は、たった二歩で部屋を出ることができるとき、その歩幅を無限に連続した、だんだん小さくなる距離に分けることを可能としたところにある。ある意味では、部屋を出ることは無限の仕事を達成しなければならないということである。もちろん、普通は各歩幅をその一歩前の半分にしていくということはしないから、何なく部屋の外に出てしまうことになる。

しかしもし部屋の中が奇妙な力の場に置かれていて、それがドアに向かって一歩を踏み出すたびに歩幅を半分にすることを強いるような強さだったとしたらどうなるだろうか？前と同様にして、ドアから二歩の所より出発するものとしよう。しかし、今度は一歩進むと体長が半分に縮むと考える。そして最初の一歩を踏み出すと、ドアから最初の一歩分、ないしは新たな歩幅二歩分の所にいることになる。さらにもう一歩進むと体長は半分になり、ドアからさらに半分になった歩幅二歩分の所にいることになる！

図101と105は、このゼノン型の縮みを使って無限大の平面を、それぞれ正方形と円にいかに収めるかを示したものである。図101では、チェス盤の各々の四角形の大きさは実は同じ大きさなのだと想定されている。いまと逆のやり方で、チェス盤の各々の四角形を単位の大きさの正方形に引き伸ばすことによって、図101の対象を無限の平面にもどすことが可能である。図105では、各々の三角形は実は同じ大きさなのだと想定されている。三角形の各

頂点には同心の多角リングが外接しており、隣り合う多角リングの幅は外側に行くにしたがって半減しているのである。ここでもまた、各三角形を単位の大きさの正三角形に引き伸ばすことによって、無限の平面にもどすことが可能である。

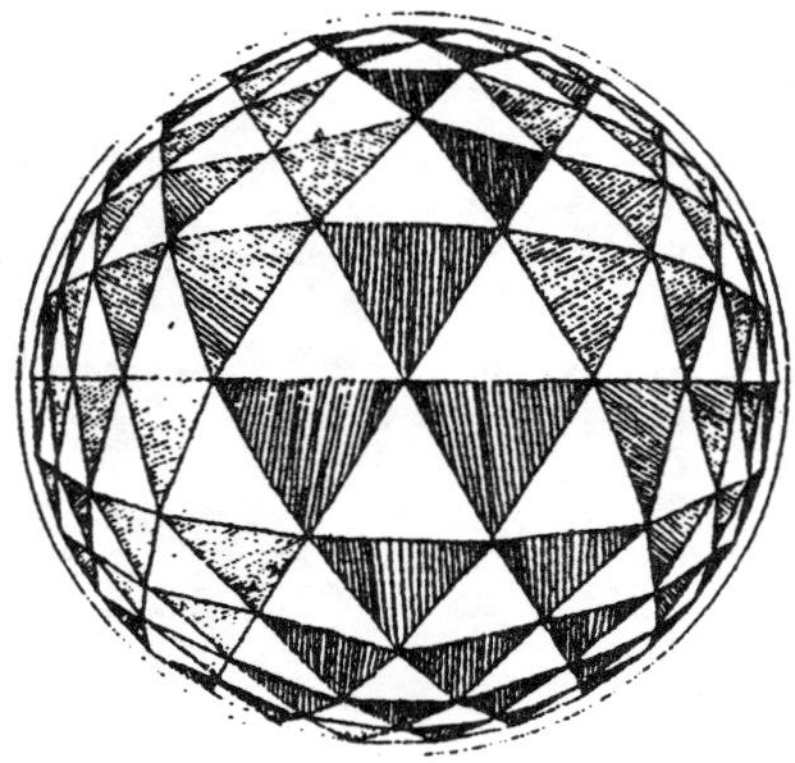

図105★円の中の無限平面。

エッシャーと〝ガブリエルのホルン〟

さて、擬球についてはどうであろうか？　擬球は図106のように、円の中に圧縮されて無限に続くたわんだワープ三角形のパターンとして表すことができる。オランダの芸術家モーリッツ・エッシャーはこのようなパターンをときどき使っている。擬球を独特なものにしているのは、そのワープ三角形を単位の大きさに引き伸ばし（その辺もまっすぐにし）ても、折り目やしわを作らなければ平面にはできないというところにある。たとえば、擬球パターンのいくつかの交点で八つの〝正ワープ三角形〟が会合していることに注意しよう。しかしもしこのパターンを引き伸ばして平面上に置こうとしてみても、一点のまわりには正ワープ三角形をせいぜい六つしか並べることができないのである。

図106★擬球モザイク。

擬球全体を私たちの空間内で滑らかに引き伸ばすことはできないけれども、その一部分を引き伸ばすことは可能でさまざまに束縛された定曲率の表面が得られる。もし擬球ダイアグラムの中心の円盤を引き伸ばすと、それは鞍型になる。どの点も同じ方向に湾曲している球とは異なり、鞍の表面はどの点においても二方向に異なる湾曲を示している。それゆえ、同時に上下に巻き上げかつ巻きもどす湾曲をすることによって、鞍の表面は、ある意味では、平面円盤より大きなものになっている。

擬球の一部を引き延ばす例でもっと劇的なものは、〝無限円の距離〟の縁にまで突き出し

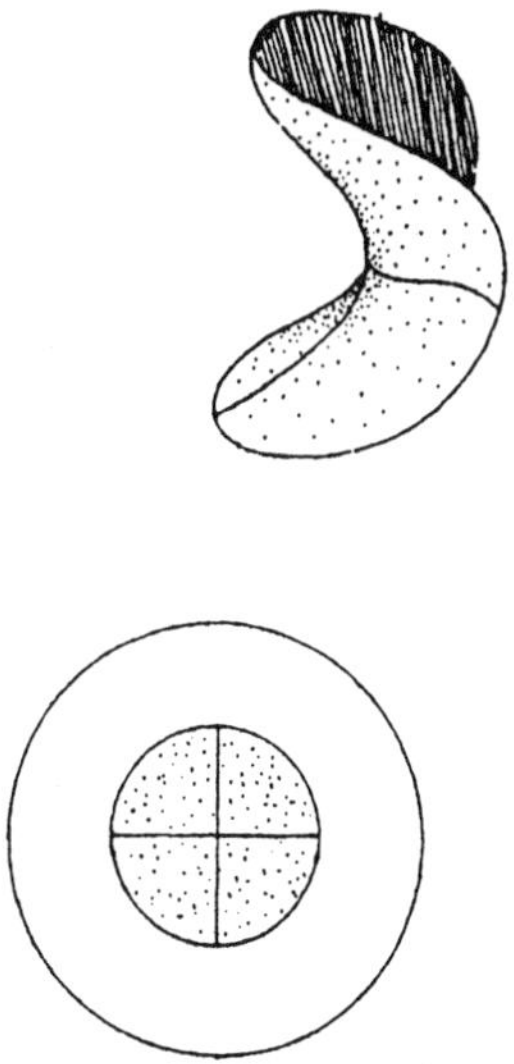

図107★擬球の円盤は鞍型に引き延ばされる。

ている扇形部分を選ぶときに見られる。図108で、まず線e、e'を、Hにそって切り抜いてみよう。それからeとe'を"実際の"無限大の長さに引き伸ばし、Hを丸めて円形にし、eとe'を糊づけしてEにする。一九四〇年代には右側の図がしばしば擬球と呼ばれたがこれは正しくない。それは擬球の扇形が縫い合わされたにすぎないのである。ではそれは何と呼ぼうか？ "ガブリエルのホルン"がふさわしいようだ。なぜならそれはトランペットの筒の形をしており、トランペットのマウスピースは無限に離れているからである。私が心に抱いているイメージは、何やら恐ろしい最後の審判がとどろき渡っているというもので、無限に遠くにいる天使が、すべての道が通じている長くて細いトランペットを通して私の耳元でののしっているというイメージである。

それで擬球のいろいろな部分を適当な大きさに引き伸ばすとどんなことが起こるのかということを考えることによって、表面全体のアイデアが得られていくのである。ここで二次元双曲線空間の例を考えるために、擬球について話し始めたのだったということを思い起こそう。しかし本当に学びたいものは三次元双曲線空間なのだった。

ゲンコツの上の銀河系

完全な双曲線空間とはどのようなものなのだろうか？ 平坦なホモロイダル空間よりもっと空間的に引き伸ばされた、果てしのない三次元空間を考えてみよう。数学的にそのような空間をモデル化するには、球の内部を考え、この球の内部に物体がいて、それは中心から遠くへ動いていくにつれて際限もなく縮んでいくと仮定してみればよい。これは前に

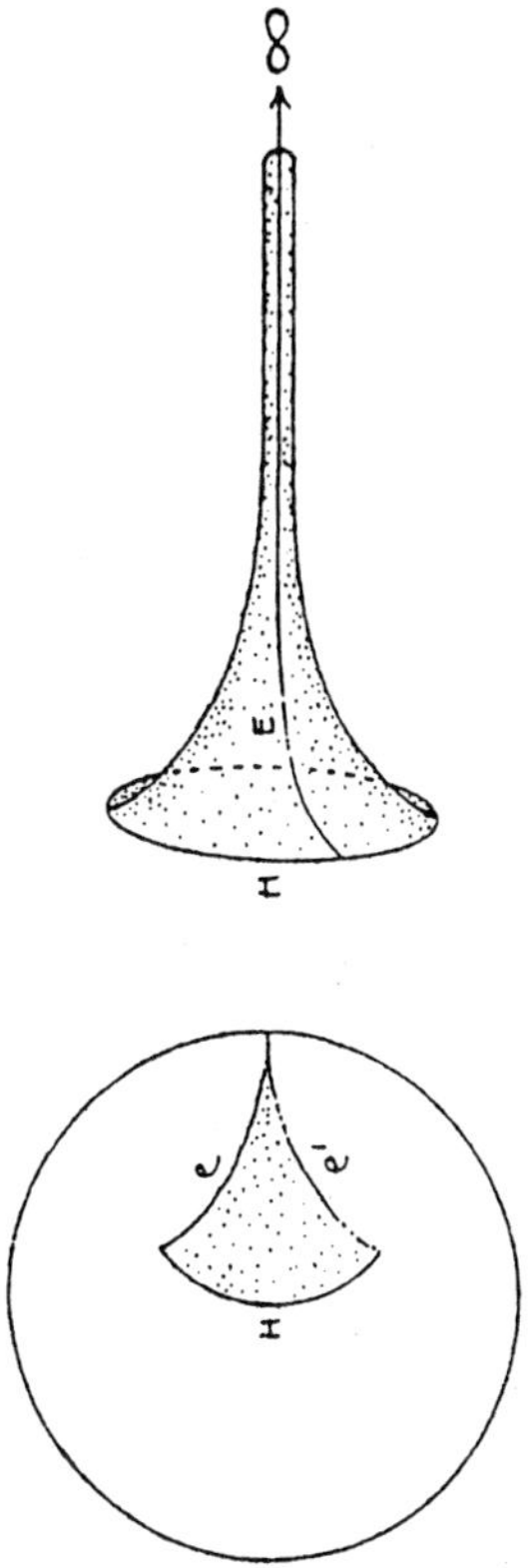

図108★擬球の扇形が引き延ばされてガブリエルのホルンになる。

図110★皮膚は不規則な2D空間である。

やった平面を正方形に押し込めたり、擬球のフラットランドを円に押し込めたトリックと類似のものである。

私たちの空間が実は信じられない程ワープしていて、たとえばしなびたテニスボールの内部のようなものだと考えるのは、たいへん奇妙な見解である。ハムレットが言うように、〝たとえ胡桃（くるみ）の殻の中に閉じこめられていようとも、無限の天地を領する王者のつもりになれる男だ〟。

図109★距離の正しい表現。

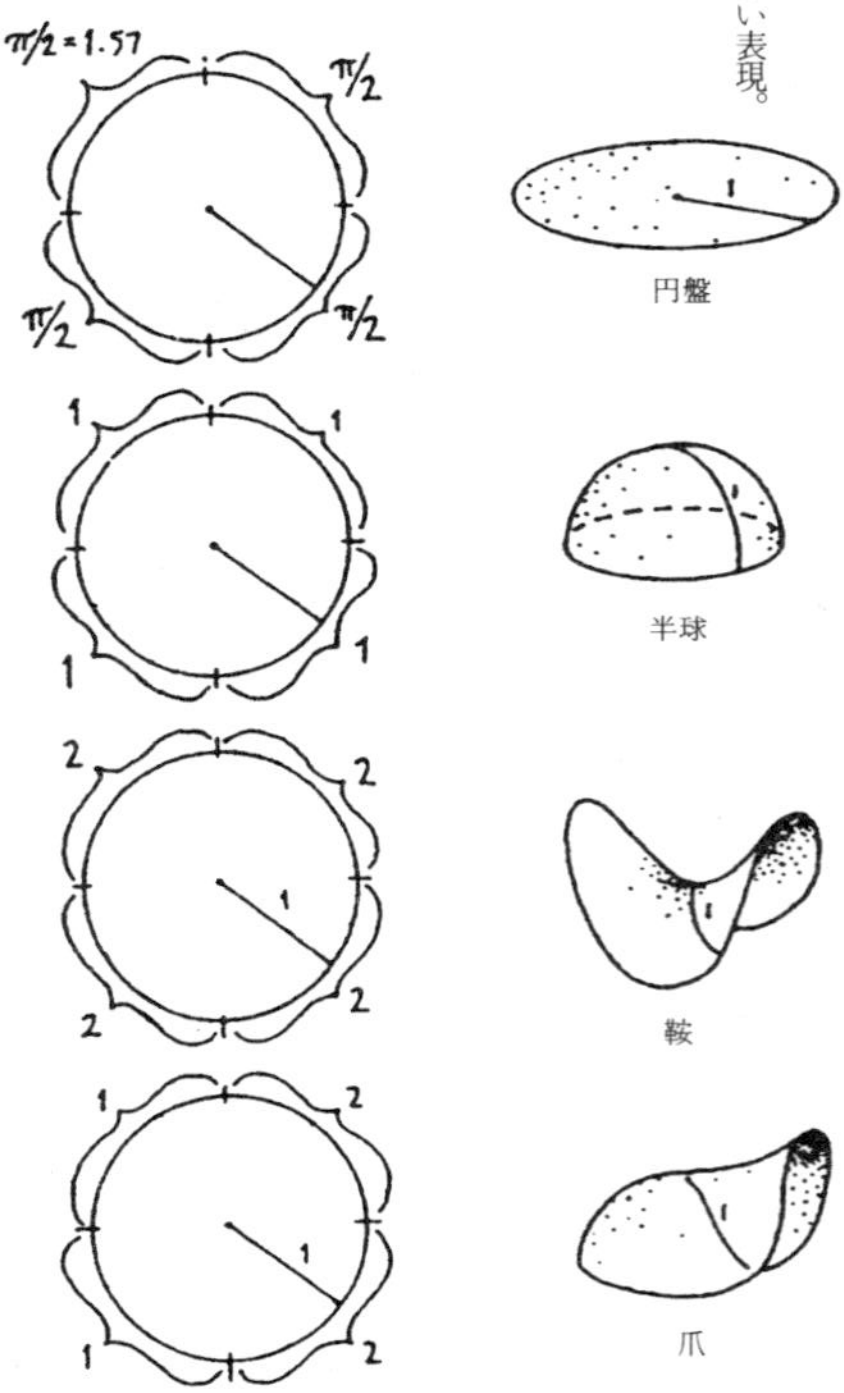

湾曲した空間を引き伸ばしたり縮めたりした平坦空間で表そうというアイデアはベルンハルト・リーマンに由来する。リーマンのテクニックが一般性をもつ例として、一定の単位半径の円周に異なる長さを割りふることによって、湾曲した表面の多様性をどのように表現できるかを図109に示した。

表面を手前の方に折り曲げて円周を 2π より小さくしたり、二つの別方向に表面を折り曲げて円周を 2π より大きくしたりできる。

ゲンコツを作ってみれば、関節はほぼ半球のコブになっていることに気づくだろう。ちょっと待ちたまえ。皮膚のソバカスを、皮膚の表面がその空間になっている〝フラットランド〟における2D銀河系だと考えることにしよう。ゲンコツのコブちかくにある銀河系には、空間は球状をしていると信ずる住人がいるかもしれない。また、二つの関節のコブの間の〝鞍〟部分の銀河系には、空間が擬球パターンのように引き伸ばされていると感ずる市民がいるかもしれない。そして前腕の平らな広がりに住んでいる少数民族は、空間が平坦であると考えるかもしれない。

図111★空間の形は私たちが考えるより奇妙であるかも知れないのだ。

この章では、平坦な空間と超球体空間、双曲線空間という三種類の3D空間を眺めてきた。この三種類の空間に共通のものは、その各々が大きなスケールでは一様に湾曲しているということである。空間のどの領域も他の別の領域と本質的に異なるものではない。しかし私たちの空間が一定曲率をもつと仮定を単純化して考えるのは誤りだ、ということは十分ありうることである。空間の形は私たちが考えるものよりも奇妙であるかもしれないのだ。

★パズル7・1

曲がった表面上の線は実際に直線ではないが、ある線は他の線より最短距離だという意味でよりまっすぐである。そのようなよりまっすぐな線を表面の測地線と呼ぶ。球上のどのような種類の線を測地線と考えたらよいだろうか？

★パズル7・2

その内側には光と空虚な空間だけがあってほかには何もないような、巨大で明るい星を発見したものとしよう。これからどんな結論が引き出せるか？

★パズル7・3

大多数の宇宙論者は、宇宙のどの部分の領域も多かれ少なかれ他の領域と似ていると仮定している。この仮定は宇宙原理として知られている。宇宙原理を証拠だてるような途方もない物体は存在しないが、それが物事を単純にしてくれるという理由で好まれるのである。しかしここで宇宙原理が誤りであると考えてみよう。宇宙には一個のきわめて卓越した物体——何物をも凌駕する質量をもつ広大無比の物体——が存在するものと考えよう。この想定と空間が超球体のように湾曲してもとにもどるという仮定とを結びつけるなら、どんな種類の宇宙が得られるだろうか？　フラットランドやスフィアランドのような様式化した空間描像を描くことができるだろうか？

★パズル7・4

ここに直線の二次元パターンがある。３Ｄ空間でそれぞれの隣り合う二本の直線間の長さが等しくなるように、この表面を引き伸ばすものと想像していただきたい。この表面はどのような形になるだろうか？

★パズル7・5

メビウスの輪は紙テープを一八〇度ねじって両端をくっつけるとでき上がる。インクを浴びてメビウスの輪の紙の上にシミをつけているスクエア氏を想定しよう。彼が帯を滑り回るとき、どんなことが起こるだろうか？

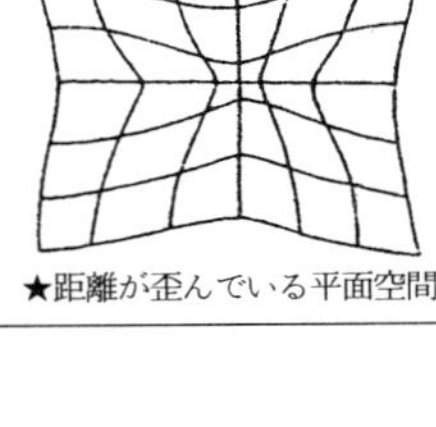

★距離が歪んでいる平面空間。

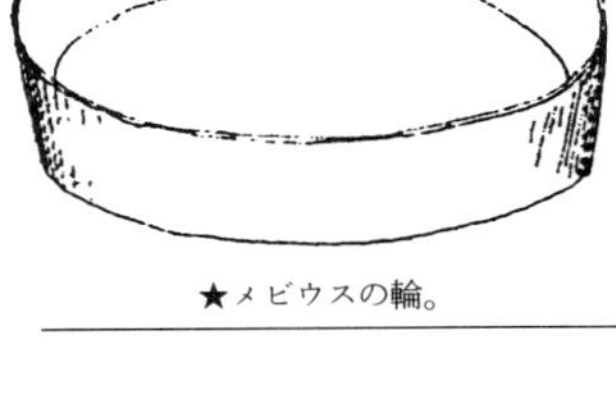

★メビウスの輪。

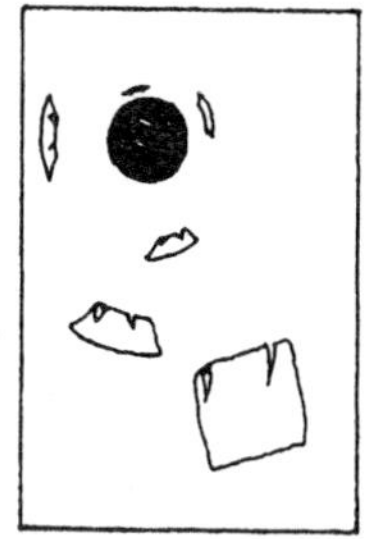
★到達不可能な穴。

★パズル7・6

フラットランドに穴があるが、それに近づけば近づくほどフラットランド人はますます縮んでいくので誰もそこに落ちることはないものとしよう。こういう状況の湾曲した空間を図に描くことができるだろうか？

★パズル7・7

図108に示されたガブリエルのホルンの表面は、その長さが無限大になったとしても表面積は有限であるという、非常に奇妙な性質をもっている。単位長さの正方形を無限に多くの部分に分け、この面積を保ったまま無限に長い表面を作るように各部分を並べる方法を考えて欲しい。

第八章

別世界への魔法の扉

魔法の扉の宇宙論

ボルチモア［メリーランド州北部にあり、ニューヨークの南西二八〇キロメートルに位置する］の真南に〝ブルックリン〟と標示された高速道路の出口がある。もしその出口がそのままニューヨークに通じていたらすばらしいと思わないだろうか？　もっと素敵なものとしては、たとえば君の居間からパリのチュイルリー宮殿に通じる特製のスーパー・ドアがあるとしたらどうだろうか？　あるいは、いまいる空間からまったく異なる宇宙に通ずるスーパー・ドアなどは、とりわけ刺激的ではあるまいか？

人間はいつもそのような魔法の扉を考えて楽しんできたものである。体の空間的な制約から完全に自由な、心の象徴としての魔法の扉は、ルイス・キャロルからC・S・ルイスやロバート・ハインラインにいたる空想文学を通して考えられてきたものである。概して物語の作家たちは魔法の扉が実際にどのように作られているかということはあいまいにし

◉「ねえキティ、鏡に映っているお家に行けたらすてきでしょうね！　きっと行けるわ、ええ！　お家にはとってもきれいな物があるのよ！　キティ、どうにかして入り込む方法がないか探してみましょうよ。鏡は薄帛みたいに柔らかで、通り抜けられるのだと思いたいわ。そうよ、それはもう霧みたいなものに変わってしまったわ。簡単に通り抜けられるわ」。そんなことを言いながら、どうやって上がったか自分ではわからないまま、彼女はマントルの上にいた。すると確かに鏡は銀色に輝く霧のように、融け始めたのである。
　たちまちアリスは鏡を抜けて、鏡の部屋に軽やかに跳び降りた。そして最初に、暖炉に火があるかどうかを確かめてみた。背後の部屋の本物の火と同じように明るく燃えさかっていたので、彼女はたいそう喜んだ。「前の部屋にいるのとおんなじ、ここでも暖まれるわ」。アリスは考えた。「ここのほうがとっても暖かいわ。だってここでは火から離れていなさいと言う人がいない

てきた。はっきり書いたとしても〝超空間に通ずるトンネル〟だと説明するだけである。しかしたまたまそうなったのであるが、現代の宇宙論者たちは魔法の扉について考えるうまい方法をいくつか発展させてきたのである（それらはアインシュタイン＝ローゼン橋とかシュワルツシルトの虫喰い穴としても知られている）。

スクエア氏とウナのロマンス

　図を描くために、いつものスクエア氏にご登場願おう。フラットランドが一枚の平面で、それと平行にグロップランド、つまりズングリ国と呼ばれるもう一枚の平面があると考えよう。普通の場合は、これらの二次元宇宙の一方の住民が他方の宇宙へ達することができる道はない。しかしそれぞれの世界から空間のフラップ［薄片］を切り出すものとし、その二つのフラップを縫い合わせるものとしてみよう。そうすればグロップランド人はフラットランドを訪問することができるようになるし、フラットランド人はグロップランドを訪問することができるようになる。もう一度、想像上の古典『スクエア氏のもう一つの冒険』より引用することにしよう。

　キューブ氏が作ったジアザー・ドアはたいへん風変わりなものであった。スフィアランド人から見れば、そのコネクション全体がわが国からグロップランドへと延びている細長い空間の切れ端にしか見えないだろうということに僕は気づいた。しかし僕たちにはその外観は、枠とか手すりといったものがない、まったく新しい眺望を与えてくれる

んですもの。そうだわ、鏡の向こうからここにいる私を見つけても手が届かないんだとしたら、さぞ楽しいことでしょうね!」
ルイス・キャロル
『鏡の国のアリス』1872

図112★フラットランドとグロッブランドを結ぶ細長い空間の断片。

ジアザー・ドアなのであった。これは正面から見た場合である。後から見れば、このジアザー・ドアは暗黒の無であり、空間の穴になっているのである。ドアの背後の領域全体には危険を冒さなければ近づくことはできない。というのは、ここには空間は全くないからで、ここからグロッブランドに通ずる道を作るのに必要な空間が切りとられているのである。

僕自身は何度も旅をした。グロッブランド人たちは極度にいびつな非規則的な形ではあるが、牧歌的で親切で陽気な民族である。彼らにとって旅は容易ではなかったが、いく人かがわがほうのフラットランドに上陸を敢行した。事実、空間と空間を結ぶ道を旅する間に、少なくとも一人が折悪しき最期を遂げたのであった。グロッブランド人たちは、ずんぐりした体軀をしていて、不器用ときているので、道の両岸を区切っている絶対的な無の国に踏みはずしてしまうのを避けるのが難しかったのである。そして無の国からは永遠にもどれないのである。

図113★ジアザー・ドア。

図112に示されたように二つの世界を接続するとき問題になるのは、死を招く両岸空間の存在なのである。しかし両平面をつなぐ非常にうまい方法がある。

図114★婦人たちに気どってみせるスクエア氏。

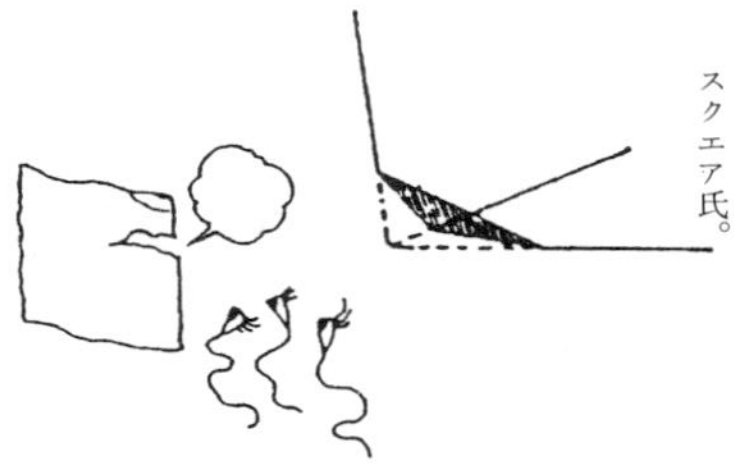

◉中をのぞき込むとコートが何着もかかっているのがルーシーには見えた――大部分は長い毛皮のコートだった。彼女には毛皮の匂いや手ざわりほど好きなものはなかった。すぐに衣裳部屋に入って、コートの林に分け入った。コートが彼女の顔を擦るのだった……。

「なんて、とんでもなく、広い衣裳部屋なんでしょう!」とルーシーは思った。なおも突き進み、身の置き所を作るために柔らかなコートのひだを押しやった。すると何かを踏みつけてパ

キューブ氏は、一日考えてから、再び僕の書斎に現れた。上流階級の三人の御婦人方が僕を訪問しているさなかだった。キューブ氏の断面が急に現れたことで、彼女らは恐怖のどん底に陥った。彼女らの目には僕は奇術師に見えた。キューブ氏は僕の親密な心霊というわけだ。僕はしきりに愛すべき線分である彼女たちの目をごまかそうとした。したがって僕は魔法使いの役割を演じたのである。

僕――どうしたというんだい、しょうもない六面体君。

キューブ氏――僕は決定的な方法を考えてきたんだよ。スクエア君。道を丸めて管にすれば、縁はなくなるんだ。

僕――そうかい。では出ていってくれ。命令に従うんだ。

キューブ氏――その言い方はなんだい。

僕――消え失せるんだ。

キューブ氏――それでいいんだな。このひらめ野郎。

僕――そう願いたいですな、閣下。

キューブ氏――望むところだ。じゃあな。

幽霊が消え、三人の貴婦人の中でいちばん美しいウナが私にしがみつき興奮にわれを忘れて体を揺さぶった。僕は即座にグロッブランド、彼女が言うアストラル平原まで彼女をエスコートしていくと約束した。

ジアザー・ドアは見たところまったく変わってしまっていた。以前のドアは、前から

はグロッグランドへと続いている窓のように見え、背後からは無の国に見えたのに、今度のはどこから見ても同じで、見かけはグロッグランド全体を絞って円盤の形にしたレンズ状の窓だった。以前には無の国の深淵が二つ世界を往来する旅人に脅威を与えていたが、僕の友人のキューブ氏がその空間の縁を何らかのやり方で閉じてしまったのだ。

　この変容したジアザー・ドアの通り抜けを敢行した者は誰もいなかった。僕はウナの好意を確かなものにせんものと、勇気を奮って神秘的な円盤へと急いだ。それは祝祭のツリー飾りのような、円形の魔法の鏡といった奇妙な景観であった。目を凝らして中を見ると、グロッグランド人たちが見えた。その姿は、信じられないくらいかなたにある中心点に向かうほど、どんどん小さく縮んでいる。僕は怖かった。僕もこの縮み地獄に押しつぶされはしまいかと恐れたのだ。しかしウナは私の傍らでぶるぶる震えながら、歌うような低い声で僕をせきたてていた。「ウナ、おいで」と言って、どうやらグロッグランドのすべてが含まれているらしい不思議な円盤に向かって僕は滑っていった。

　グロッグランド人たちは、僕たちがジアザー・ドアに入る前には、まったく縮んで歪んでいるように見えた。しかし前進した今は、不規則な形ではあるが、お馴染みの姿をしているのだった。僕たちが彼らの大きさに縮んでしまうなんてありうるだろうか？　まわりにはグロッグランドが果てしなく広がっていた。これは本当に不思議な円盤の内側なんだろうか？　僕の思考はウナの興奮した叫び声で妨げられた。

ウナ——ああ、見て、スクエアさん、フラットランドが円盤になってるわ！

僕——(後をふり返って)本当だ。完全に対称的になってしまっている。あの宇宙

リバリと音がしたことに気がついた。「防虫剤の玉かしら？」そう思って身をかがめ、手でまさぐってみた。しかし衣裳部屋の堅くて滑らかな木の床の感触はなく、ふわっとして粉っぽく非常に冷たいものを感じたのだった。「これはとっても変だわ」そう言って、さらに一、二歩踏み出した。

　つぎの瞬間、彼女の顔や手を擦っているのはもう柔らかな毛皮などではなく、堅くてごつごつした、チクチク痛いものだということがわかった。「まあ、まるで木の枝だわ！」とルーシーは叫んだ。それから頭上に灯りがあるのを見た。それは衣裳部屋の奥と覚しき場所の近くではなく、ずーっと遠くに離れていた。冷たくてふわふわしたものが彼女を襲ってきた。一瞬の後に彼女は、自分が真夜中の森の只中に立っていて、地面には雪が積もり空に雪片が舞っているということを悟ったのだった。

C・S・ルイス
『ライオンと魔女と衣裳部屋』
1960

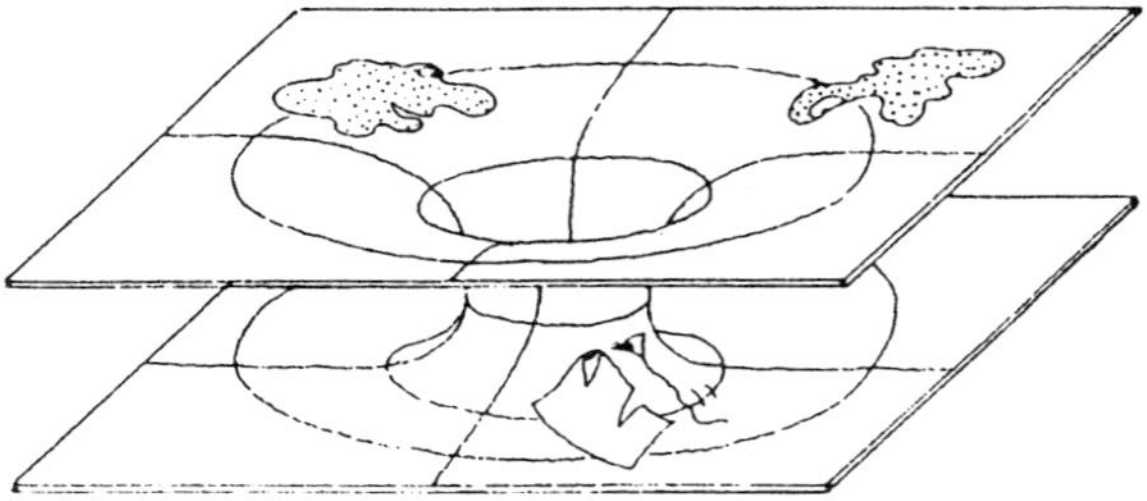

図115★宇宙トンネルの入り口に立つスクエア氏とウナ。

トンネルから見ると、グロッブランドの方からはフラットランドが円盤に見え、フラットランドの方からはグロッブランドが円盤に見える。これはすべてあなたの楽しみのために、僕が以前に書いてさしあげた通りでしょう、奥様。

ウナ――その通りですわ、先生。夫は私たちがこの魅惑的な国に来るのを妨げることをできませんわ。

僕――さあて、のんびりと行きましょうかね、麗しきウナ。

ウナ――先生のお好きなように……でもペチャンコの円盤を見て下さいな。お友だちの六角形さんが滑ってくるわ！

僕――ああ、あの小さいチビッコだね。彼はまるでアリだ。

ウナ――でも、あら、スクエアさん。円盤の縁に近づくとだんだん大きくなってきましたわ！

僕――**(近くのグロッブランド人に向かって)**おい君、僕の頼みを聞いてもらえないだろうか？

グロッブランド人――いや、ダ、ダンナ、御勘弁を。

僕――**(口に彼をくわえて)**ちょっと長くなってくれたまえ（ムプ）このように（ムプンプ）そしてこうだよ、君。そうやって僕たちの宮殿をカーテンになってさえぎってくれたまえ。

それは実行され、ウナと僕が楽しむのに邪魔はなくなった。僕の完全な満足はつぎの問いで損われただけだった――「宇宙トンネルを通り抜けるってことは、内側から外側に変わるのかしら、外側から内側に変わるのかしら?」

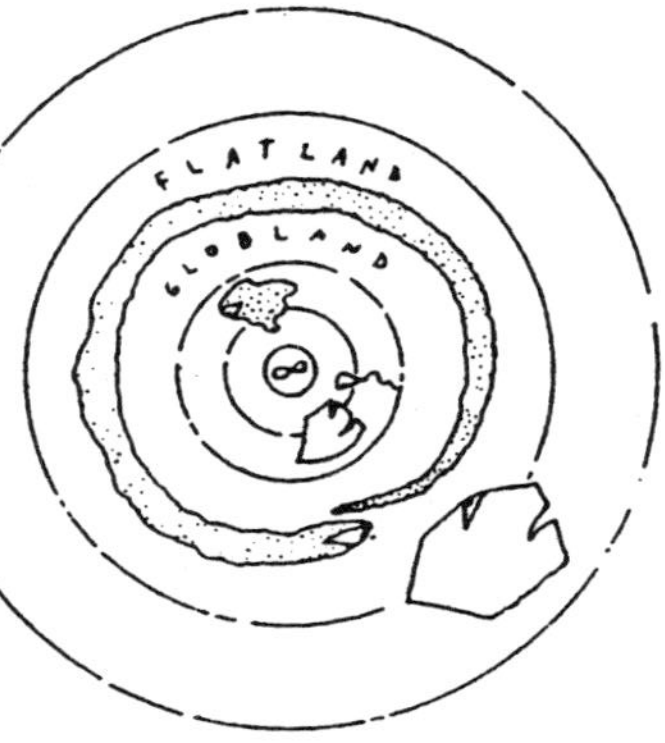

図117★六角形氏は
グロッブランドは円盤だと考える。

フラットランド、グロッブランド両平面の外から宇宙トンネルを眺めてみれば、スクエア氏の疑問に対する答を知ることができる。〝虫喰い穴〟の狭い通路、宇宙トンネルは、一方の世界の円によって境界をつけられる。この円を見ているフラットランド人は、グロッブランドのあらゆる部分から出てくる光を見る……だから彼にとっては、グロッブランドは円の中にどうにか納まるように押し縮められたものに見えるのである。同様にしてグロッブランド人は、フラットランドから来るあらゆる光が、虫食い穴の丸く狭い通路から来ているように見てしまうのである。

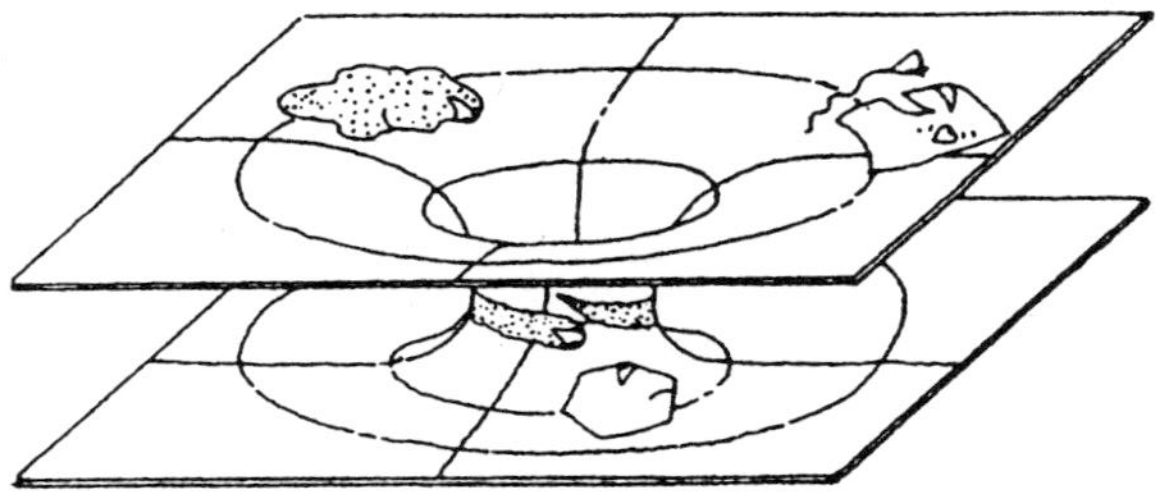

図116★六角形がウナの異次元での
密会を目撃しない
ようにさえぎる
グロッブランド人。

◉ジョーはつぎの丘の向こうにピカピカ光る物があるのに気がついた。大きなボール・ベアリングというか、クリスマス・ツリー用の銀色をしたガラス玉のように輝いている小玉だ。アスパラガス畑で見た奇妙な物だ。

彼は途中の丘をひょいと跳び越して小さなミラーボールに身を屈めた。そこには空があった。彼の顔も地平線も畑もだ。見事だ。しかし……。

待て。それは同じものではなかったのだ。小さな反射光の像の中の畑はピンク色をしており、雲突くような……機械類で混雑していて、像の中心に向かって先細りになっていた。悪いことには、ジョーをふり返っているびっくり館の顔は、なんと彼の顔ではなかった……生きた人間の顔ではなかった……。

その口は動いていた。ほかの人を呼んでいた。いろんな顔が群らがっていた。二人、三人、五人……小さくて、鏡の曲面のために歪んでいた。

ジョーはびっくりしてあとずさりし、それから踏み出してボ

ガラスボールとブラックホール

ここでいままで何度もしてきたように、すべてのものの次元を一つだけ上げてみることにしよう。4D空間の中に、われわれの宇宙と〝平行な〟もう一つの3D宇宙があるものとしよう。超空間の中でアナ運動することができるなら、その別の宇宙に到達できるのである。しかし四次元で移動するのはとても難しい。それならどのようにすれば別の宇宙に到達できるだろうか？　超空間のトンネル、いわゆるアインシュタイン＝ローゼン橋を通ることによってできるだろう。そのような超空間トンネルはどのようなものに似ているだろうか？　そこへの入口は、別の宇宙全体を含み、信じられないくらい収縮し、歪んでいる球のように見えることだろう。もし君がこの球に頭から跳び込んだとすると、まさにそこを通り抜けているように感ずることだろう。しかしまわりを見渡せば自分は別の宇宙にいるのだということを実感できるだろうし、超空間トンネルをふり返ってみれば、信じられないくらい収縮し、歪んでいる、君が元々いた宇宙をそっくり包含しているとおぼしき球を見ることだろう。

実際、アインシュタイン＝ローゼン橋の入口のように見えるよく知られた物体がある。それはガラス製のクリスマス・ツリーの飾りである。そのような球状の鏡は、原理的には、そのまわりの全宇宙を写し出している。物体が鏡の表面から遠ざかれば遠ざかるほど、その像は鏡の中心に近づくように見える。もちろん、君が別の宇宙に通ずる超空間トンネルの入口を見たとすれば、見えるのはわれわれの宇宙の鏡像ではなく、別の世界の鏡像のよ

うなものだということになるだろう。

いずれにしても――高次元生物が介在して奇跡を起こすことは別として――アインシュタイン＝ローゼン橋が、私たちの宇宙に実際存在するものだろうか？　存在するのである。もし私たちの宇宙と並んで、ある別の3D宇宙が本当に存在するものとすれば、十分に密度の高い物体が私たちの空間から膨れ出て、別の空間と接触することはありうるだろう。近づけて接触させたときの二つの石鹼膜のように、二つの空間はくっついて一体化するかもしれないのである。

これを見やすく図示するために、二つの平行したフラットランドの断面で考えてみることにしよう。すでに論じたように、物質の存在は空間の湾曲をひき起こす。そこで女性のハイヒールの方が紳士用の広い靴底よりゴム製マットを深くへこますように、物質が濃密になればなるほど、空間は大きく歪むことになる。私たちの太陽を十分小さな大きさに圧縮することができれば、空間はもっと大きく歪むことになる。

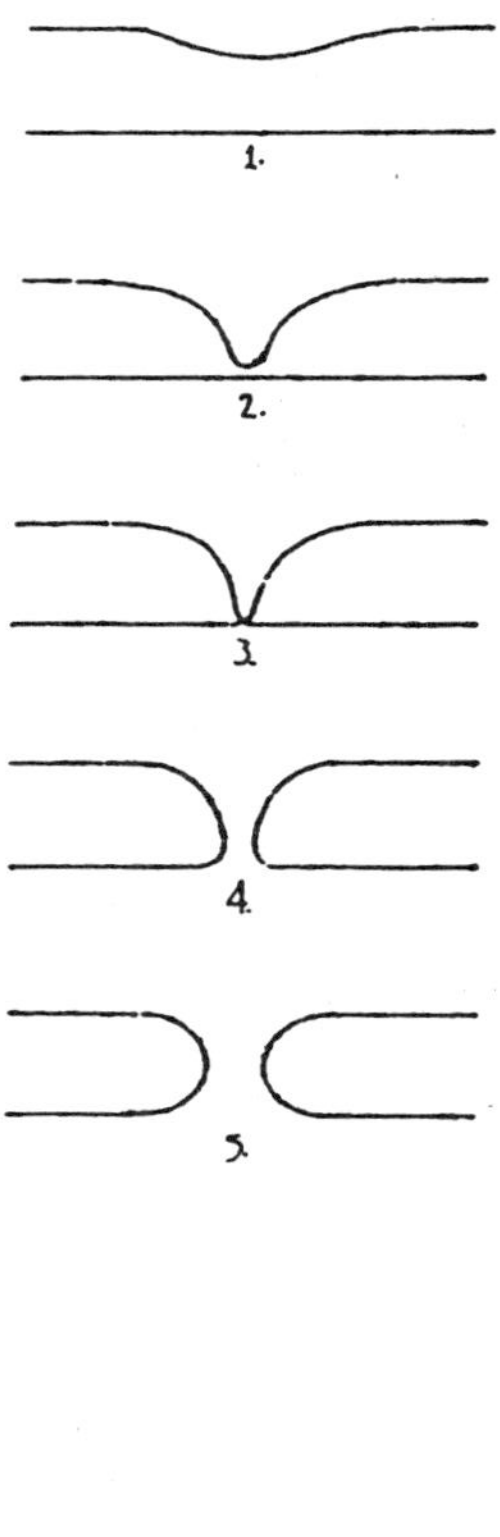

図119★崩壊している星はアインシュタイン＝ローゼン橋を形成し得る。

基本的には太陽は熱いガス球である。太陽の粒子のお互いの重力は太陽をよりいっそう

ールをつついてみた。それは丘からころがり落ちた。でも映像には何も変化はなかった。真中の人物は三本指の手を突き立てて合図をした。うすぼんやりと見える女の口がパッと開いて声もなく動いた。ジョーは、その像の頭上、湾曲した空を小さなロケット機が進んでいるのに気づいた。それは遠く、遠く飛び去り、無限に遠くの中心点に向かって小さくなっていった。それは一つの宇宙なのであった。
ルディ・ラッカー
『最後のアインシュタイン＝ローゼン橋』1983

図118★別の宇宙に通ずる超宇宙トンネル。

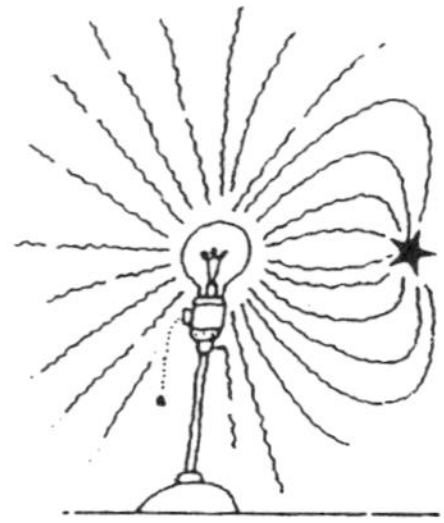
図120★ブラックホールは光を呑み込む。

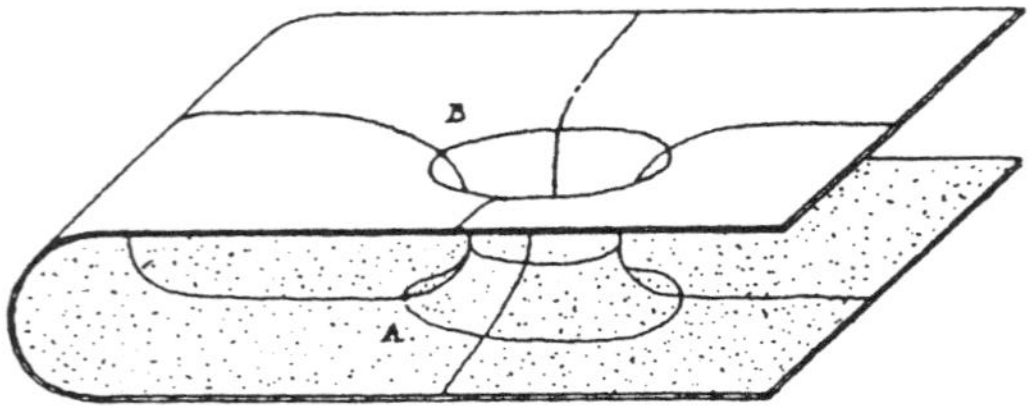

図121★虫食い穴はAからBへの近道である。

小さくしようとする。熱い気体粒子の熱的な擾(じょう)乱は太陽を大きくするように働く。この二つの力がつりあって現在の太陽の大きさになっているのである。しかしいつかは太陽はもっと冷えるだろう。冷えると外圧が減り、重力が太陽を小さく濃密にするように働くだろう。この圧縮が続く間は逆に太陽を加熱することになるが、やがて再び冷えて、よりいっそう収縮する。

すべての星は、年齢を経るにつれて順次この収縮過程をたどるのである。出発時点での星の質量に応じて、様々な結末が可能である。ある時点で星が急速に収縮したとすると、それは爆発し、新星か超新星になる。出発時点で星の質量がそれほど大きくないとしたら、それは収縮して固く、赤々とした金属のかたまりとなる。もしそれより大きい質量のときには、金属原子が崩壊してさらに押しつぶされていき、陽子は電子と結合して中性子となる。そして信じられないほど高密度の〝中性子星〟ができる。それらの星は中性子星物質(ニュートロニューム)と呼ばれる物質でできており、一立方センチメートルあたり約一〇億キログラムもの質量をもっている。

もし星の質量が中性子物質でさえつぶれてしまうほど巨大なものであるとしたら、収縮はさらに劇的なものとなる。そのような場合には、どんどん縮んでいって小さな体積……たぶん点の大きさにまでなってしまう！ そのような超高密度崩壊星が、しばしば耳にする〝ブラックホール〟である。その名前のいわれは、星が十分高密度になると、重力が強大になり光が星から逃れることができなくなるということによる。言い換えれば、十分高密度の星は空間に黒く、光のない球――光がまったく放出されない領域――という外観を呈することになるからである。明らかにブラックホールを〝見る〟ことは難しいが、いろいろな間接的な観測から、空間にはごくわずかだが本当にブラックホールが浮かんでいるということが示されているようである。

宇宙の虫喰い穴

図119に示したように、もし大質量の星かブラックホールが空間を十分に歪ませるなら、別の宇宙に通ずるアインシュタイン＝ローゼン橋を生み出すことが可能である。この種のブラックホールに飛び込むと、異なる世界に弾き出されるかもしれない。他の実在世界への入口としてのブラックホール、というテーマは、ウォルト・ディズニーの映画「ザ・ブラックホール」の中で面白おかしく使われた。この映画のおしまいでは、善玉も悪玉もすべて巨大なブラックホールに落ちていく。その穴は二つの入口——天国と地獄——をもったアインシュタイン＝ローゼン橋（E－R橋）だったのである！　この種の考え方は、まさにアボットの時間に関する超空間神学者に立ちもどらせることになる。

虫喰い穴、すなわちE–R橋を考えることが可能であり、それによって出発点と同じ空間に逆もどりできるのである。これは非常に重要なことだった。その理由はこうである。

アインシュタインの特殊相対性理論によれば、何ものも光より速く進むことはできない。これは良心的なSF作家にとって常に厳しい制約になってきた。わが太陽にもっとも近いアルファ・ケンタウリまで光が届くのに四年はかかる……そして四年間のギャップを埋める会話とか文化の交換を読むのは、かなり冗長なものになってしまう。別の銀河に旅行す

●一角獣から［ゴシック建築の］樋嘴の怪獣、さらには水素爆弾と、人間が生んだすべてのイメージの中でも、もっとも空想的なものはおそらくブラックホールであろう。それはいかなる物も落ち込んでしまい逃げ出すことが不可能な空間の穴、光でさえ捉えられ支配下に置かれるほど強力な重力場をもった穴、空間を湾曲させ時間を歪める穴なのである。一角獣や樋嘴のように、ブラックホールは現実の宇宙よりはSFや古代の神話の方がずっと似つかわしいように思える。にもかかわらず現代物理学の法則は、実際にブラックホールが存在すべきことを要請しているのである。私たちの銀河だけで一〇〇万個のブラックホールが存在するかも知れないのである。

ブラックホールの探索は、ここ一〇年間にわたる天文学の大事業になってきたのである。それは全天に散らばる数ダースもの候補をもたらした。当初、それらのいくつかが本当にブラックホールだと最終的に証明することは、まず不可能と思われた。

ることに興味があれば、事情はさらに悪化する。もっとも近い大マゼラン星雲でさえ、優に一万光年も離れているのである！

　SF作家はこの問題をつぎのことを仮定することによってしばしば回避してきた。(1)私たちの空間はそれ自身にもどるように折り畳まれている、(2)さまざまな折り目とつながっているE-R橋、つまり虫喰い穴が存在する、がそれである。正しい超空間トンネルを探すことによって、きわめて長い旅路をあつかいやすい長さに切り詰めることができるのである。この趣向を用いた最初の作家の一人は、現代SFの父であるロバート・ハインラインである。そのアナロジーは絹のスカーフ上のアリについてのものであった。通常ではアリが一つのコーナーから他のコーナーへ這って行くには長時間を要するが、もしスカーフ全体をくしゃくしゃに折っておけば、布地の表面からちょっと離れることで、アリは3D空間中の最短通路を発見することができるのである。

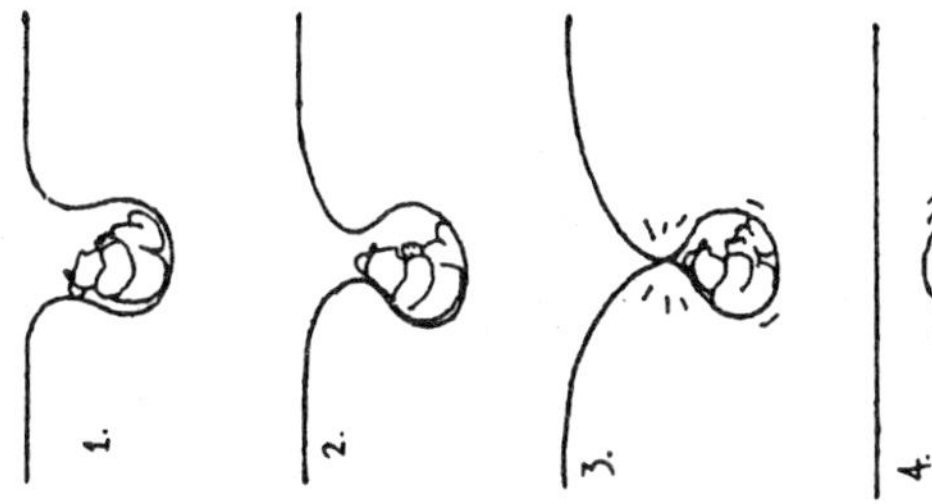

図123★つまみとられた空間部分。

　もちろんお望みの近道を選べるかどうかということは、おあつらえ向きの位置に便利なE-R橋があるかどうかにかかっている。何人ものSF作家が、空間旅行者に不可欠のもの

しかしながら過去一年間で、白鳥座のかなり強力な状況証拠から白鳥座X−1［**強力なX線星**］が名指しされた。その証拠は私とそれを研究してきた大部分の他の天文学者たちに、九〇パーセントの確度で白鳥座X−1の中心にブラックホールが存在すると推定させたのである。

キップ・S・ソーン
『ブラックホールの探索』1974

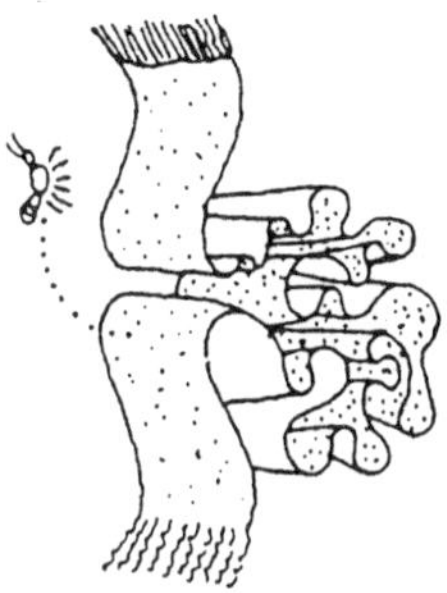

図122★超空間飛行。

として E-R 橋を創造することでこの問題を回避している。ピアス・アンソニーの肝をつぶすような『顕巨鏡（マクロスコープ）』の中に出てくる旅行法は、ある不思議な光線を使って巨大な物体（たとえば海王星）をブラックホールの大きさに崩壊させ、ブラックホール内をつき進んで異なる世界に出るというものである。

もし空間の曲率を意のままに操作することができるなら、超空間を通って旅行するもう一つの方法が存在することになる。別の空間に通ずるトンネルや虫喰い穴を作るかわりに、私たちの空間から小さな超球体を一つ摘みとって、それで浮いていけばよい。この小さな空間の泡はいつ、どこで別の宇宙と出会うか予言する方法がないので、当然危険は伴うだろう。しかし閉じた部分を摘みとって空間から離脱することの具合のいい点は、これが背後に空孔を残さないという点である。

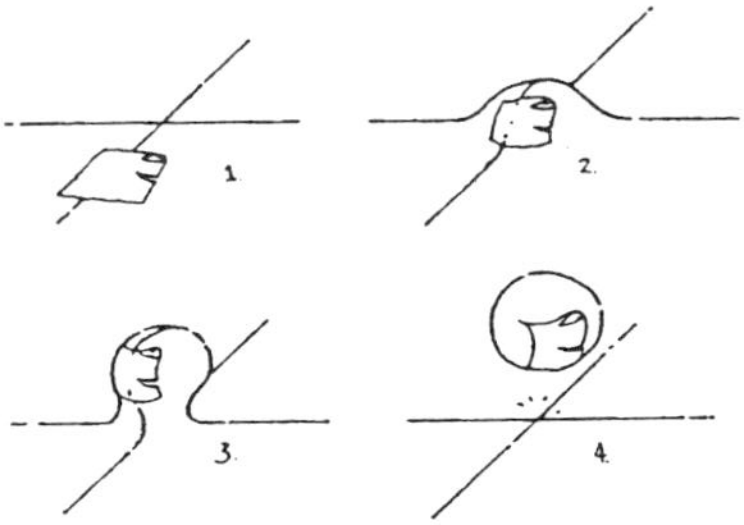

図124★空間球に乗って旅行するスクエア氏。

別世界は存在するのか？

この章では、いままでどのようにしたら超空間を通って別の宇宙に旅行できるかを論じてきたし、この種の旅行が私たちの空間の一領域から別の空間に通ずる近道を見つけるためにも有用であるということを述べてきた。まだ触れなかった一つの疑問は、本当に別の宇宙などというものが存在するのかどうかということである。

前章でそれとなく述べたように、抽象的には空間の重力による歪みを——平担な空間を膨らませて高次元に送り込むことに対置するものとして——平担な空間を引き延ばしたり収縮させたりする類のものとしてあつかうことは可能である。多くの科学者は〝湾曲した空間〟とはただ気のきいた言い回しにすぎないのであって、本当は私たちの三次元空間のほかには何もないのだと思っている。多少慎重なこれらの思索家たちにとっては、目に見える宇宙が存在するすべてであり、別の宇宙についてのどんな話もまさに空しい夢想にすぎないのである。

しかし第四次元をもっとまじめに考えるなら、別の宇宙が存在するかもしれないと考えるのは自然なことだろう。このようにして考えられたいろいろな宇宙（ユニバース）はすべて、コスモスとか超空間などさまざまに表現されている、より壮大な実在物を構成するのである。伝統的なキリスト教の教義では、宇宙体系は三つの平行な層——天国、地上、地獄——からなる。神知学者たちは、宇宙体系は七層からなり、その六層は〝星界（アストラル）〟だと考えている。SFに共通な考え方は、際限もなく多くの宇宙があって、その各々がどこかに存在しうる宇宙であるというものである。この最後の考え方の変形したものは、現代の量子力学の中に組み入れられてきたもので、次章でそれに立ちもどることにしよう。

どれほど多くの宇宙が存在するかという質問に関するもっともつまらない見解は、おそらくつぎのように述べたものであろう。

「この質問そのものが無意味である。別の宇宙をどのように発見したらいいかというアイデアをもっている者はいない。他の宇宙についての所説を直接科学的に試験してみることができない以上、これらの所説は実際、まったく何も言っていないことと同じである」と。

そのような見解は、(1)見ることは信ずることなり、つまり何か存在すればそれを観察する方法を見つけることができる、(2)日の下には新しきものなし［『旧約聖書』伝道の書第一章九節

図125★平行な世界。

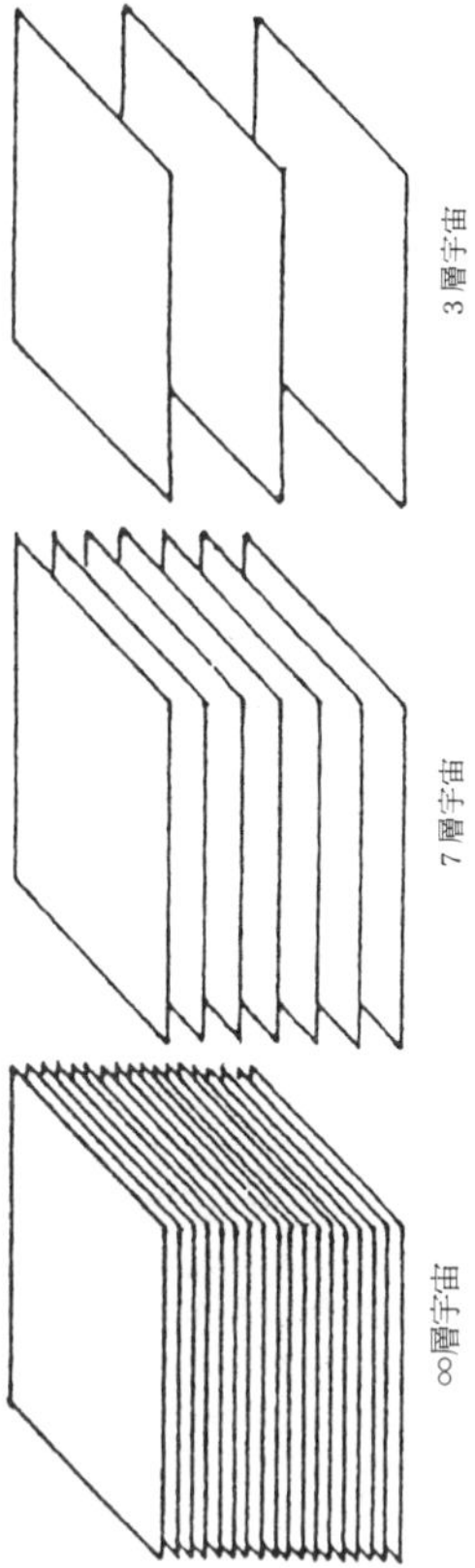

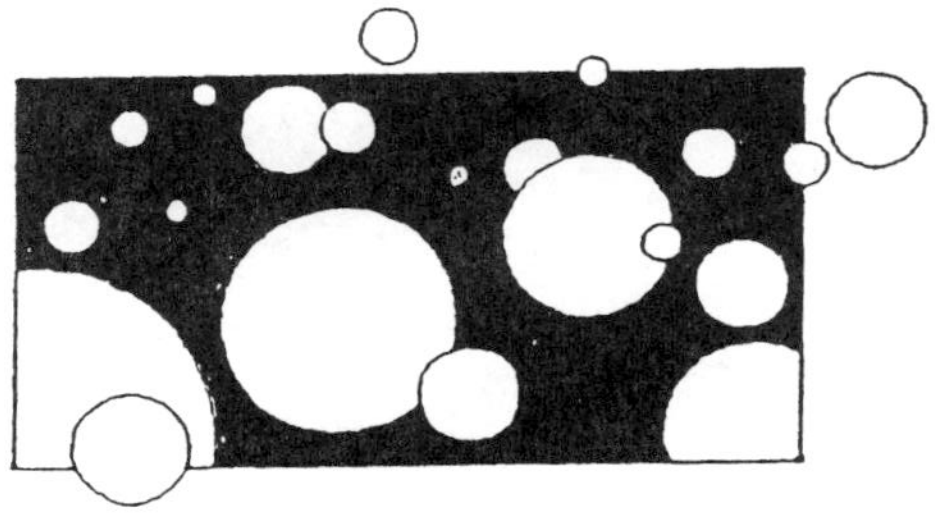

図126★超空間に漂っている超球体。

の言葉］、つまりこれから観察するものはいままでにことごとく観察されてしまっている、という二つの仮定と結びついている。第一の仮定は、伝統的なイギリス経験論の現代的一派、論理実証主義［**分析哲学**］の中心的仮定である。実証主義者ないしは経験論者にとって、この世界は基本的には、あらゆる可能な知覚経験の総体に等しいのである。これには問題はない——実際、第3部で私はこの立場を支持するだろう。私が異議を唱えるのは第二の仮定である。他の宇宙を観察する方法をまだ誰も見出していないことは認めよう。しかし、これは他の世界を〝見る〟方法を見つける人が今後も出てこないと、自動的に立証したことにはならないのである。

個々の原子を検出する希望がなかった何世紀も前に、人々は原子について思索した。そしてそれまでに原子について話す人がいなかったとしたら、それを発見する手段は発展しなかったかも知れない。他の宇宙について話すことは、もしすでにそれを見ることができたとしたら、上品な娯楽になることだろう。しかし私たちが先に進んで、こういうことが生じる場合の方法を想像しようとしなければ、その日は決して来ないことだろう。私たちはすでに、別の宇宙に通ずる現実の通路としてアインシュタイン＝ローゼン橋のようなものが存在するかもしれないということを見てきた。私がいましたいことは、こういう宇宙がそれ自体でしられるようになるかもしれない別の方法について考えてみることである。

世界と世界が出逢う

可能性の大海で迷子にならないために、宇宙体系に対する一つのかなり合理的なモデルに限定することにしよう。それはたくさんの超球体が漂っている四次元超空間というモデルである。超球体のそれぞれは一つの宇宙をつくっている。これらの超球体を流体中の泡のようなものだと考えてもよい。さもなければ空間に漂っている惑星のようなものと考えてもよい。二次元生物にとっての、一群のスフィアランドについて考えようとしているのである。

もし私たちの超球体の3D表面に限定するなら、私たちが別の超球体に気づくにはどんな方法があるだろうか？　起こりうる一つの劇的な方法は、他の宇宙の一つが私たちの宇宙とぶつかるような場合だろう。もしスフィアランド人の空間の泡が突然もう一つの空間の泡にぶつかってめり込み、連結したとすると、そのとき彼がどんなことを見るか想像してみよう。私たちの言葉で言えば、そのとき、まるで目に見える星はすべて地平線に移動し、天頂にたくさんの新しい星が出現する余地をまるまる残すことになるだろう！　もちろん、他の空間が私たちのものよりかなり小さければ、この効果はそれほど劇的なものとはなるまい。小さな超球体が私たちの超球体と合体するなら、私たちはこの結合過程を、空に異常に輝く点が出現したと知覚するかも知れない。私の考えるところでは、クェーサー（準・星状物体［クェイサイ・ステラー・オブジェクト］）として知られている。非常に遠くの、非常に明るい光源は、エネルギーに満ちた小さな超球体が私たちの超球体と結合する過程のさなかにあるというわけである。

別世界を確認するための三つの方法

図127★二つの空間の合体。

しかし他の超球体の空間の存在を指し示しているかも知れない、大規模な効果とか明白な効果は何もないのだろうか？　この疑問について考えるために、生まれつき盲目の人の境遇を想像してみることが役立つ。彼は頭の中で、太陽や月、他の惑星、星などは存在しないのだと考えているものとしよう。彼は、空間は一つの天体、つまり球状惑星の地球しか含まない広大な虚空である、と主張するものとしよう。君はどのようにして彼が間違っていることを納得させられるだろうか？

即座につぎの三つの案を考えることができるだろう。(1)彼に、空を運行する太陽を〝感ずる〟にはその熱放射に対する感覚をもっているから十分じゃあないか、と教えてやることができる。あるいは望遠鏡に小さなブザーの音を制御する光電セルを取りつけてもよい。この望遠鏡をあちこちに向けると、その人は星を〝音の大きな〟点として知覚することを学ぶだろう。(2)彼に潮の干満に注意を喚起させ、これは月の重力で引っ張られるためだと説明してやることができる。(3)彼に地球回転のさまざまな効果に注意を喚起することができる。つまり赤道部の膨らみとか、いわゆるコリオリの力とか、両極の存在がそれである。それから、もし地球が本当に回転しているなら、地球は他の天体に対して相対的に回転していなければならないということも論ずることができるだろう。

他の世界に気づかせるこの三種類の方法と類似のものを、高次元についても考えてみることにしよう。

1、もう一つの超球体が実際に私たちの空間に接触しなければ、光線がその空間を出て私たちの空間に到達する方法はない。そのため、それを見ることは期待できない。知られ

図128★クェーサー。

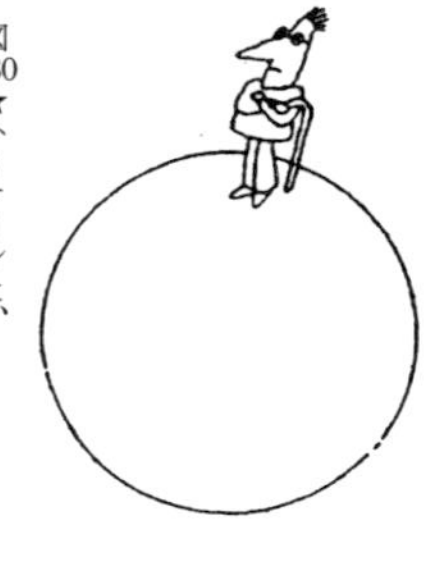

図129★盲目と頑迷と。

図130★ハリケーンと、回っている地球。

ているかぎりでは、他のどんな種類の放射もそれが生じた3D空間に閉じ込められるだろう。それである種の訓練や道具が、他の超球体を〝見る〟手助けになるなどということはありそうにもない。私たちの立場は結局、実際にはスフィアランドの多角形の立場であって……地球上の盲目の人のそれではない。どこかのスフィアランドが別のスフィアランドに放射を送るという理由はありそうにもないのである。第二の困難は、他の空間から高次元放射が私たちの空間に届いたとしても、放射がどこか特定の点で焦点を結ぶことはないであろう。せいぜい、別の超球体の近くにある空間領域で若干の放射を観測するくらいのものであろう。

2、重力は放射の様式ではなくて空間の条件である。重力の高次元での類似物が存在し、それにしたがっていろいろな四次元物体がみずから漂う超空間を歪ませるだろうということは考えうることである。地球のまわりを回る月の運動が地球表面をめぐる膨らみを生じるのと同じように、近接超球体が私たちの超球体の形を歪ませるかもしれないと想像することができる。しかし今日の科学機器は私たちの超空間の半径を測るほどに十分な感度を備えていないし、ましてや同じ半径の〝潮汐〟振動を測るには不十分である。

3、この第三のアプローチはおそらくもっとも重要なものである。回転しない球などは私たちの宇宙では実際上前例がないものとすれば、私たちの空間を形成する超球体そのものが回転していることはありそうなことである。これから論ずるように、もし私たちの空間が回転しているなら、私たち自身の外に空間が存在することはほとんど間違いないことである。この最後の運動は即座に明らかではないだろうが、それはマッハ原理というあま

◉「君にどのように正確に話したらよいかわからないよ。それは方程式なんだ。そうだ！　君が身につけているスカーフをちょっと貸してくれないかい？」

「ええ？　どうしてなの」。

彼女はそれを首から外した。

それは太陽系の様式化した図柄を示す写真をプリントしたもので、〝太陽連合の日〟の土産であった。四角い布の中央には型通りの日輪があり、そのまわりを惑星が円軌道を描いてとりまいており、そこに二、三の彗星が飛び込んでいた。その目盛はひどく歪んでいて、惑星系の構造を示すには役立たないが、それで十分だった。マックスはそれを受けとって言った。「ここに火星があるだろう」。

エルドレスは「読んでいるのね。ずるいわ」と言った。

「ちょっと静かにして。ここに木星があるだろう。火星から木星に行くのにここからここへ行かなくちゃならないだろう？」

「あたりまえよ」。

「でも火星が木星の上にのるように折りたたんでみたとするよ。


り知られていない概念に基づいている。エルンスト・マッハ（一八三八―一九一六）は、物質の慣性、すなわち運動に抗う傾向性を説明せんがためにこの原理を編み出した。マッハが指摘した点は、物体が空虚な空間にたった一個しか存在しないとすると、物体が回転しているとか加速しているとかいうことは無意味だということである。空虚な空間で孤立している物体は、事実上、慣性も重さも運動に対する抵抗ももたないであろう。したがって、地上の物体が重さをもつという事実は、遠くにあるすべての星や銀河の存在の結果である、とマッハは論じた。同じ理由から地球が回転していることに気づく事実も、遠くの星の存在の結果である。マッハ原理を超空間に一般化して、もし私たちの超球体宇宙が回転しているいる証拠を見出すことができるものとすれば、私たちが回転している宇宙と相対的に別の宇宙が存在すると信じる十分な理由があると結論する。ここまではＯＫ、としよう。つぎにこういう問題がある。すなわち、私たちの宇宙が回転しているというどんな証拠を見出す希望があるだろうか？　と。

非対称性を求めて

よろしい……盲目の人が地球が回転していることをどのように話すことができるだろうか？――大地の回転の主要な効果は、それが完全な球であるかわりに、赤道で少し膨れ、極で平坦になっているところにある。しかし、すでに述べたように、私たちは自分の宇宙の曲率でさえまだ測定することができないでいる――ましてこの曲率の完全超球体からのずれにおいておやである。地球回転のもう一つの重要な効果はコリオリ力の存在である。

ハリケーンが北半球で時計回りに、南半球で反時計回りになるのはコリオリ力のせいである。

コリオリ力はどのように働くのだろうか？　それが働いているのを見るために、手押しメリー・ゴーランドがある遊園地に行くことにしよう。それを回転させてからとび乗って中心の方に顔を向け、右足を前後に揺すってみよう。すると足を中心に向かって動かすとき、神秘的な力が足を右に押し、中心から遠ざけるように動かすとき、力は足を左に押すことに気づくだろう。これがコリオリの力で、静止している宇宙に相対的なメリー・ゴーランドの回転から生じるものである。もしメリー・ゴーランドが宇宙に存する唯一の物体だとするなら、それが回転していると言うのは意味がないし、事実、足にはコリオリの力が感じられないことだろう。足を揺する話にもどると、コリオリ力の効果の正味は、単純な前後運動が時計回りの回転運動に変わるということにある。大規模には地球の北半球で空気のかたまりに時計回りの螺旋を描かせるのも同じ力である。

ハリケーンが世界の異なる部分で異なる向きに曲がるという事実は、明らかに非対称である。空間中の物体の振舞いにある広範な非対称が見出せるとするなら、この非対称は宇宙の総合的な性質からもたらされるものではないかと考えてよいかもしれない。探し求めるべき非対称に関してはっきりした提案をもっているわけではないが、一般原理としては非常に小さな粒子の領域に決定的な非対称があると期待すべきであろう。なぜだろうか？　私の感じでは、私たちの空間はわずかだが第四次元に厚さをもっていて、微小粒子は一定の運動の四次元自由度を享受し、超空間からの影響に敏感なのである。この状況は、超空

何がこの折り目を横切るのをさまたげていると思う？」
「たぶん、何もないわ。スカーフを実際に横切ろうとする人が、下手くそじゃないかぎりはね」。
「いや。星の近くのヤツじゃないんだ。そうじゃなくて遠くにある星からもどってきたあとでうまく横切るときの話なんだ。だって奇妙なのは、空間が折りたたまれていて長い距離を折り返してもまったく距離がないということになるんだから……その数学は単純なんだが、君にはわからないから、説明しにくいな。空間は——僕たちの空間だけど——その一〇万光年分が丸ごとコーヒー・カップに詰め込めるぐらいしわくちゃになっているのかもしれないんだ。もちろん、四次元コーヒー・カップだけどね」。

ロバート・A・ハインライン
『星人ジョーンズ』1953

図131★毎日の人生におけるコリオリ力。

間における超球体の回転は空間中の球の回転よりずっと複雑だという事実によってややこしいものになっている。

しかし細かい点はどうでもよい。実際に別の宇宙が存在するかどうかということは、私たちがこの一なる世界の不可欠な部分であるという認識からすればさして重要なことではない。空間の織物は私たちすべてをひっくるめて織り込んでしまうのである。すなわち私たちはエーテルの海の底のさざ波である。空間とは死せる抽象的概念なのではなく、生きて運動しているものなのである。私たちは空間における模様（パターン）であり、何とも奇妙なことには、それは空間それ自体の全体的な形について思いをめぐらす私たちの能力を超えるものではないのである。

★パズル 8・1

図116のグロッブランド人が宇宙トンネルの狭い部分を点の大きさにまで締めあげたら、どんなことが起こるだろうか？

★パズル 8・2

アンシュタイン＝ローゼン橋は球状の鏡のようなもので、鏡の世界は実際には鏡の外の世界と異なるような性質をもつであろう。そこで、鏡に見られる世界が鏡の外の私たちの世界と同じではない、普通の平面鏡を想像してみることにしよう。ここには二つの空間の間のどんな種類の結びつきが記述されているだろうか？

★パズル 8・3

前章で、フラットランドを地階に収める方法は三つあると述べたが、二つの方法――フラットランドを曲げて球にする方法とかぎりなく縮めていって正方形に収める方法――しか記述しなかった。第三番目の方法とはどんなものだろうか？

第3部

方法

Part III. How To Get There

時空日記

◉一九八二年一一月一五日(月)――時間を殺す

もし時間が存在しないのであれば、僕は永遠に生きていることができるだろうか。それが意味あることだろうか？　もし空間が存在しなければ、僕はどんな所にいることもできる。それがどこであっても違いがあるのだろうか？　あの幸せな学生時代にもどってみたい。もう一度新婚ほやほやになってみたい。三フィートの背丈になって、母の膝の上に座ってみたい。僕は死にたくはない。未来を覗いてみたい。時間はそうさせてはくれないだろう。そうだ時間を殺してしまおう。過去の時間を手に入れよう。時間をあまねく追いかけて、永遠をしっかりとつかんでみよう。いまや時間は存在しないのだ。

そののち。お前は時間を憎んでいるのか。目覚し時計はそうだ。時計を夏時間に変えるなんてひどいものだ。そんなことをして一時間をなくすことができるだろうか？　ニクソンが石油会社に二時間短縮するよう求めた一九七八年を思い出してみるがいい。

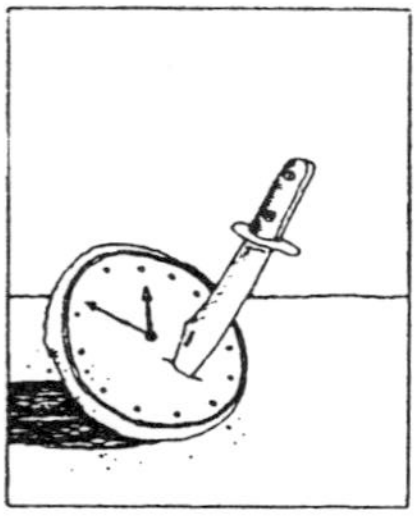

図132★時間を殺そう。

「年をとると、ますます時間は早く進むのよ」と母は僕に言ったものだ。「年は飛んでいるんだわ。振り返ってみるのはいつもクリスマスか感謝祭なのよ」。パーティの時間は調節(コントロール)の効かなくなった映画のように早くなったり、遅くなったりするものだ。一〇分が二時間にも思えるが、気がついて腕時計を見ると明け方の三時になっているという具合だからな。空港時間。いちゃつき時間。街頭時間。それらはみな、早くなったり遅くなったりして過ぎていくのだ。

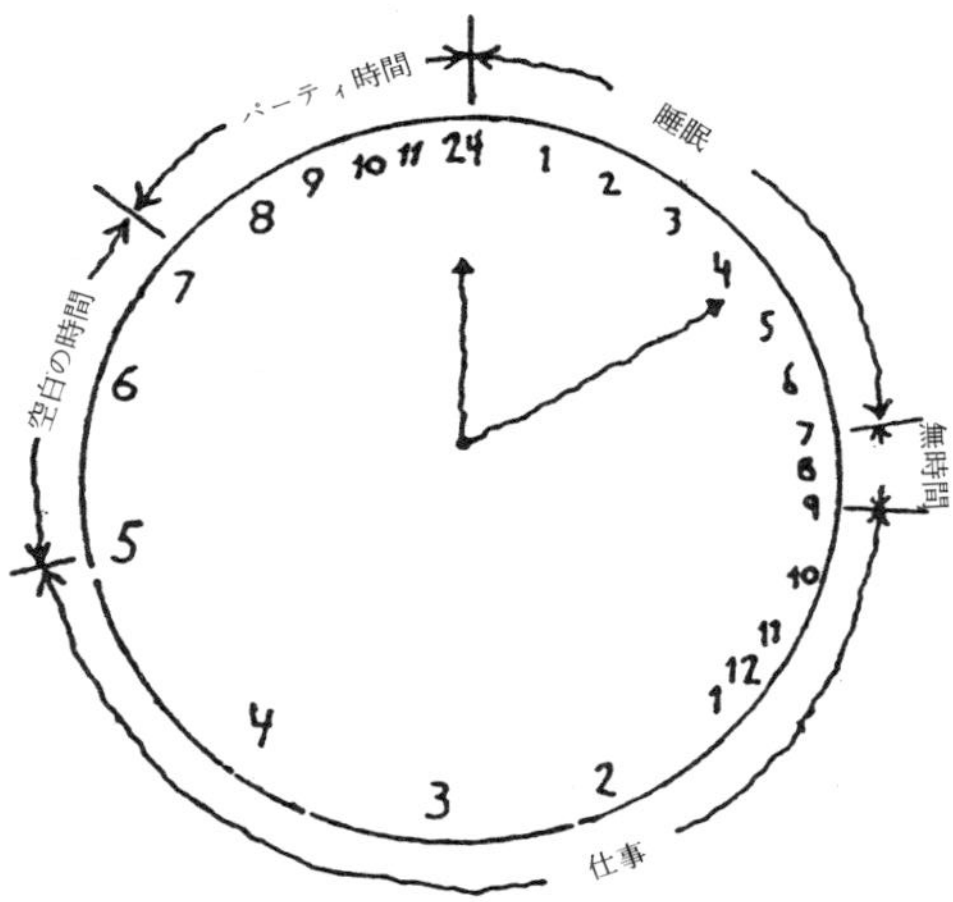

図133★早くなったり
遅くなったりする時間。

あれは二〇年前の僕の正真正銘の姿だったのだ。時間はすべて過ぎていく。いま浴室のドアの所にいるとする。いったいどうしたら浴槽に行けるんだったっけ？　どのようにし

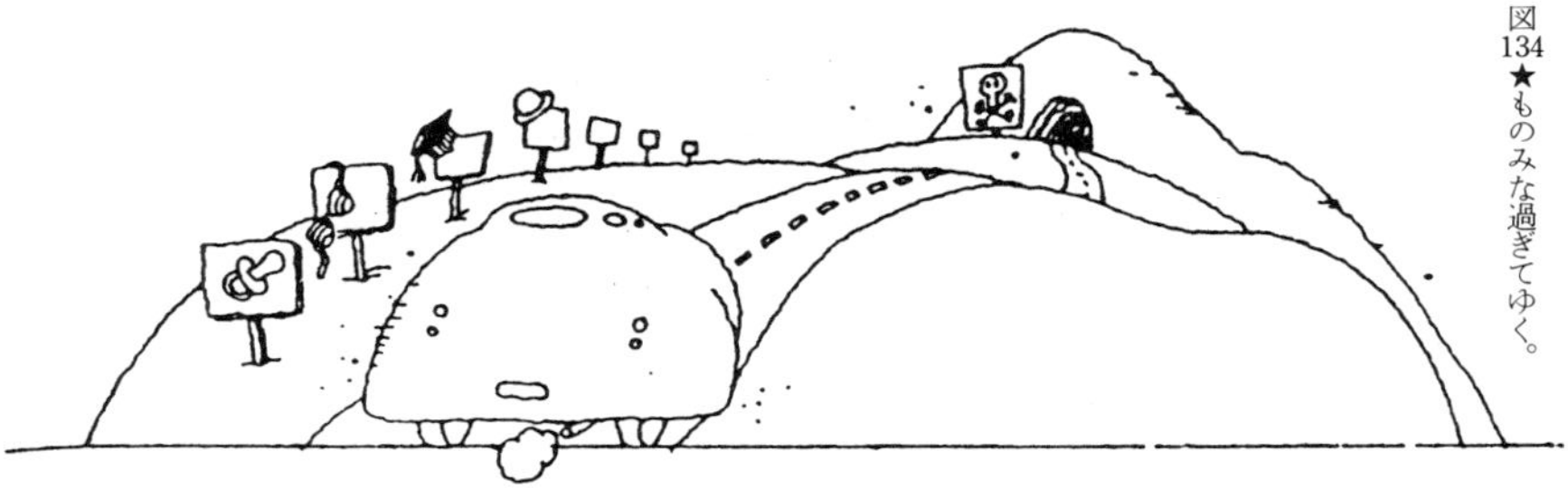
図134★ものみな過ぎてゆく。

たら高校を卒業し、大学を終え、結婚することができるのだろうか？　しかしそのあと僕は浴槽にいるし、ドアにもどってきたではないか。博士号をとり、結婚して三人の子どもがいる。二〇年も経ってしまったのだ。いま、僕は生きている。そしていったいどのように死ぬのだろうか？　しかし僕はきっと、きっと死ぬことがわかっている。魂の中でそれがわかっている。

死。それは誕生とともに僕たち一人ひとりに生じる根本的なパズルのようなものだ。「やあ、お前はいま生きている。すてきじゃないか。ある日お前は死ぬだろう。それでおしまいさ。それについて何をしようというんだい？」怖い。恐ろしさのあげく、自殺してしまいそうだ！

もし時間が経たなければ、いまここでいつまでもこの章を書いていることだろう。私は死ぬのが怖い。そのときが実際には来ないのだと考えたい。この章でやろうと思っているのは、時間が過ぎていくのは幻覚だということに対して科学的な正当性を与えることなのだ。

普通、誰も、世界は時間の推移とともに変化する三次元空間であると考えている。過去は去り、未来はまだ存在せず、現在だけが現実のものである。しかし世界を見るもう一つの方法がある。すなわち、世界をブロックになった宇宙とみなすことができる。世界を一つのブロック宇宙と考えると、時間と空間が一緒になったもののすべてが一つの巨大な物象となる。ブロック空間は一つの時空(spacetime)からなる空間の三次元と時間の一次元を加えたものだ。外から時空を眺めるということは、歴史の外に立って、永遠の相の下（スブ・スペキエ・アエテルニタティス）に事物を見るということなのだ。

◉永遠の哲学［普遍哲学］――この句はライプニッツが造り出したものである――これは物体や生命や心の世界に存する聖なる実在を認識する形而上学であり、魂の中に聖なる実在に似た、もしくはむしろそれと同一であるものを見出す心理学であり、生きとし生けるものの差し迫りかつ超越した根拠――事物は、太古からのものであり、普遍的なものである――に関する知識に人間の窮極目的を置く道徳である。

オルダス・ハックスリー
『永遠の哲学』1944

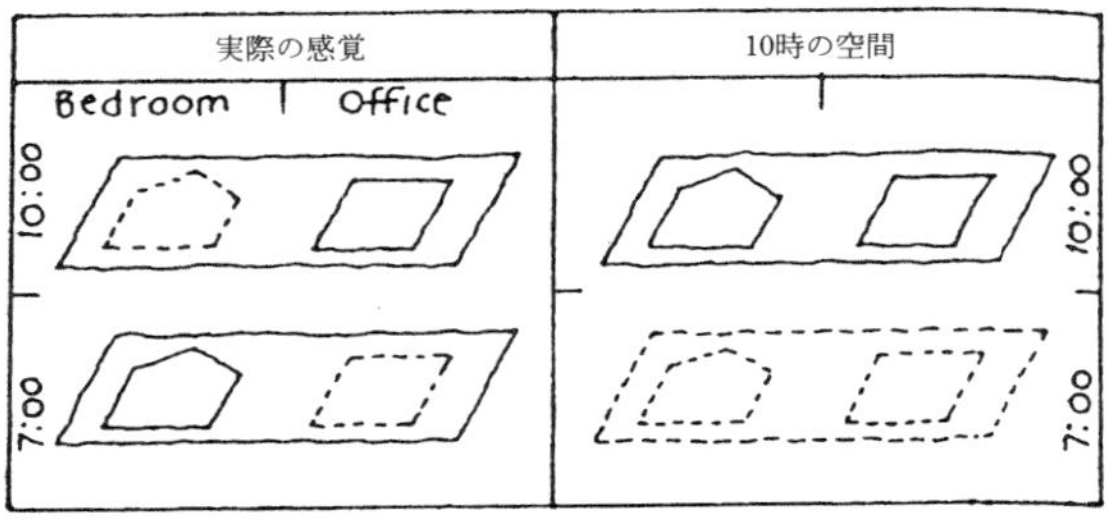

図135★何が実在のものか?

〝時空〟というと何かテクニカルで、普通の生活から隔たっているような響きがするものだ。だけどそれは本当は、〝時間とともに変化する空間〟という概念よりもっと自然なものだということを示そう。

家から数マイルの所にある職場で働いているものとしよう。七時に寝室を見、一〇時に机を見るわけだ。ある日、一〇時に職場に座っていて、実在とは何か、と思ってみたとする。もし世界が時間とともに変化する空間からなると信じるなら、多かれ少なかれ過去は過ぎ去ったもの、という見解に縛られることになる。それで一〇時現在の寝室は存在するが、七時の寝室は存在していないと考えるだろう。けれども一〇時の寝室は、職場に居ながらにして見ることができるものではない。(前に見て思い出すことができる)。七時の寝室は実在するので、その存在が疑わしいのは一〇時の寝室の方だと信じる方が理にかなっているとはいえないだろうか?

つまるところ、僕の世界は僕の感覚の総体である。こういった感覚は、四次元時空におけるパターンとしてごく自然に並べることができるものだ。僕の人生は、ブロック宇宙に閉じ込められている一種の四次元の虫だというわけだ。僕の〝人生虫〟が(たとえば)わずか七二年しかないと不平を言うのは僕の体軀がわずか六フィートしかないと不平を言うのと同じほどバカげている。永遠は当然、時空の外にある。永遠とは当然〝いまだち〟のことである。

これは決して新しい考えなのではない。全歴史は永遠の現在であるという教えは、古典的な神秘的伝統の中心をなすものである。一四世紀の僧マイスター・エックハルトは、そ

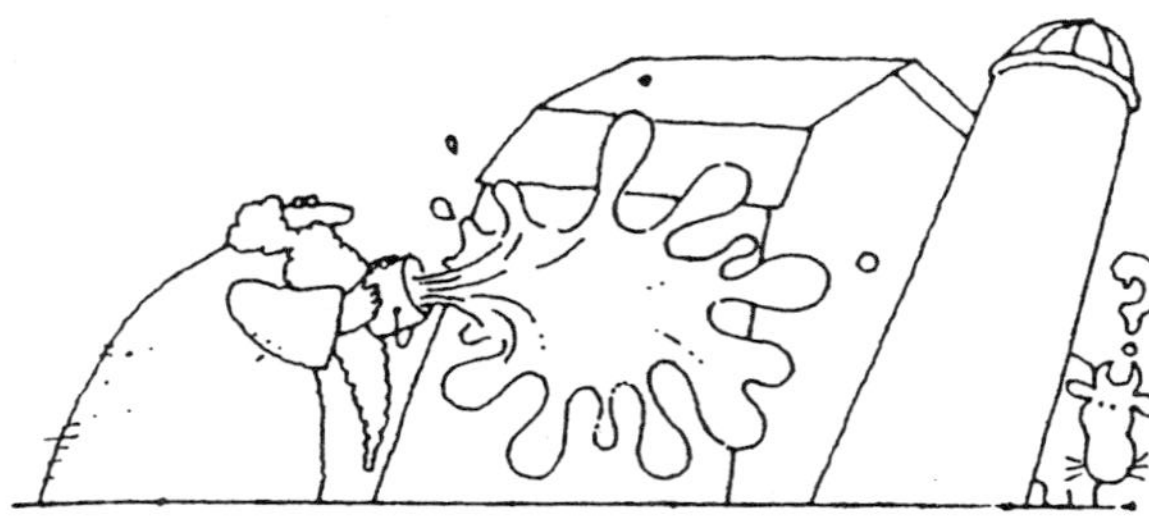

図136★〝ただいま現時点で、神は世界と諸々の物を作り給うのです〟。

の説教の一つの中で、つぎのように古今の誰よりも生き生きとこの基本的な考えを述べている。

ある一日は、それが六日前か七日前か、もっと古い六〇〇〇年前かは知らないが、昨日と同じほど現在に近いものでした。なぜでしょうか？　その理由はすべての時間は現在のいまという時間に含まれているからです。

世界が神によって明日もしくは昨日創造されるというのは、無意味なことを語っていることになるでしょう。ただいま現時点で、神は世界ともろもろのものを作り給うのです。一〇〇〇年前に過ぎ去った時が現在としてのいまなのであり、まさにこの瞬間と同じほど神に近いのです。

神についてのエックハルトの信念を共有するかどうかはともかく、同時にすべてが創造されるという時空のイメージは強力なものである。僕は彼の言葉を読むといつも、ひげをはやした大男の老人が納屋の壁にバケツ一杯のペンキをぶっかけているイメージをもってしまう。ビシャ！――そこに時空のすべてが存在する。まったく同時に、まさにいま創造される。

◉一九八二年一一月一六日(火)――宇宙を積み重ねる

空間は位置からできているのだ。そして時空は事象からできているのだ。〝事象〟とは、与えられた時刻における与えられた位置といったようなものだと考えられる。個々の感覚の印象はささやかな事象なのである。僕らが経験する事象は、自然な四次元的序列、すなわち東西、南北、上下、遅速といった序列に並ぶ。自分の人生をふり返ってみるときは、実際には四次元的時空パターンを見ていることになるのである。だから、〝内部〟から時空を見ているかぎりは、それに不案内だとかいって混乱することはない。

〝外〟から時空を眺めることは、四次元的なものは常に視覚化が困難なため少々やっかいである。ここで再びフラットランドについて考えることにしよう。スクエア氏が何もない原っぱに一人で休んでいるものと想像する。正午を過ぎて間もなく、彼の父トライアングル氏が滑ってきて彼の所で止まった。もし時間をフラットランドの平面に垂直な第三番目の次元であるとするなら、これらの事象を図137に示された時空ダイアグラムで示すことができる。ここではスクエア氏とトライアングル氏は時空における虫パターンになっている。

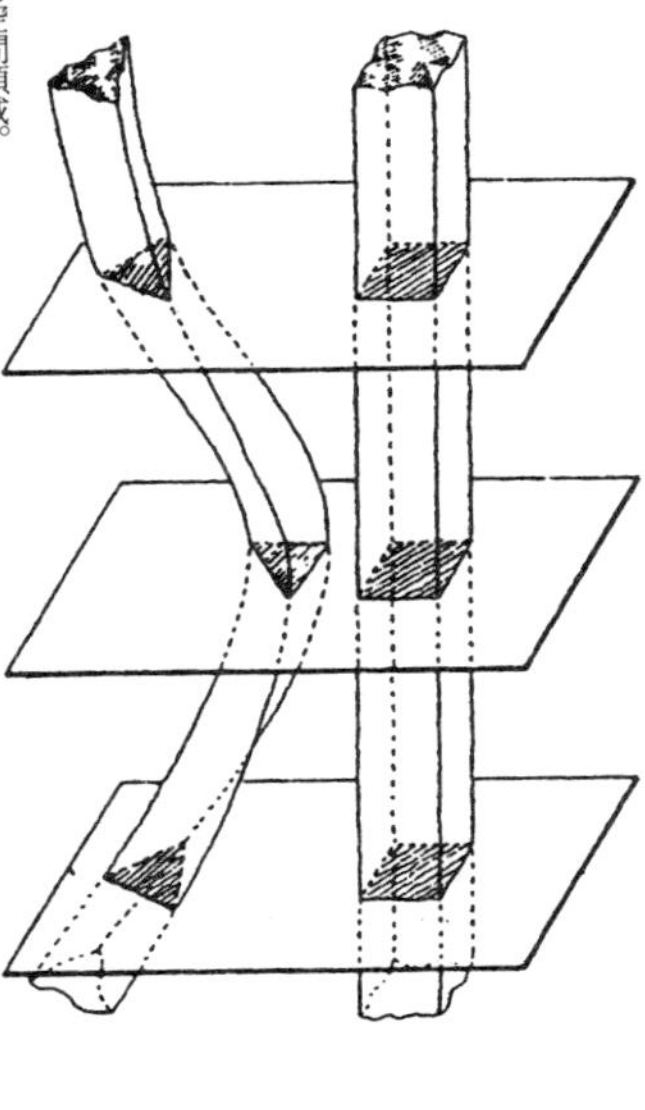

図137★フラットランドの時空間領域。

一二時五分の束の間の出会いは、二つの生活虫の接近で表現されるのだ。一二時五分にはトライアングル氏はスクェア氏の隣にいる。これは永遠の事実だ。この事実は決して変化することがないのである。

フラットランドの全空間と時間を包含する図137のような絵を想像してみることにしよう。虫と糸のこの巨大な絡まり合いが、フラットランド・ブロック宇宙と称するものを作り上げることだろう。フラットランドの上空に立ち、多角形が動き回る行動をフィルムに納めることによって、フラットランド・ブロック宇宙のモデルを考えることができるはずである。このフィルム枠を切り離し、時間の順序にしたがって積み重ねていけば、フラットランド・ブロック宇宙の一部分を示す良いモデルが得られることになるわけである。

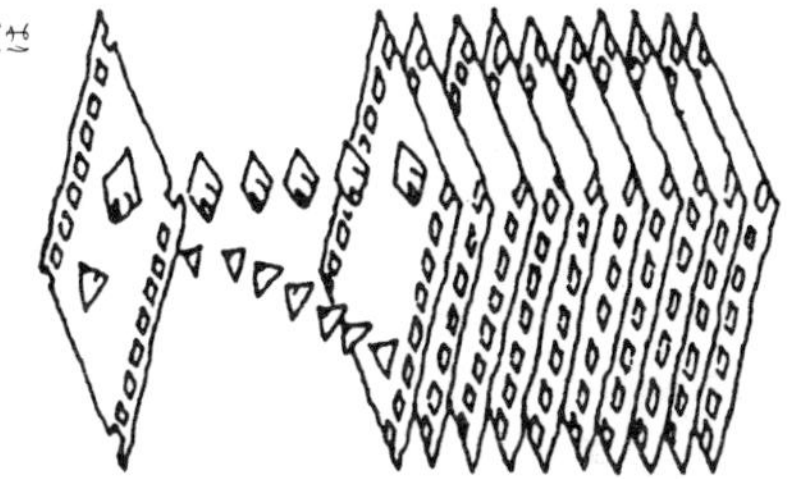

図138★フラットランドの時空間はフィルム枠の積み重ねのようなものである。

話を先に進める前に、予想されるいくつかの疑問に答えておくことにする。もし時間を四番目の次元として考えようとしているのなら、いままで第四次元について話してきたもののすべてが、実際に時間に関するものだということを意味しているのだろうか？ 答は、否である。常に〝広さ〟と呼んでいる空間の中に、一つの決まった方向があるわけではない

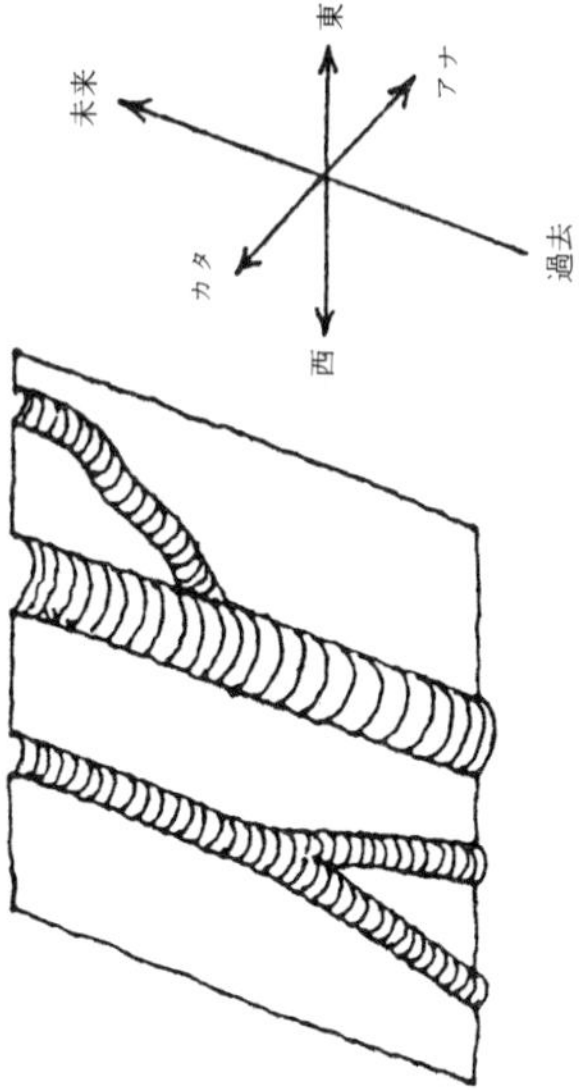

図139★フラットランドの空間＋時間＋高次元空間。

のと同様に、常に〝時間〟と呼んでいる一つの決まった高次元がある必要はないのである。第四次元について語ってきたことすべては、多様な高次元、たとえば空間から跳び出すことができる方向とか、空間が湾曲している方向とか、別の宇宙に達するために通る方向とかについて考えることを可能にしてくれる。もしお望みならば、時間の過去—未来軸がその第四次元だと主張することができる。それから空間の外のアナ—カタ軸は第五次元だとか、第六次元は別の湾曲した時空の方向であると言ってもかまわない。それに関しては不動な論旨は存在していないのだ。広さは第二次元で、高さは第三次元だと言いふらしている者はいない。その代わりに高さと広さは空間次元だと言うだけである。時間は第四次元だというよりは、時間は高次元の一つであるという方がずっと自然である。

もしラインランドが、物質の存在する所では必ずその空間を超空間（アナ—カタ）の方に膨らませており、しかもその空間は時刻（過去—未来）が違えばまた異なっていくような一次元（東—西）世界であるものとすると、図139に示されるような3D空間—超空間—時間ダイアグラムが描ける。もちろん、1Dラインランドを3D空間にまで嵩上げしてやるなら、ダイアグラムは5Dになるだろう。もう少し図139について考えると、ここに示されているものが、二つの断面（セグメント）が合体して大きな断面になったり、特大の断面が小さな断面を枝分れさせているということに気づく。この図はライン・ランド・ブロック宇宙と呼んでよいものの一部分を形成しているのである。

よろしい。いままで時間は高次元の一つではあるが、同じように多くの別の高次元が可能であるという点を考えてきた。本書を結ぶまで僕は夢中になって説き、孤軍奮闘して、空間は間違いなく無限次元なのだと話していくことだろう。しかし時空間とブロック宇宙の概念について話しておくべきことはまだたくさんある。

多くの哲学者が、僕らの実在がブロック宇宙だと断ずるのは誤りだと論じている。彼らは、僕らの過去—現在—未来宇宙を静的4D時空間パターンで表したくないのだ。この永劫に不滅なイメージは時の推移という重要なものを忘れていると、彼らは思っているのだ。

もちろん、ブロック宇宙を導入する理由そのものが、時間の推移を犠牲にすることだったのだ。しかしそのようにあまねく経験されている現象が実は存在していないだなんて、どうしたらうまく僕は話すことができるだろうか？

◉一九八二年一一月一七日(水)——運動は存在しない

また一日過ぎた。ここで僕は時間の推移は幻想だということを要請しようとしている。何とばかげたことなのだろうか？　僕は五年前に病院に父を訪ねたことを思い出す。父は心臓を患っており、元気がなかった。僕はブロック宇宙のことを説明し、人の一生は時空における恒久不変のパターンなのだと指摘して元気づけてやろうとした。彼は「ルディや、わしが時間について知っていることは、お前が年をとって死ぬということだけじゃ」と大儀そうに言ったものだ。

なるほど時間は過ぎていくように感ずるものだ。しかしこの感じは一種の幻想であることを示してみたいのである。変化は現実的なものではないのである。何事も生じないのである。時間が過ぎていくという感じは、まさにある種の時空パターンという存在と行動をともにするという感じなのである。

僕の考えを空想の〔自作〕古典、『スクェア氏のもう一つの冒険』から抜粋して説明させていただく。

その午後に、父はお前は間もなく逮捕されるぞと知らせに来た。ウナの夫が宣誓して告訴状を出してもらったのだ。朝の娯しみで疲れ果てていたので、僕はわが親愛なる父トライアングル氏の警告を笑い飛ばして、家に帰ってもらった。ペチャンコ多角形の復讐を恐れる必要などあるものか。誰が僕を害するというのか——キューブ氏の友人や手下か？　さきほどの激情で疲れ切って、心地よい倦怠感に包まれ、僕は眠りに落ちた。

夢の中で再びスフィア嬢を見た。ある超空間を僕と漂っているのだった。彼女の表面は地味な光沢で輝いていた。僕はわが悪徳を急に恥ずかしく思った。平静を装って、大声で、自信に満ちたあいさつをした。

僕——やあっ、ようこそスフィア嬢。長いこと探してました、ずっとあなたは私の視界の外にいましたね。

スフィア嬢——例のキューブ氏は自発的にあなたに教えてあげたのです。彼が教えてあげた空間は、いまではあなたの死を間近に写し出しているので、時間を教えに私がもどってきたのです。

僕——どうして死についてお話しするのですか？　僕は罪を犯したことはありません！

スフィア嬢——まあ、スクエアさん。あなたの知っていることはわずかで、その根はとても大きいのです。誰がすべてを見るんだと責めるのですか？　私にはあなたの過去が見えるし、あなたの将来が見える。あなたの将来は危険に満ちているのです。

僕——のがれるには何をしなければならないのですか？

スフィア嬢——今度、キューブ氏に会ったら、彼に聞くといいです。たぶんあなたの寿命を延長する方策を知っているでしょう。だがそれはすべて愚かなことです。あなたの一生はいずれつきるのだから。私が示すこの見方が教えているのは、これからあなたがあさましくもがくことを超越するものです。私の教えは、ときはうたかた、永遠はいまだということなんです。

僕——あなたにはどんな死が見えるのですか？

スフィア嬢——静かにして。見てごらんなさい！

そして僕たちの前に奇妙で入り組んだ三次元の形状が見えるように思えた。それはキューブ氏のようだが、透明でその中のいたる所に模様がついていた。管や虫や糸が、この奇妙な立方体の底から天井にいく筋も走っていた。いく本かの管は断面がまるくなっており、他の管は三角形だったり、正方形だったりしている。その立方体の最上面は僕には見慣れたものに思えた。突然それが僕の世界だということを悟った。

そこには四角い姿の僕が眠っていた。見慣れた父の三角形があったし、遠く隔った所で懲らしめられたウナが怖(おじ)けていた。六角形と二等辺三角形は眠っている僕の姿の近くにいて、明らかに僕に暴行を加えようとしていた。誠実な父のとりなしだけが彼らを食い止めていた。

図140★もつれ話。

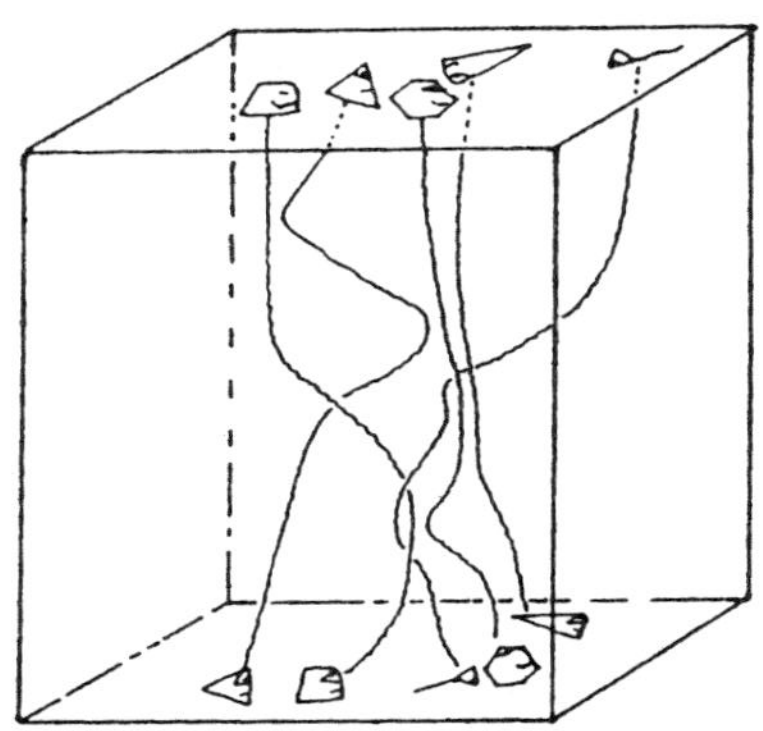

僕はこれらすべてを立方体の頂上で見た。視線を下方に移してみると、愛と憎しみのもつれた歴史全体をたどることができた。二等辺三角形の鋭い先端が他の何よりも僕の気がかりだった。僕はスフィア嬢の助けを乞うた。

僕――――わが尊敬するスフィア嬢、あなたは僕を助けるつもりがおありなのでしょうか。

スフィア嬢――あなたの救済は私には許されていないのです。いま見ているこの物体を何だとお思いなのですか？

僕――――フラットランドの一部の精巧な模型です。上面に眠っている僕と父とそして……。

スフィア嬢——スクエアさん、立方体の中はどうなっていますか？

僕——おお先生、あなたは僕の世界のたくさんの模型を積み上げました。立方体のどの水平な断面も異なる時刻の僕の最近の（そして悔やまれる）生涯を示しています。それは実によくできている模型で、神の啓示を受けた高次元空間の利用法です。

スフィア嬢——これは模型ではないと言ったとしたらどうします？　あなたが見ているのは高次元の段階での実在なのです。あなたが見ているのは、あなたの空間と時間なのです。これがあなたの世界ですよ。

僕——あなたはおもしろがっています。この無感覚で不動な模型を、フラットランドの生活の多情多感な活動と置き換えろと言うのですか？　これじゃ油絵が呼吸をし、彫像が泣いていると言った方がましです！

スフィア嬢——この教えは奇妙ですが、冗談ではないのです。あなたが見ているそのブロックはフラットランドの時空領域なのです。

僕——時空ですって？

スフィア嬢——空間プラス時間です。いいですか。偉大なるスペースランドの思索の言葉を言いますからよくお聞きなさい。これからは空間それだけとか、時間それだけというものは、色あせて単なる影にすぎなくなる運命にある。そして両者の結合体だけが独立した実在を保持することになるだろう、というものです。つまり、空間は影で、時間の推移は幻想で、時空だけが実在だというのです。

僕——もう一度抗議させてください。人生は変化と運動とからなっています。

このフラットランド時空の模型のどこに運動が存在するのでしょう?

スフィア嬢――運動をつぎのように想像できるでしょう。時空立方体を貫通して平面が上に上がっていくものと思いなさい。この平面を運動する〝いま〟だと考えるのです。あなたの注意をそれに固定するのです。そうすればあなたの姿が哀れなジグを踊っているはずです。

僕――僕の理性が時空の断面の一つを照らし出し、その心を上の方に運動させたものが時間の推移だと言うのですか?

スフィア嬢――そのようなことは言ってません。時空には運動などは存在しないのです。あなたの心は、そのままで、生涯にわたって拡がっているのです。もっと正確に言えば、心は遍在しており、あなたには心はまったくないということなのです。

僕――よくわかりません。

スフィア嬢――私もまた自分自身で理解できないのです。

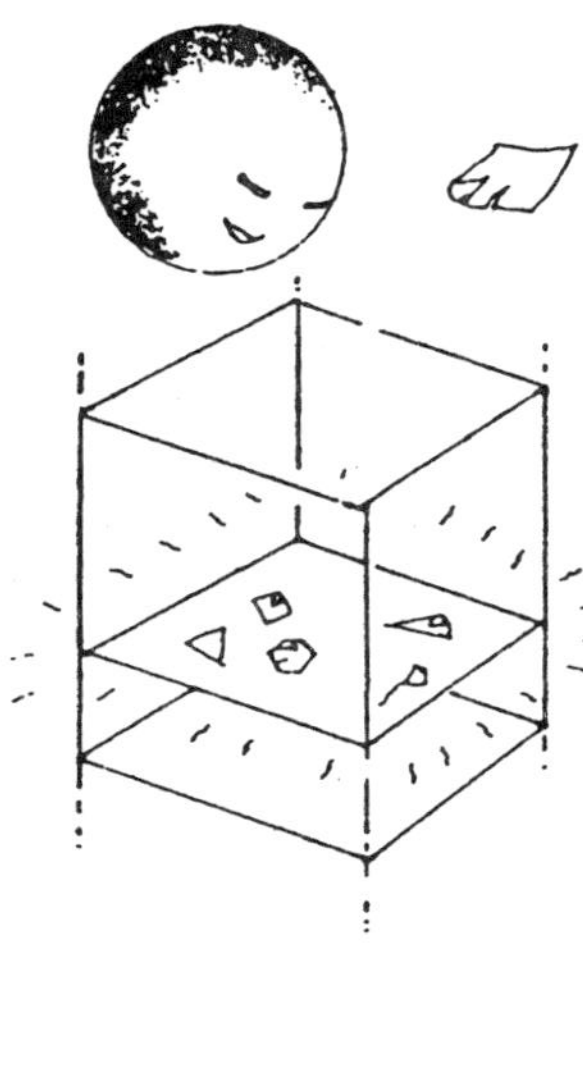

図141★動いている〝いま〟。

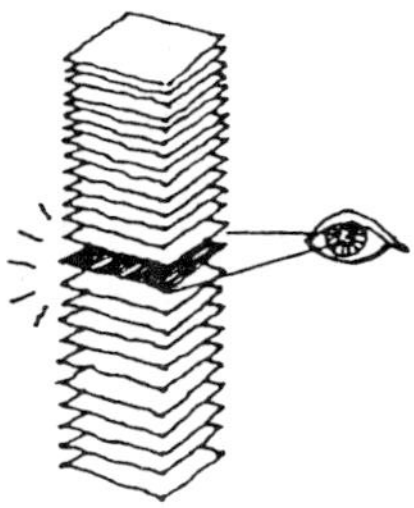

図142★心眼の運動としての時間。

◉一九八二年一一月一八日（木）――時空を読む？

昨日の対話の目的は、物理学者のデービッド・パークが〝動画的ミンコフスキー図の誤謬〟と呼んだものを示すことだった。図140のような時空図は、最初にそのような描き方を考えついた、ロシアの数学者ヘルマン・ミンコフスキー（一八六四―一九〇九）に敬意を表してミンコフスキー・ダイアグラムと呼ばれている。スクエア氏はそのような図には、時間の経緯といったようなものが欠けていると言っている。僕らは子供時代や青年期や、壮年期を一度に経験することはない。一つの時期を生きてから、つぎの時期を生き、それからまたつぎの時期を生きるというふうに生きている。スクエア氏は、図140はまさしく一つのモデルではあるが、実在は水平面が時空体を貫通しながら明るく照らされて上に移動していくというモデルでもっともよく表現されると考えている。最初に一つの断面が照らし出され、それからつぎの断面が、そしてそれからつぎへと移っていくだろう。このようなやり方をすると、静的なミンコフスキー・ダイアグラムは動画化される、もしくは命を吹き込まれるだろう。もし時空ダイアグラムを映画のようなものだと考えると、スクエア氏は、まるでその映画は容器からとり出され映写されねばならないと言っているかのようである。もしこのダイアグラムを小説のようなものだと考えるなら、スクエア氏は、まるでその小説には一ページ一ページめくっていく読者が必要であると言っているかのようである。

しかし、動画化したミンコフスキー・ダイアグラムの概念にはたくさんの問題点がある。困難の一つは、静的に時空を考え、それにそって探照光を少し上方に移動する外在的な心

◉特殊相対性理論の出発点はまさに時間の新しい、驚くべき性質の発見にある。すなわちそれは同時性の相対性ということで、それはほぼ継次の相対性という意味である。AとBという事象が同時であるという主張は、別の観測者がAとBは同時ではないと同じ正当性をもって主張することができるというかぎりにおいて客観的な意味を失うのである。

物事のこの奇妙な状態の帰結にしたがうと、時間の性質について、実に遠大な結論が導かれるのである。要するにそれは、パルメニデスやカントや現代の観念論者たちのように、変化の客観性を否定したり、変化をわれわれの知覚の特別の様式だと考える哲学者たちの見解を正しいとする決定的な証明を与えたように思われる。議論はつぎのようになる。変化は時間の推移を通じてのみ可能になる。しかしながら時間の客観的な存在は、実在が、連続して存在に入り込んでくる「いま」の無限の積み重ねからなることを意味する。

しかし、もし同時性がいま説明した意味で相対的なものであるなら、客観的に決定的な方法で、実在がそのような積み重ねに分割されるはずがない。観測者は各人が「いま」の集合をもっており、それらの積み重ねのさまざまな系のうちのどれかが、客観的な時間の推移を表す特権的な系であると要求することはできないのである。

クルト・ゲーデル
『相対性理論と観念論哲学との関係についての所見』1959

を想定するということで、第二レベルの時間を導入してしまったという点である。つまり時空の中で心が注意を動かしていくのに応じて、時間が経過するのである。そこで、時空がすべてであるものとすれば、それに対して外在して経過する第二種の時間を考えることは、具合が悪く間違っているように思われる。小説のようなものだと、これは何ら問題とならない。本はそれ自身の時間のパターンを組み入れていて、僕がその本を読むのにかかる時間は完全に別のものである。しかし僕らは、本の外の読者のように宇宙の外に立ってはいない。僕らは時空間の中にいるのである。

それはもちろん僕の意見だ。僕は、実際に時空間は魂によって〝読まれる〟小説のようなものであり、〝魂〟は時空間の外にあってある種の眼とか観測者として時間軸に沿ってその視線をゆっくり上方に移動するものであるという信条を抱いている人々に会ったことがある。僕はこれを不満に思っている。

もし君の人生が魂によって〝読む〟小説のようなものだったとしたら、過去はまったく現実ではなくなる。さらに悪いことには、死がまったく現実的なものになってしまう。つまり死とは、魂が〝読む〟ために時空パターンからとび出るときなのであるから。

動画化されたミンコフスキー・ダイアグラムが提起するもう一つの混乱点はこうである。もしダイアグラムが二度以上動画化されたらどうなるだろうか？　言い換えれば、小説の〝第二読者〟もしくは第三、第四、あるいは無限番目の読者がいたらどうなるのだろうか？　一つながりになった魂が君の時空間、つまり君の人生を何度も何度も通り抜けて生きていくとしたら、どうなるだろうか？　もし魂の無限に連なる連続体が、各瞬間、全時刻において君の人生を通り抜けて動いていくとしたら、どうなるだろうか？　しかしそのときは君の人生全体が〝照らし出されている〟こととなり、だったらなぜなにかが動いていくなどとあえて言うのか？

◉一九八二年一一月一九日（金）――ゲーデルの言葉

僕が言いたいのは、僕らはめいめい、ブロック宇宙におけるある時空パターンだということである。今日とか僕の誕生日とか僕の終焉の日――これらすべては等しく実在なのだ。すべてはブロック宇宙の異なる部分なのだ。僕はこの瞬間を生きることを止めないだろう。この瞬間は決して存在を停止することはないだろう。この瞬間は常に存在してきたものである。

約一〇年ほど前に、僕は偉大な論理学者クルト・ゲーデルに会う機会があった。僕は電話をして、彼に哲学について質問したものだった。拙著『無限と心』（好田順治訳、現代数学社）には、時間の推移についてゲーデルと行った会話を記述した節を設けてある。

僕たちは少し集合論について話した。そのあとで僕は「何が時間の推移という幻想を抱かせるのでしょうか？」と最後の質問をしてみた。

ゲーデルはこの質問に直接答えなかったが、僕の質問の意味するもの――すなわち、なぜ誰もが、ともかくも知覚された時間の推移があると常に信じるのかという問いには答えてくれた。

彼はさらに、時間の経過への信仰を除くことを神秘主義の全一なる精神体験をしようという努力に関係づけさえした。最後に彼はこう言った。「時間が推移するという幻想は、与えられたもの［所与］と現実のもの［実在］とを混同することから生じます。時間の推移は、私たちが異なる実在を占有すると考えるために生じるのです。実際、私たちは異なる所与だけを占有しています。実在は一つしか存在しないのです」と。

〝与えられたもの［所与］〟という語に、ゲーデルはある特定の時刻における人間の感覚という意味をもたせた。任意の瞬間に、世界は僕らに景色、音、匂いなどの集合を〝与える〟。多かれ少なかれ無意識な過程によって、僕らはこれらの感覚を安定したフレームワークに組織だてるのである。万人が同意するこの背景のフレームワークが実在、すなわち三次元の空間と一次元の時間の連続体なのである。僕が職場にいるとき、自分の家があることを疑うことはない。同じ言い方で、その時が一〇時だったら、七時の存在を疑うことはない。僕は人間が空間を漂っている存在とは考えない。人間は時空のある種のパターンなのだ。

人体は数年毎に原子のほとんどを入れ換えている。毎日人は何一〇億という新しい原子を食べたり飲んだりしている。毎日人は何一〇億という古い原子を排泄したり、放出したり、吐き出したりしている。物理的には、僕の現在の体が二〇年前の体と共有しているものはほとんどない。僕は自分が同じ人間であると感じているから、〝僕〟は僕の体を構成している原子の集まりとは別の何物かであるのに相違ない。〝僕〟は僕の原子というより僕の

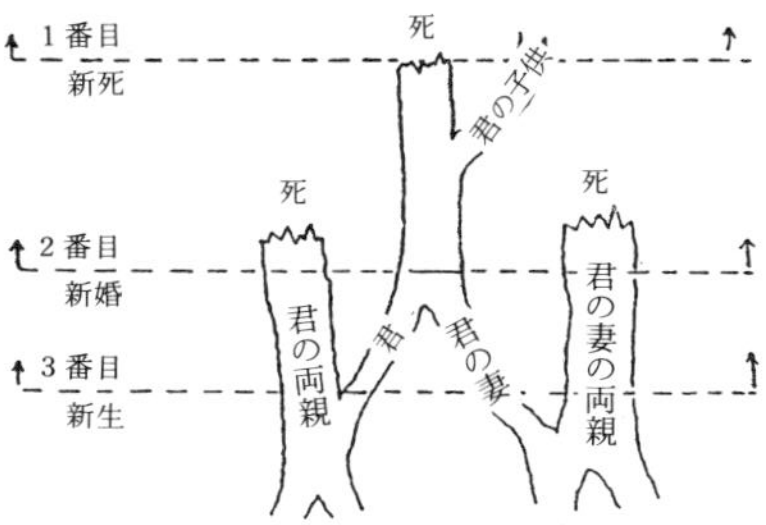

図143★同じ人生の三つの動画。

原子を配列させているパターンなのだ。脳の中のいくつかの原子パターンはある記憶をコード化している。僕に人間的同一性の感覚を与えているのは、これらの記憶の連続性である。

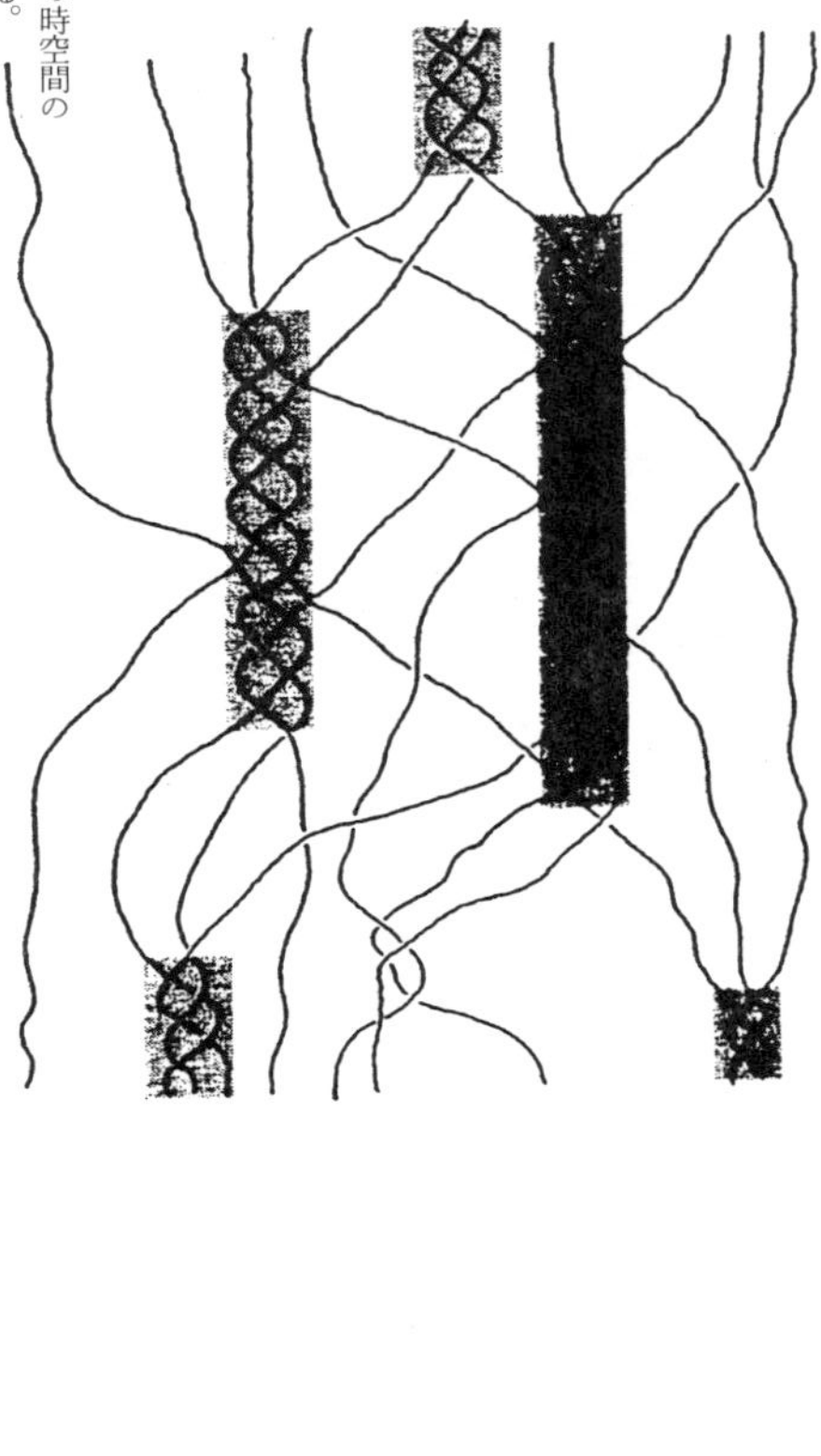

図144★人間は原子糸の時空間の組みひもである。

図144は人間が永続する時空パターンであるという事実を単純にするために、人間を三本の原子糸（アトム・スレッド）の組みひもで表してある（〝原子糸〟とは個々の原子の時空軌跡のことである）。図中央の二人の〝組ひも人間〟にはどちらでも、その全長を貫く原子糸が一本もないことに注意しよう。原子は、一方の組みひも人間から脱け出して他方の組ひも人間の部分になることさえもできることに注意しよう。

図144でもっとも顕著だと思えるのは、個々の人生を囲んでいる灰色の枠が純粋に想像上

のものだということである。食べたり呼吸したりするという単純な過程は僕らすべてをともに四次元タペストリーに織り込むのである。ときにはいかに孤立していると感じようといかにひとりぼっちであろうとも、それにはかかわりなく、実際には決して全体から切り離されることはないのである。

僕はこの洞察に大変満足している。自分自身を崩壊する肉袋と考えるかわりに、永遠な時空の部分と考えることができるからである。これは死をごまかす一つの方法である。僕は自分自身を特定の僕の人体パターンと同一化するかわりに、全体のブロック宇宙と同一化する。僕は、いわば、宇宙がみずからを眺めるために使用している眼なのだ。心は僕だけのものではない。心は普く存在するのだ。もし僕が存在しないのであれば、どのようにして僕は死ぬことができるだろうか？

◉一九八二年一一月二二日(月)——客観的現在はない

「どのようにしたら僕は死ねるだろうか？」

そう、土曜の夜、ジョーがはねたあと、僕は酔っぱらって立っていた壊れた陸橋の縁からころげ落ちたかも知れないのだ。ウッ。なぜ僕の年で、いまだにそんなことを考えるのだろうか？　僕が自由意志をもつことを証明するためだ。

人はときどきバカげたことや予期せぬことをしたがるものだ。人生の大部分はほぼ予測可能だが、人生に独特の風味をつけるのはこの途方もない紆余曲折なのだ。本当は愚かで危険なことをすることは不必要である……水曜日の夜、君が夕食に細君を連れだすなんて

図145★僕は死にたくない。

図146★異なる世界観。

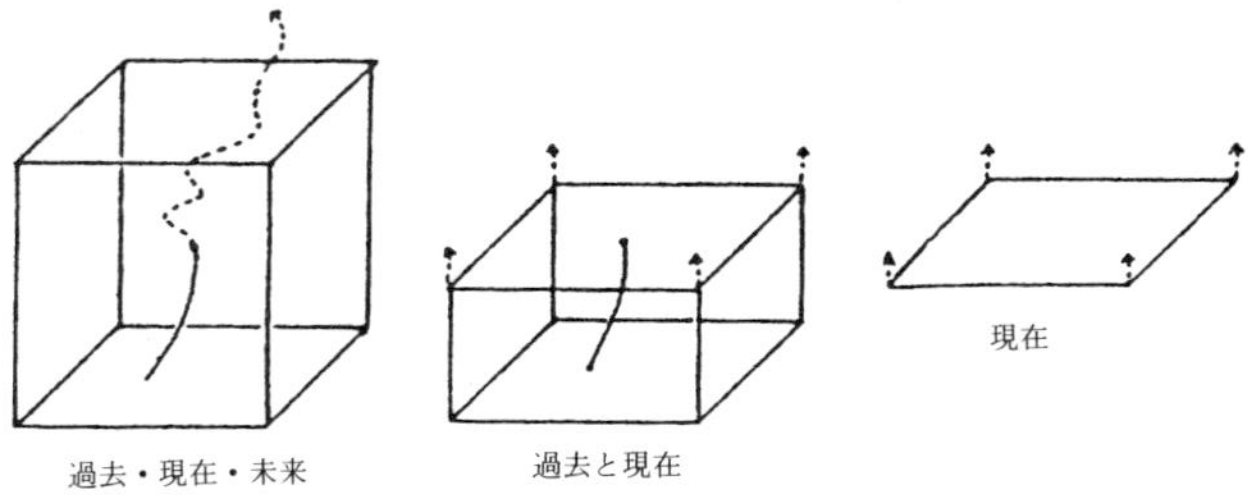

まったく異例だといえる。

もし僕らが本当にブロック宇宙の時空パターンだとするなら、未来はすでに存在しているのだ。これは僕らが自由意志をもっているという概念と相反しないのだろうか？

まさか。僕が未来はすでにそこにあるというとき、未来を予言することができると言っているのではない。推理小説を半分まで読んだとき、結末は最後のページに印刷されてすでにそ・こ・にある。しかしこれは、結末がどんなになるか常に予想できるということを意味しない。僕は自分の全人生は全く無時間的な全一者だと感じている。しかしだからといって、僕が明日何を書くとか、来年どこに住んでいるとかを確信をもって予言できるということを意味するわけではない。

ときどき僕が人々にこういう時空観を説明しようとすると、彼らは「あなたが時空の一パターンで未来はすでに定まっていると言うのなら、なぜあなたは自殺したり、それを片付けたりしないのですか？　いずれにしてもあなたは当然死ぬことになる、ということを申し上げているんです。なぜ自分を撃たないんですか？」というのである。その答えは簡単、「僕は死にたくないからです」。僕は落差百メートルの崖縁に立って生か死かと芝居じみた選択をして楽しんでみたりはする――だが、絶対に落ちないように注意する。太陽に向かって成長し、花を咲かせ、実を結ぶのは植物の性質だ。生き、愛し、働くのは人間の性質だ。あらゆる可能性から推して、有力な〝解答〟は存在しない。人生はそれ自身の外で意義をもたない。しかしそれで十分だ。ドン・ファンがカルロス・カスタネダの『呪術の体験』でつぎのように言い表している。

僕は重要だからというのではなく、性に合っているから、人生を楽しんだり、笑ったりする方を選ぶのさ……有識の士は本心から道を選択し、それにしたがうものだ……ほかにもっと重要なものなどあるわけがないから、有識の士はなにかの行為を選択してあたかもそれが重要であるかのように実行に移すというわけなんだ。

この考え方は、自分の人生が一つの全一者であり、全体にわたるパターンが価値あるものにほかならないとするものである。パターンの中での予期せざる妙案が、自分で自由意志の決定をしていると思っている場所に相当するのである。

ある人々はこの見解に大いに異議を唱えている。彼らは自分たちの自由意志が重要だという信念が強いために、未来などが存在するわけがないと感じている。彼らは過去が存在することは認めるかも知れないが、ブロック宇宙が時間の経過するにつれて上方に発展していくような存在だと感ずるのである。図146に、ブロック宇宙と並べてこの見解と、現在の瞬間に対してだけ実在を与える見解とを図示しておく。

ブロック宇宙が他の見解をしのぐ大きな利点は、ブロック宇宙には客観的に存在する〝現在〟がないという点である。ブロック宇宙には運動するものは何もないし、他の二つのモデルが依存しているような水平な空間シートに何か絶対的・客観的意味を見出そうとする必要はない。

はっきりしてきたように、実際に〝この瞬間に選ばれた空間のすべて〟について客観的

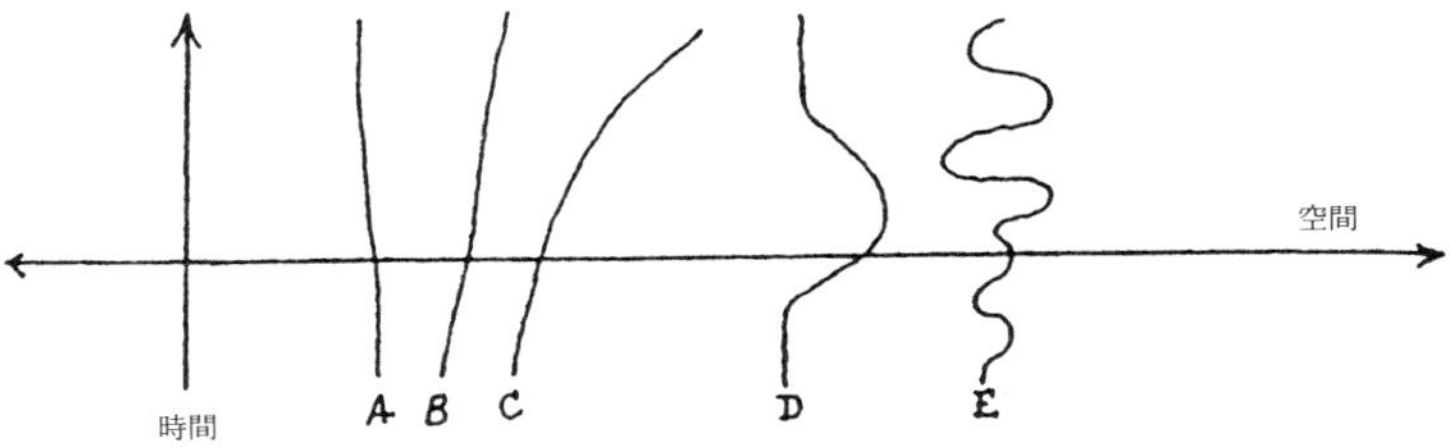

図147★いろいろな種類の運動。

図148★同じ状態の三つの記述。

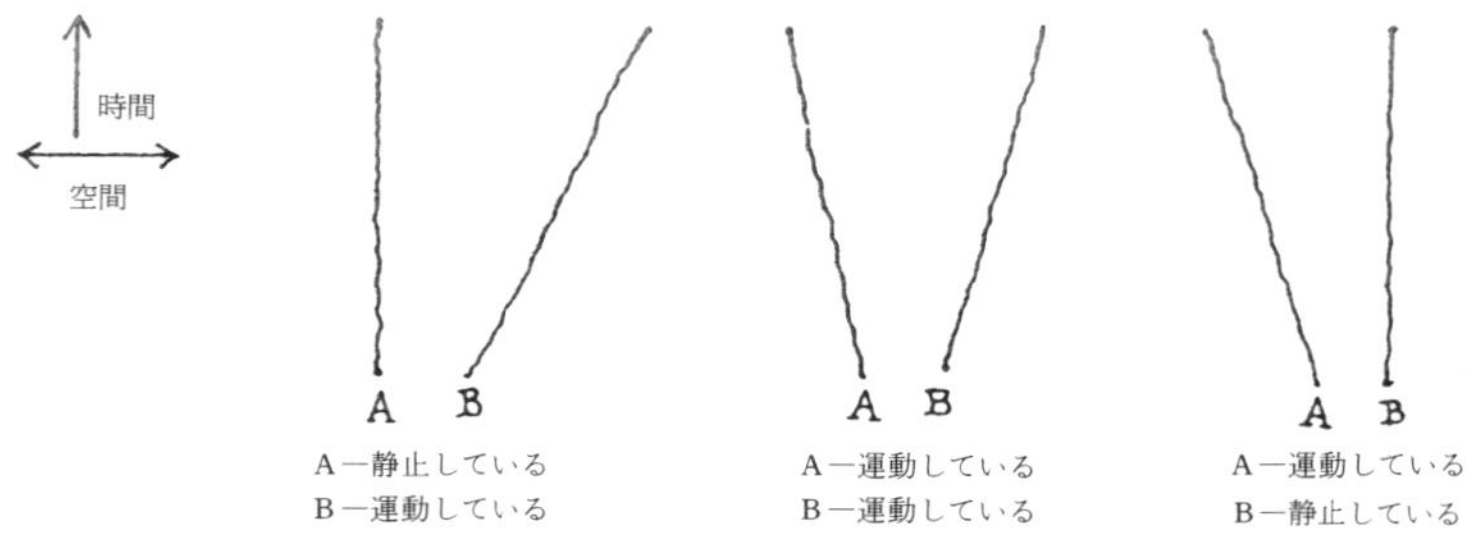

で普遍的に受容できる形で定義を見出すことは不可能である。このことは、あとでわかるように、アインシュタインの特殊相対性理論から導かれる。だからブロック宇宙の考えは、魅力的な形而上学よりもっと魅力的なものである。それは確立した科学的事実だからである。

◉一九八二年一一月二三日(火)——時空をスライスする

今日は時空の絵であるミンコフスキー・ダイアグラムをたくさん描いてみたい。事を簡単にするために、空間を一次元の線として考え、物体をこの線上を動く点として考えよう。点の時空軌跡は点の世界線と呼ばれる。図147に五種類の世界線を示した。Aは静止している点を、Bは右に等速で動く点を表す。Cは静止の状態から出発して右方へだんだん速く運動する点である。Dとは右へ出かけて行き、出発点にもどっている。Eは左右の振動の定常状態である。

Aが静止し、Bが右方に運動しているというと、実は若干誤解を与えやすい。たとえばAとBが空虚な空間で漂っている宇宙飛行士であるとすると、彼らが確信できることといえば、お互いが離れて動いていくということだけである。空間そのものに目印をつけるのはできない相談だから、実際には絶対運動するものはありえない。観測が期待できる唯一の運動は、ある物体の別の物体に対する相対的な運動である。これがアインシュタインの特殊相対性理論の内容で、「物理系の状態が変化を受けるとき、この状態変化が一様な並進運動をしている二つの座標系のどちらで書き表されるかどうかによっては、物理法則は影響を受けない」と表現されている。アインシュタインが時空の理論を定式化するときに、光速度不変の原理というもう一つの仮定をした。それは、いかなる人が光速度を測っても常に同じC（＝29,979,245,620cm/s≒時速一〇億マイル＝秒速30万キロメートル）という値を得ることになるだろうというものである。この二つの仮定は経験から強い支持を得ている。これらをいっしょに考えると、一連の驚くべき結果に導かれるのである。

通常、ミンコフスキー・ダイアグラムを描くときには、光線の経路が45°の直線で表されるような単位座標を採用する。光は一秒間に約三〇万キロメートル進むから、この考えでは空間座標は三〇万キロメートルを単位とし、時間座標を一秒にするというわけである。図149にこのようにして軸をとり、光パルスの世界線を描き込んでおいた。時刻1でAは光フラッシュを右方に送ったとする。三〇万キロメートル離れた所にMが鏡を持って立っているとする。一秒後に光はMの鏡に当たって左方にはね返ることになる。Aが移動して光線をやり過ごすと、それは無限に左方に伝播し続けることになる。

知られているかぎりでは光速より速く伝播するものはない。現実にただいま現在の世界を見ることは決してないことを認識するのは興味深い。人が目にするものは、光が目に届くのに時間がかかるため、常にわずかだが過去のものである。人が耳にするものは、もう少し前の過去のものだし、匂いは音よりもっとゆっくり伝わってくる。宇宙ロケットで言えば、閃光を見、爆音を聞き、煙の臭いを嗅ぐことになる。いかなる瞬間といえども感覚はすべて、過去のさまざまな事実からの信号なのである。私が感じたり味わったりしているものでさえ、神経の刺激（インパルス）が皮膚から脳に達するまでに何がしかの時間がかかるから、ま

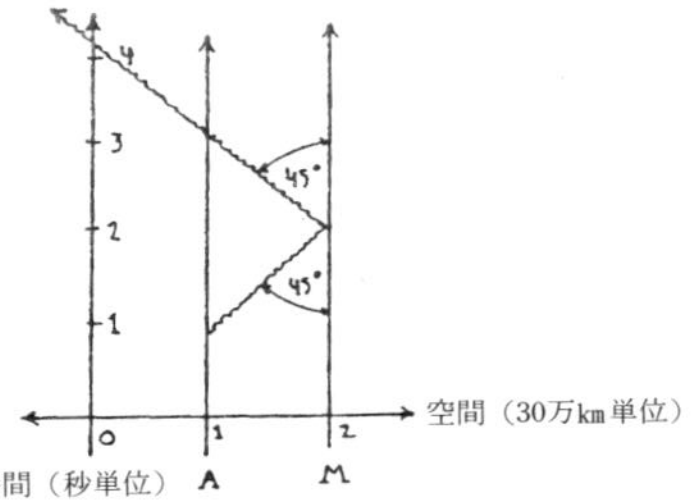

図149★光子の世界線。

図151★人間の感覚はすべて過去から来る。

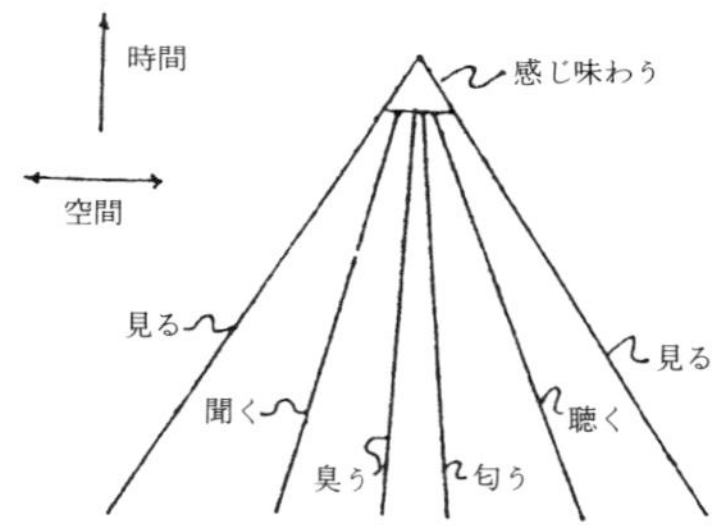

ったく正確にいま起こっていることだとは言えないのである。

図150★光は匂いより速い。

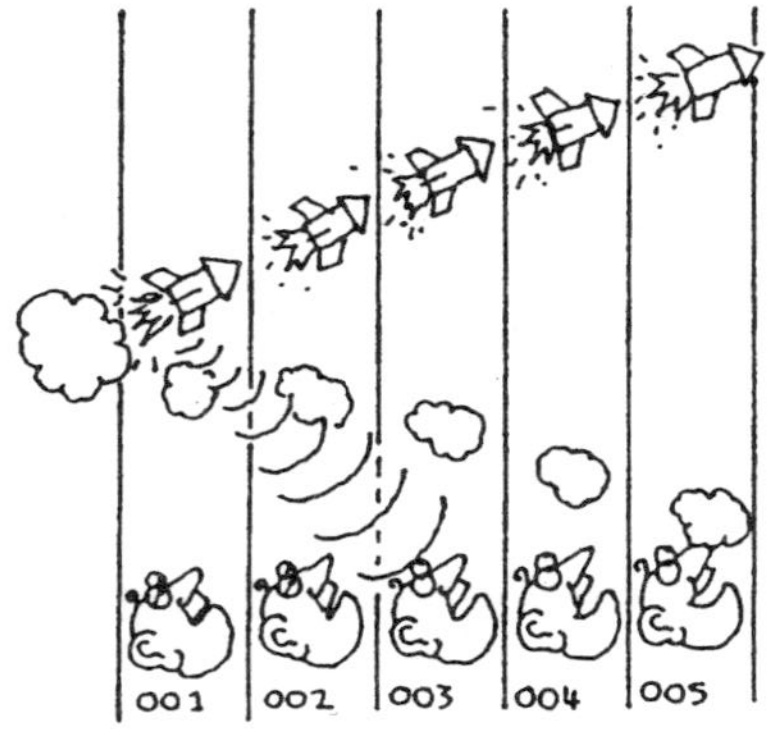

「ただいま現在とらえた空間のすべて」について話すことは、実際にはきわめて抽象的なものとなる。間違いなく、ただいま現在の空間のすべてを僕は見ていない。いま見ている木は、実は千万分の一秒前の木である。いま見ている月は二秒前の月だし、夕日からの光は九分前に出たものだ。きらめく星は何千年、何百万年も前に放たれたものなのである。実際のところ、ただいま起こっているものは何も見ることはできない。自分の所に光が届くまで待たなければならないからである。

もちろん、ただいま現在の心的イメージを総合してみることは可能である。たとえば、真夜中に外で腰かけて月を見ているものとしよう。蚊が一匹僕を刺し、その二秒後に月面上で巨大な爆発の閃光を見たとする。光は月から地球まで二秒 **[正確には一・二八秒、原文にした**

◉人間は自分の中にあらゆる種類の遅れを組み込まれて（ビルト・イン）もっているものだ、とケーシーは言っている。その一つは、もっとも基本的なもので、感覚の遅れである。感覚が何かを受けてからそれに反応するまでの時間である。とても機敏な人でもその時間は $1/30$ 秒で、大半の人はそれよりずっと遅い……われわれは皆、自分の人生の映画を眺めながら一生を過ごすように運命づけられているのだ——たったいま起こったできごとに応じて常に行動しているのである。それは少なくとも $1/30$ 秒前に起こったものである。われわれは自分がいま存在していると考えるが、そうではない。われわれが知っている現在とは単なる過去の映画なのであり、実際に通常の手段をもってしては決して現在を制御できないだろう。この遅れは、ある種の全面的な突破口が見出され、これまでとは別の手段が登場して、はじめて打ち勝てるものである。

トム・ウルフ

『粉末LSDテスト』1968

がって二秒としておく」かかることを知っているから、蚊に食われた〝現在〟に月面上の爆発も含まれるという結論を下すことができる。

ここまではこれは、現実に空間に似た〝現在〟が時間を通り抜けていくと考える見解に反しないように思われる。しかし「ただいま捉えた空間のすべて」に関する概念を、僕らが構築する方法に問題がある。その問題とは、もし僕らに相対的に運動している人がいると、その人は異なった方法で、空間に似た〝現在〟を構築するだろうということである。

とくに、蚊に食われて月面の閃光を見た宿命的な夜に、一機の空飛ぶ円盤が地球—月系を通過していたものとしよう。たまたまこの異星人が地球から月に向かって運動しているとすれば、彼らは実際に最初に爆発が起こったという結論に達するだろう。もし彼らが月から地球に向かって運動しているとすれば、彼らの座表系では爆発は二番目に起こったと言うだろう。これらの二つの主張の背後にある理由は明らかではないし、それをここで示そうとは思わない。

単的にいうと要点はこうである。異なる運動をしている観測者には、ある事象が同時に起こったかどうかということは違ってくる。誰も本当に、蚊に食われることと爆発とに同時に居合わせることはできないのである。二つの事象が同時に起こったかどうかは、まさに見解の問題である。自然がこの疑問に対して絶対的な解答を保証しているわけではない。

いままで述べてきた現象は、同時性の相対性と呼ばれている。同時性の相対性から得られる重要な帰結は、異なる運動をしている観測者が時空を薄片（スライス）に切り分けて〝現在〟の山にするのにそれぞれ異なる方法を見出すだろうということである。図153に描かれた三人の

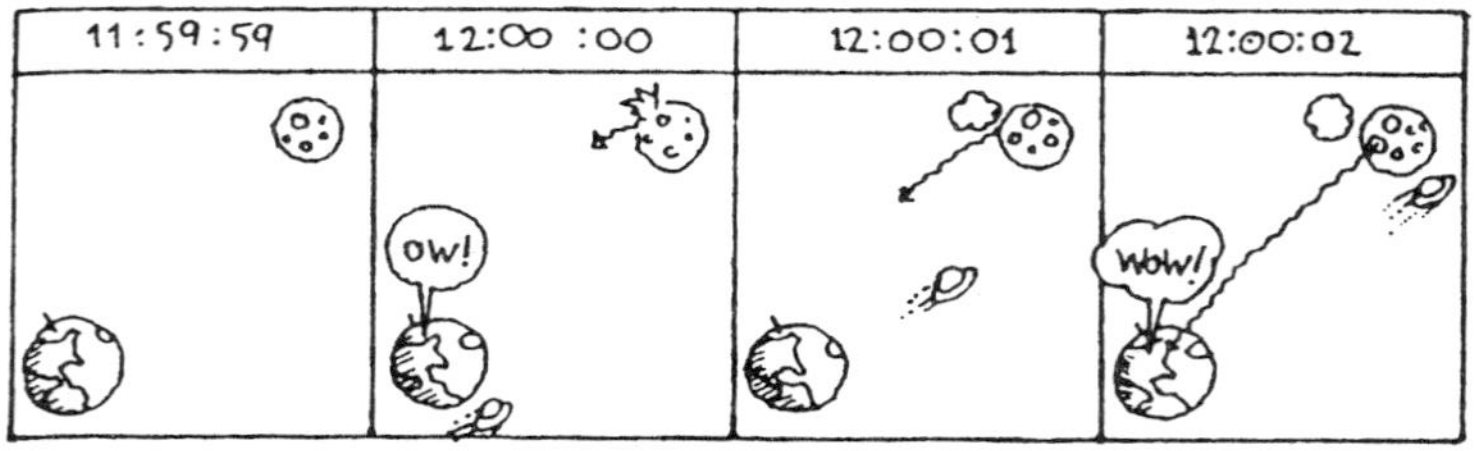

図152★虫がかみつく。UFOが爆音を立てて急上昇する。月が轟く。

観測者は、互いに相対的に運動している異なる三つの銀河系に平和裡に生活できることだろう。時空をスライスする三つの方法のうちの一つが正しく、他の二つが間違っていると言い張るどんな理由があるだろうか？

相対性理論は、時空をスライスして〝現在〟の山にするのにほかより優れた方法は存在しないのだと述べている。相対性とは、与えられた空間の位置に永久に目印をつけておくことはできないという仮定にもとづいていたことを思い起こそう。これを述べるもう一つの方法は、〝まさにここ〟というのは時間の全区間について何ら現実的な意味をもたないというものである。

僕らはこの仮定が、まったく奇妙なことに、〝ただいま現在〟は空間領域では現在的な意味を何ももたないことを述べているのだということを見てきた。〝現在〟を定義する卓越した方法は存在しないのだから、〝現在〟は客観的な意義をもたないに違いない。これは、実際に運動している現在は存在しないということとブロック宇宙の観点は正しいものだということを意味する。時空は一つの一体化された全体であり、時間の推移はまさしく幻想なのである。

◉一九八二年一一月二四日(水)——〝よその場所〟を考える

特殊相対性理論はきわめて念入りに検証されている。それは運動物体の振舞について一連の明確な予言をしている。これらの予言は粒子加速器を含む実験でいく千回となく確認されてきた。

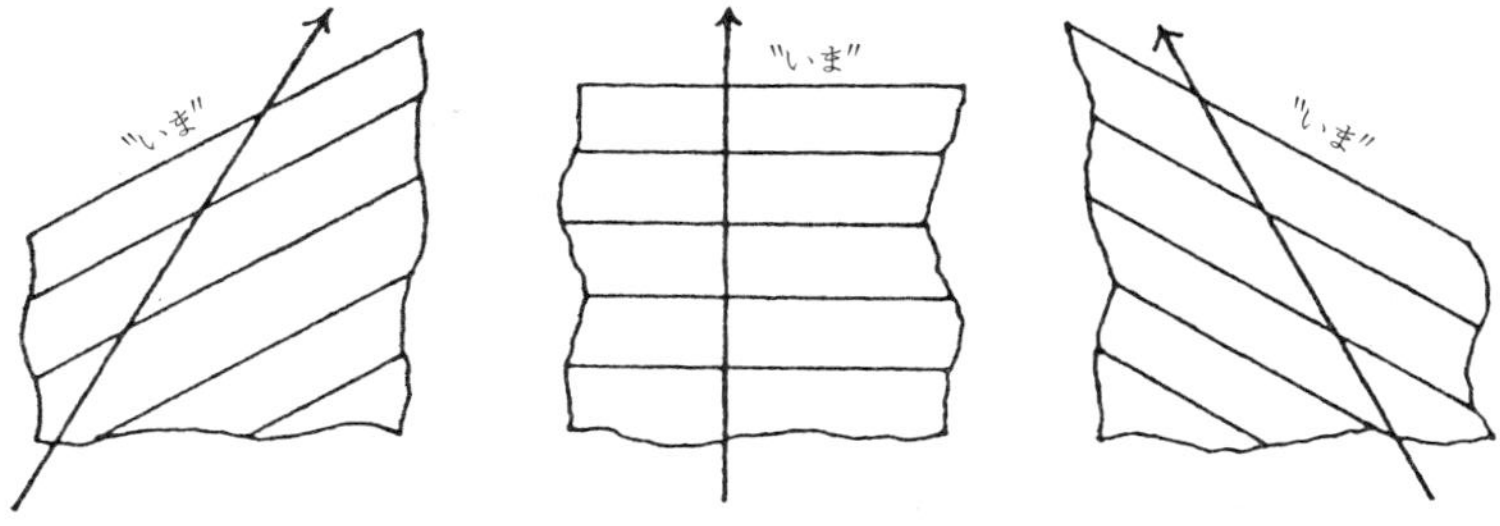

図153★時空をスライスする三つの方法。

昨日、僕は相対性理論が意味する非常に魅力的な問題の一つを論じた。それは、僕らは変化しないブロック宇宙におけるパターンであるという意味を含んでいる。しかし相対性理論はあまりおもしろからぬ結果ももたらしている。相対性理論のもっとも具合の悪いことは、光速を超えて速くは走れないという制約を課していることである。

ある人たちは、この苛立たしい予言にほとんど偏執病患者（パラノイド）になっている。彼らは相対性理論を少しでも学ぼうと頭を悩ませたことがなく、アインシュタインは人間は決して飛行しないだろうと言った人々とさほど変わらない、単なる独断的なブチこわし人間だという結論に飛躍してしまうのである。「なぜ秒速三〇万キロメートルより速く走ることができないのだろうか？　もし十分大きなロケットがあり、十分遠くまで走れるなら、お望みのままの速さで進むことができるんじゃないだろうか？　いずれにしてもアインシュタインの何が問題なんだろうか？　彼はドイツ人かユダヤ人か何かではなかったのかね？　確かにアメリカ人ではない。たぶん前進するのがこわかったんだ！」

相対性理論にしたがえば、光速を超えて速く旅行するには問題が二つある。第一の問題は、いかなる物体も光速に近づけば近づくほど、物体の質量が大きくなるというものである。物体の質量が大きくなればなるほど、それ以上の速さに物体を加速するのが難しくなる。実際問題として、宇宙船を光速を超えて加速するには無限大量のロケット燃料を要することになるだろう。

もし光速より速く旅行することができないなら、僕はかぎられた時空領域にしか近づけないことになる。光速を超えないで到達可能な事象は〝未来〟と呼ばれる。これは相対性

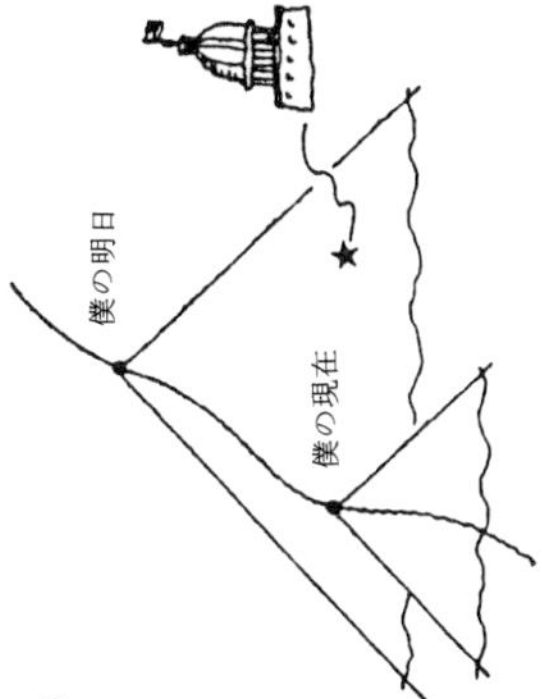

図155★〝よその場所〟・今日、〝過去〟・明日。

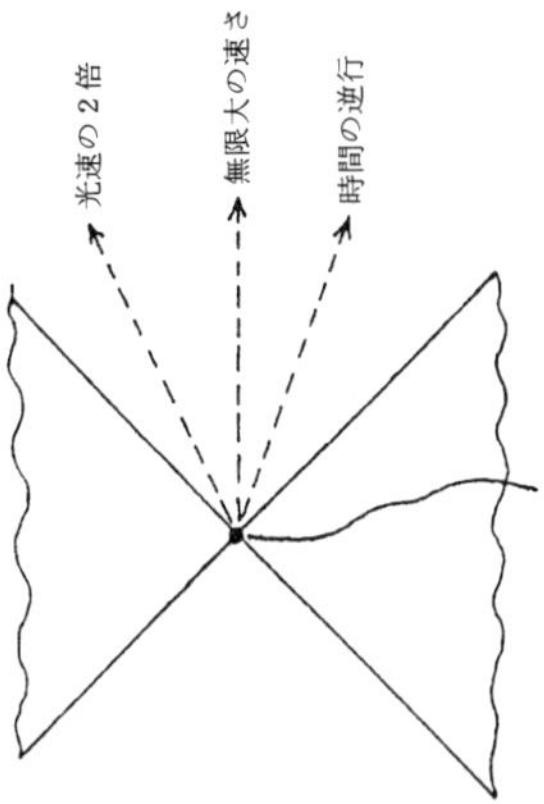

図156★よその場所への旅行。

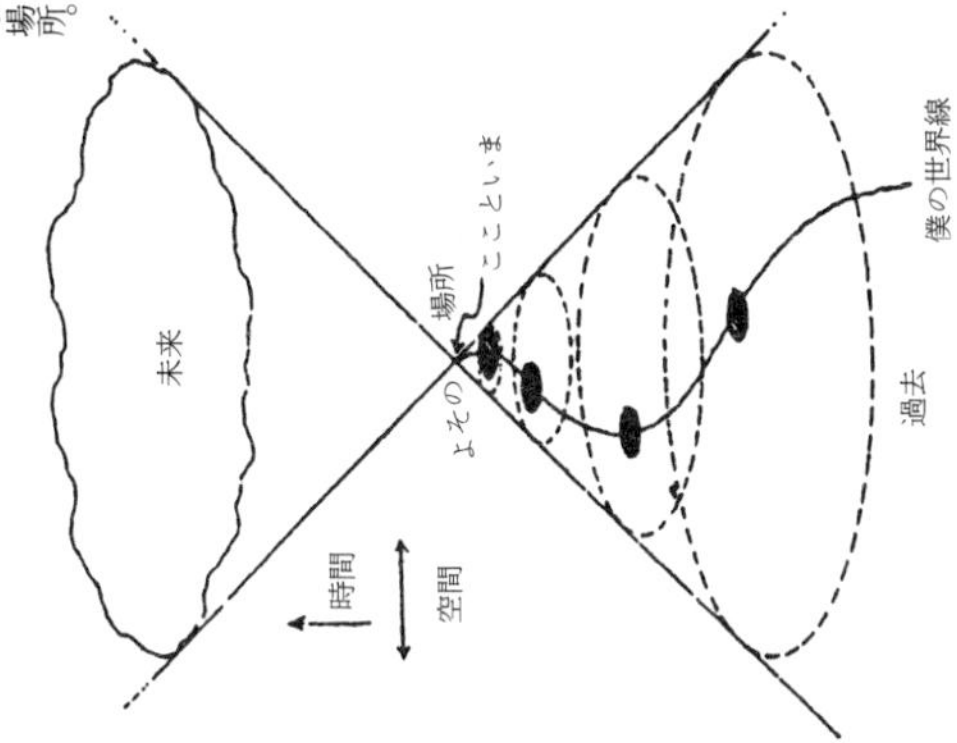

図154★過去、未来、よその場所。

理論独特の言葉の使い方である。通常なら未来をこれから経験する事象だと考えるのだが、ここでは光速を超えることなく、居合わせたり影響をおよぼしたりすると想像されるすべての事象という意味で〝未来〟という語を用いている。同じ文脈で〝過去〟を、僕がここと現在に到達するために旅行可能であったすべての時空の位置だと考えることができる。残りの時空は、〝よその場所(エルスウェア)〟という愉快な言葉で呼ばれる。〝よその場所〟の事象のことを考えると、くつろいだ気持ちになる。ワシントンのわが国のリーダーたちがこの瞬間に正しいことをしているかもしれないなどということはみな、実際に関係のないことだ。それは〝よその場所〟なのだ。不幸にして、これらの枢要な人々の活動はよその場所にとどまっていてくれない——僕の〝過去〟は僕の世界線にそって遠くの点でずっと大きくなっているのである。

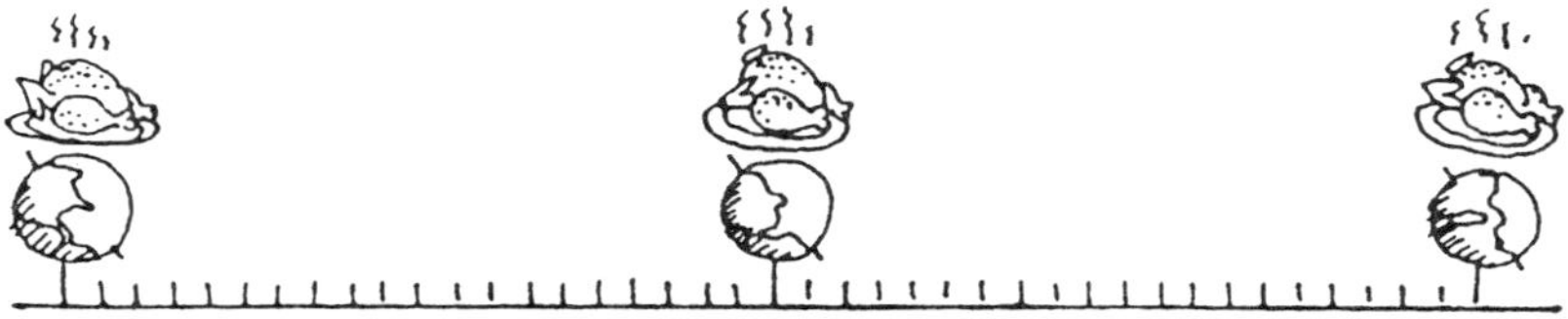

図157★永遠の回帰。

光速を超えて旅行する第二の問題は、同時性の相対性をあつかわなければならないという点である。僕にとってともかく〝よその場所〟にある任意の事象が与えられたとき、それが僕の〝こことい ま（ヒア・アンド・ナウ）〟と同時刻に起こったと主張する観測者が出てくるだろう。〝よその場所〟とは不鮮明な〝いま〟である。普通は、いま〝現在〟は〝過去〟と〝未来〟の間の直線として考えられているが、相対性理論ではこの〝現在〟は砂時計の形をした〝よその場所〟に薄められてしまう。これが意味するところは、〝よその場所〟の一本の経路［世界線］は他のいかなる経路とも同等だということである。悶着は、〝よその場所〟のある種の経路があまりにも奇妙で、可能だとは思われないという点にある。図156には〝よその場所〟にある三本の経路が描かれている。いちばん上［点線］の経路は別に問題とはならない。それは秒速六〇万キロメートル、すなわち高速の2倍を表しているだけである。初めの基準枠［実線で書かれた光の世界線］に水平なつぎの経路は、三〇万キロメートルを旅するのにまったく時間を要しない人を表しているように思われる。これは無限大の速度に対応している。いちばん下の経路はいちばん具合が悪い。ここでは旅行者は時間に逆行して進むように見える。もし水平軸にそってそのような旅行をすれば、過去の自分自身と再会することができるだろう！　言い換えれば、光速より速い旅行は時間旅行（タイムトラベル）に帰着する――多くの科学者は時間旅行は不可能に違いないと感じている。時間旅行の悶着は、現実にはひどいパラドックスに導くということである。それについては次章で論じるだろう。さしあたっては、僕らの知るかぎり原因と結果の連鎖が光速を超えて進むことはない、と述べておく。

以上が僕が時間を探求したすべてである。今日は感謝祭の準備を手伝うために早く家に帰らなくてはいけない。いつもめぐってきて欲しいのはクリスマスと感謝祭である。

◉一九八二年一一月三〇日(火)——永遠を垣間見る

祭日がもう一日続いている。母が来た。弟のエンブリが妻君と二人の子どもを連れて来た。それを喜ぶ五人のいとこたちを見るのはすてきだ。それは御馳走であり、季節の車輪であり、永遠の回帰である。

ボルヘスは〝永遠の回帰〟の深遠な教理に関して興味あるエッセイを書いている。これはあらゆるものはそれ自身を繰り返すという考えである。

僕らが通常経験する多くのものは自分自身を繰り返すものだ。吐き出す—吸い込む、昼—夜、夏—冬、両親—子ども——これらは自分自身を際限なく繰り返すものだ。明らかに、僕の一九八二年の感謝祭は、他の感謝祭とは同一ではない。しかしあるレベルでは、それらはシチメンチョウの肉とグレービーソース、騒々しい子どもたち、酒びたり、口論すること、笑い声、祈りといった、少なくともより広い性質についていえば、すべて同じなのである。ある点で長い休暇の歓迎地獄の間、僕らの大半は、超越し、無時間的になって、ただ時間の織りなすものを完全に受け容れる一瞬または数十分、数時間を経験することだろう。それは逆説的だが、時間から完全に解放させるものである。人間の儀式の反復性はある種の永遠を垣間見ることになるのである。すなわち終わりのない直線が円に曲げられるのである。

このようなことすべてを考えてみても、永遠の回帰という概念は依然としてまず起こり

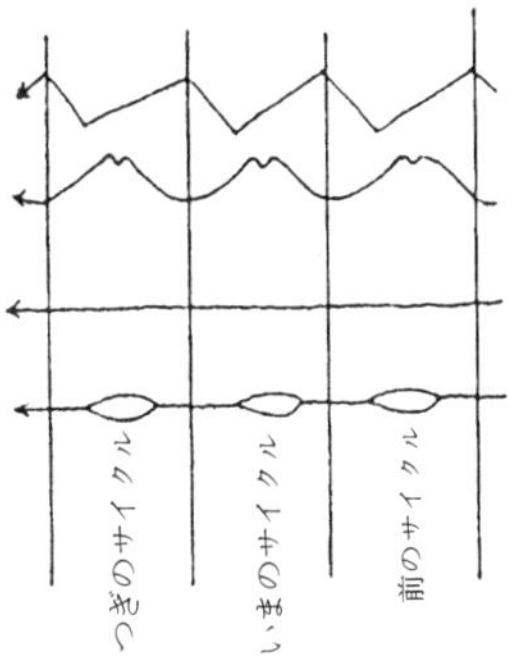

図158★終わりがなく、繰り返す時間。

そうにもないものだ。未来のいつか宇宙が現在と寸分違わず同じ状態になるだろうことなどと本気で信じられるだろうか？　しかし、これは永遠の回帰の教理が主張しているところなのだ。つまり時間には固定した長さ——宇宙周期サイクル（コスミック）——があって、一周期を経ると宇宙全体の歴史は元の歴史を繰り返すというのである。たとえば二〇億年間続く一周期を考えてみてもよい。

反復する性質をもつ宇宙を眺めるには、二つの異なる方法がある。一つは、時間は軸の両端が無限に長く伸びており、時空は無限に多くの同一の水平〝縞〟から構成されていると想像するものである。もう一つは、時間は曲がっていて有限だが、終端のない円になっていると想像するものである。もし〝運動している現在〟の観点に強く傾倒すれば、最初の方が魅力的に見えることだろう。すなわち、現在だけが実在のものだと考えると、宇宙が反復したときでさえ、つぎのサイクルが若干異なるものに感じられるだろう。しかし時空の〝ブロック宇宙〟の見方をとる人には、図示したような、永遠の回帰の第二の方法の方がもっと自然に思われるだろう。もし時空が本当に間違いなく存在するものなら、それを曲げて〝円筒（シリンダー）〟にするというのも実際上支障はないことになる。

〝循環時間〟の概念は興味のあるパラドックスを導くが、それはパズル10・5で議論されるだろう。しかしいまは先に進んで、時空がとりうる別の総合的な形態をいくつか眺めることにしたい。

以下の図のすべてにおいて、水平軸を空間に、鉛直線を時間に考えているということを銘記しておいていただきたい。もし望みなら、水平軸は〝いま〟の概念になり、鉛直線

◉「世界を構成している全原子数は、法外な数であるが有限であり、そのようなものは（やはり法外なことではあるが）有限な数の置換の中の唯一可能なものである。無限に長い時間が与えられたなら、可能な置換の数は増え続けるに違いないし、宇宙はそれ自身を繰り返さなければならない。もう一度君は胎内から生まれ、もう一度骨格が成長し、もう一度このページが君の同じ腕に達し、もう一度君の信じ難い死の時間までの全時間を生きることになるだろう」。その気の抜けた序幕から大仰に脅威を感じさせる大団円にいたるまでの、よくある議論の順序はそんなものである。

ホルヘ＝ルイス・ボルヘス
『周期的現象の教理』1934

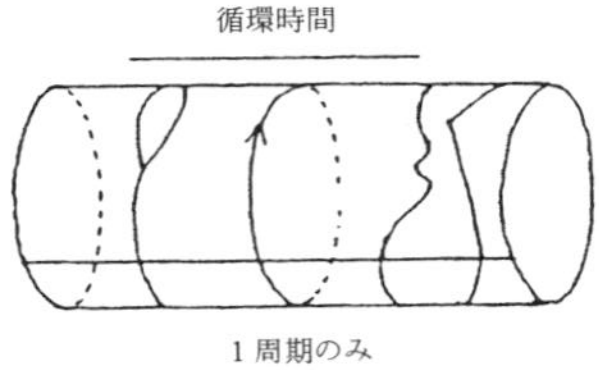

図159★循環時間。

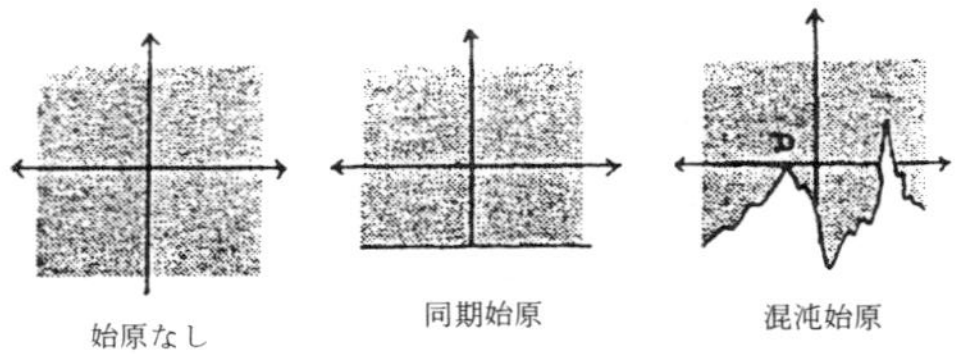

図160★宇宙を始動させる三つの方法。

は〝ここ〟の概念になる。僕らが〝ここといま〟と呼んでいる事象は、当然二つの軸が交差した点である。しばしば、時間の経過とともに水平軸を上方に動かしていくと想像することによって、この時空ダイアグラムを〝読む〟ことがある。しかし繰り返して指摘しているように、ミンコフスキー・ダイアグラムをそのような仕方で動画化することは、常に必要もしくは望ましいわけではない。

図160には三種類の時空が示されている。そのどれもが、空間は両端方向に無限に果てしなく伸びており、未来もまた果てしがないように描かれている。これらのモデルは過去の描写の方法が間違っているのである。中央の図は全空間が一度に存在するような宇宙を示し、左側の図は始原のない宇宙を示している。右側の図はもっと奇妙な状況を示しており、空間の異なる部分は異なる時刻に存在するようになるという宇宙論である。そのような宇宙論では、たとえば海王星と天王星の間の空間に大きな穴があるかもしれず、その穴はいつかは収縮して見えなくなるだろう(図にはそのような穴が見えなくなる事象をDという文字で表しておいた)。

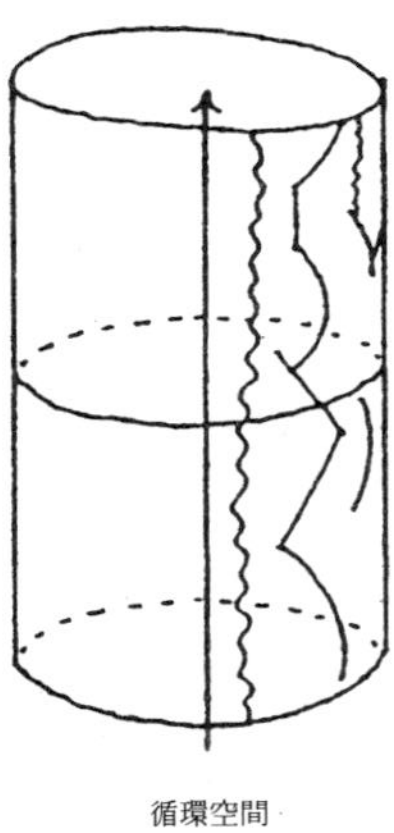

図161★循環空間。

第8章で要請したように空間が〝超球体的〟であると仮定すると、もう一つのタイプの時空モデルが考えられる。ラインランドでいえば、空間が円であることを意味し、図161に描かれたような図になる。図163には、任意の方向に十分遠く旅行すると常に出発点と同一の領域に達するような宇宙を表す、もう一つの方法が示されている。湾曲して自分自身にもどり閉じる空間を示すかわりに、図162は二つの方向に無限に伸びて、無限に多くの同一の鉛直縞で時空間が分割されているような空間が示されている。この反復を説明するには、神秘的な調和にたよらなければならないだろう。もちろん〝循環時間〟モデルが永遠の回帰を表すより自然な方法であるのと同じように、図161はずっと自然になっている。

この章の各節を日付けで書いてきた理由の一つは、時間が現実的でないという私の議論に少し趣向をこらそうとしただけである。もう少しまじめな理由は、自分がどんどん未踏の荒地に駆り立てられた北極探検家のように感じられて、探検日記をつけてみたいと思ったからである。犬が遠吠えをしている夜の、理性を狂わせるオーロラの輝き。私の探求のゴールは宇宙を無次元空間のパターンと考える一つの見方である。私は周囲の世界に対する包括的で絶対的なモデルが欲しいのである。その体系は科学の冷たい真理だけでなく、通常の人間生活の実在を含むようなものである。

今日まで私はこの旅を終えることができるかどうかおぼつかなかった。しかし今朝、私はゴールの光景をつかんだ。実在は一つであり、それは尋ねうる無限に多くの質問のどれにも解答を与えるものである。言い換えればそれは無限次元空間の彩色効果なのである。私といっしょに、そこまで行こうではないか！

●それでは『天地を創造し給う以前に神は何をし給うたか？』と問う者に答えましょう。ある人は（この問いの圧力をかわそうとして）「主は詮索好きの者を不可思議に落としめんものと地獄（と主は仰せられた）を準備され給うた」と冗談めかして言ったそうですが、私はそのようには答えますまい。問いに答えることと問いをちゃかすことは別の話です。

聖アウグスチヌス
『告白』紀元四〇〇年

図162★予定調和?

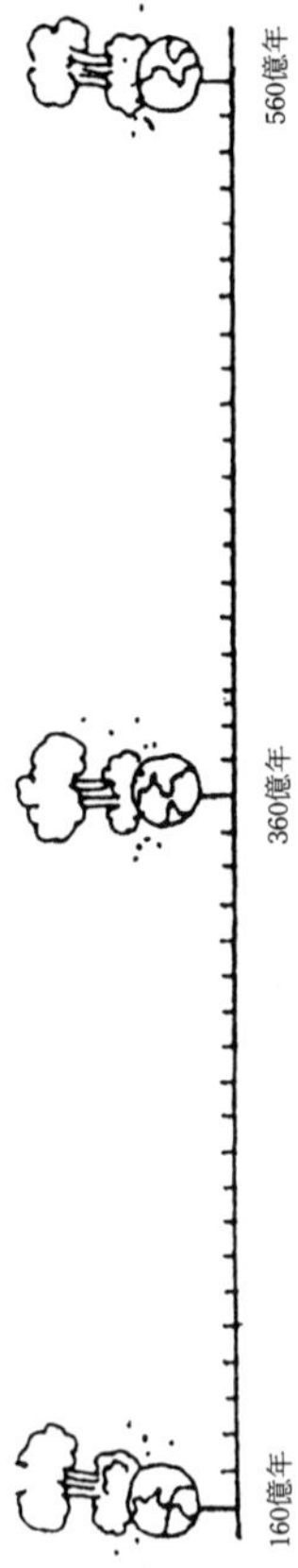

★パズル9・1

四番目次元が時間であるというき、空間と時間の中で超球体を作ることが可能になる。どのようにしたらよいだろうか?

★パズル9・2

下の図には過去と未来についてのどのような種類の着想が包含されているだろうか? ここで時空の立体は底から上部へと融けていく氷のブロックのようだと考えられている。

★いまと未来。

★パズル9・3

〝同時性の相対性〟は、異なる運動をしている観測者には事象が同時であることについて異なる意見をもつだろうということを述べている。この問題では、同時性の相対性はつぎの二つの基本的な仮定から出てくることがわかる。すなわち、(1)運動している観測者が自分が静止していると考えるのは、自由である。(2)光は常に同じ速さで伝播する。

状況は以下のようなものである。堅いプラットフォームが光速の半分の速さで右に動いている。左端にウィリー・リー氏が立ってお

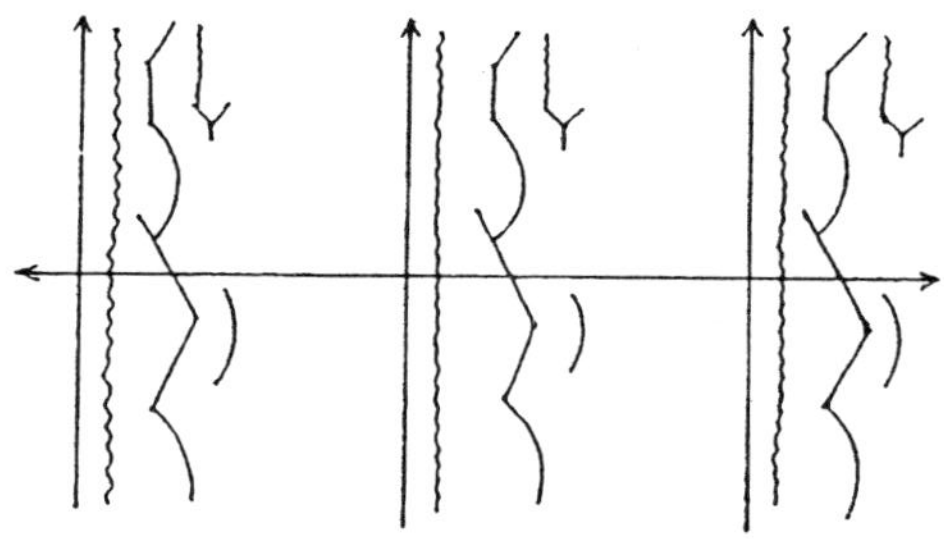

図163★終わりのない、反復している空間。

図164★前進!

り、右端にライ氏が立っている。リー氏がプラットフォームのライ氏に向かって閃光を発した。ライ氏は鏡をもってリー氏にその閃光を送り返す。リー氏はもどってきた信号を受信する。これらの事象をそれぞれA、B、C、と呼ぼう。リー氏は自分の世界線上で事象AとCの時刻を記録する。少し考えたあとで、彼は自分の世界線上での事象XとBが同時であると推定した。彼はどこにXを置いたか？　それはどうしてか？　**（ヒント、僕らならXをBを通って水平に置くだろう。しかしリー氏はそうはしなかった。同時性は相対的なものなのである！）**

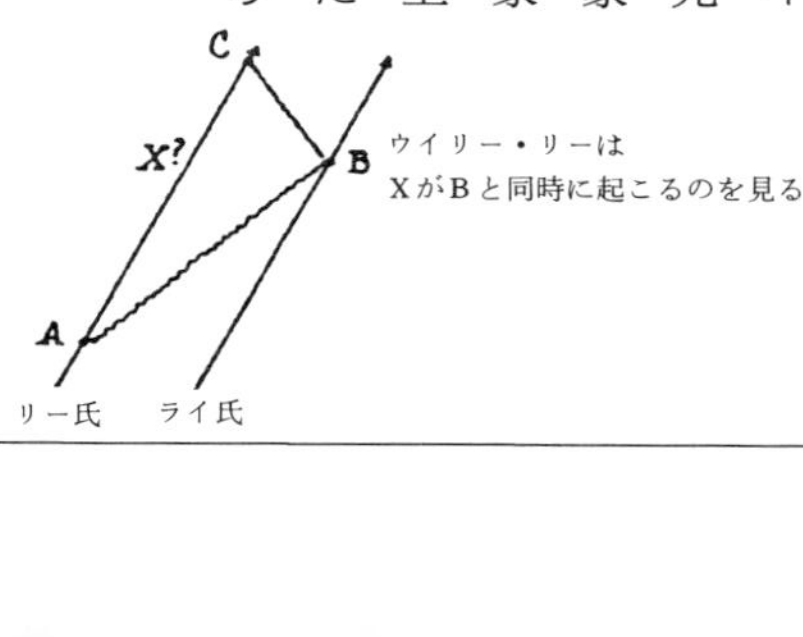

★パズル9・4

図161には時間が経っても同じ大きさでいる循環空間の図が描かれている。今日宇宙について広く考えられている見解は、私たちの空間が膨張している超球体であるというもので、約一二〇億年前に点の大きさから膨張し始めたとする。膨張している円として僕たちの宇宙空間を表す時空図を描くことができるだろうか？

タイムトラベルとテレパシー

タイムトラベルとFTL旅行

なぜ旅行は、それほどまでに骨の折れるものなのだろうか？ 完璧な乗物というのは、発進用の特製ボタンがついた車という具合に想像しやすい。まず乗り込んで、どこにいつの時代に行きたいかコード数を打ち込み、点火スイッチの鍵をひねってみる。——ほら！——君は一九二〇年代のパリに、はたまた開拓者が入る直前のグレート・プレイン［北米ロッキー山脈東方の広大な草原地帯］に、月に、別の銀河系にすらいるじゃないか。

人々は長い間、時間と空間の束縛からそのように自由になることを夢みてきた。グリム兄弟の童話の一つに、若き英雄が〝魔法の鞍〟を手に入れるという話がある。その鞍にまたがり、行きたい場所を言うと、たちどころにそこにいるのである。（SF）作家はこれを、遠隔移動（テレポーテーション）とか瞬間的な物質伝送（マター・トランスミッション）とか超旅行（ハイパー・トラベル）または超光速（FTL＝Faster-Than-Light）旅行などとさまざまに呼んでいる。タイムトラベルのアイデアは一足とびに過去にもどったり、未来に進んだりする能力と密接な関係がある。

　タイムトラベルとFTL旅行は、本当に実現するのだろうか？　時間と空間の最終的な征服は、実際私たちのものになるのだろうか？　もっと具体的には、その質問はどんな種類の物理現象がタイムトラベルとFTL旅行を可能にすると考えられるだろうか、と言い換えることができる。実際に知られている例は多くはないが、非常に質量の大きい――ブラックホールのような――系をあつかうことによって、たぶんタイムトラベルやFTL旅行が求める時空跳躍を許すような方法で、空間と時間を歪めることができる見込みがあるだろう。そのような旅行をめざすもう一つの道は、実在のもっとも深いレベルでは、時間も空間もまったく存在しないというヒントから、量子力学を通じて導かれるかも知れない。何らかのやり方で時空の枠を繰り返し同調させたり外したりすることができれば、ついには任意の場所と任意の時刻に到達することができる。しかし、実際にこれをどのように行うかというアイデアは誰ももっていない。

　そのような心をそそられる推測のあとで、ほとんどの科学者がタイムトラベルやFTL旅行の考えを拒否していることを学ぶと少し驚いてしまう。タイムマシンのテストを誰もしようとしたことがないのに、ほとんどの科学者がそのようなテストは失敗するに決まっていると信じているのである。これはまったくの偏見なのだろうか？

　いや、偏見などではない。タイムトラベルの問題は、実在の構造と矛盾するという、物理的なパラドックスに導かれるからである。そしてほとんどの科学者は、私たちの世界はあまりにも論理的にできていて、直接の矛盾が出現するのを許さないと考えているのであ

図165★量子力学？

図166★イエス・アンド・ノー。

る。だからタイムトラベルやFTL旅行を拒否する理由は、矛盾はこの世界では起こりえない、タイムトラベルやFTL旅行は矛盾を導きうる、ゆえに私たちの世界ではタイムトラベルやFTL旅行のようなものはありえない、というアプリオリな性質によるものである。

これは微妙な議論であり、もっと詳細に論ずる価値がある。まず第一に世界に矛盾があると実際に何が悪いのだろうか？ 矛盾は全時間にわたって起こらないものだろうか？ 僕はハンバーガーが欲しい、かつハンバーガーが欲しくない。「光子は粒子である。かつ光子は波である」。「縞馬は白い。かつ縞馬は黒い」。

これらは一種の矛盾命題だが、実際には耐えられないものではない。ハンバーガーが欲しく、同時に欲しくない気持だという事実は、〝僕〟が相反する願望の集りからできているという事実を示しているにすぎない。光子が同時刻に粒子と波の双方であるということは決して観測できない。縞馬は黒であり白であるが、ただ縞になっているのである。

イエスでありノーである

私たちの世界はいくつも矛盾をはらんでいるように見えるが、通常はこれらの矛盾はもっと優れた特質をもたせてやると解決できるものである。しかし絶対的な矛盾とはどのようなものなのか？ Aと非Aの双方が正しいという、具体的で特別な事実Aについてはどうであろうか？ ここに、私がタイムトラベルにおける〝イエス-アンド-ノー・パラドックス［肯定かつ否定の逆理］〟と呼んでいるものの二つの例がある。

1、三六歳にしてゾーン教授は一時的に精神異常に陥った。そして狂気の時期に最愛の妻ゼノビアを殺してしまう。彼は精神障害の理由で無罪とされたが、良心のとがめに打ちひしがれて、今後悪いことをしないことに全エネルギーを捧げようと決心した。彼はどうにかして過去にもどって過去を変えたいと願った。ゾーン博士は五〇歳の誕生日に、実用のタイムマシンの建造という仕事を完成した。彼はマシンに乗り込み、一四年前に遡って、自分とその死んだ妻が住んでいた家の窓が見える所まで行った。憐れなゼノビアがいる。そして狂気の殺人者、三六歳のゾーンがいる。五〇歳のゾーンは、三六歳のゾーンに道理を説くのに十分余裕をもってそこに着くように望んでいた。しかし危機は差し迫っていた！　三六歳のゾーンが頭上に重いパイプレンチを振り上げて、ゼノビアに忍び寄っているではないか！　ためらうことなく、五〇歳のゾーンはバズーカ砲の狙いを定め、狂った三六歳のゾーンの心臓を撃ち抜いた。このパラドックスはこうだ。もし三六歳のゾーンが死ぬと、もどってきて三六歳のゾーンを殺す五〇歳のゾーンはありえない。もし三六歳のゾーンが死ななければ、もどってきて三六歳のゾーンを殺す五〇歳のゾーンはありうることになる。三六歳のゾーンは死ぬだろうか？　イエスであり、ノーである。

2、月曜日にビーグル家の子どもたちがスクルージおじさんの新品のタイムマシンを盗み出す。彼らは未来にとんで、水曜日の大きな競馬でどの馬が勝つか知るためにそれを使おうというのだ。勝馬はオーレ・プラグになる。何とオッズは100対1だ！　月曜にもどって彼らはどうやって掛け金を得ようかと思った。有り金はといえば汚い一ドル紙幣一枚が

図167★ゾーン教授。

図168★二つのSFの夢。

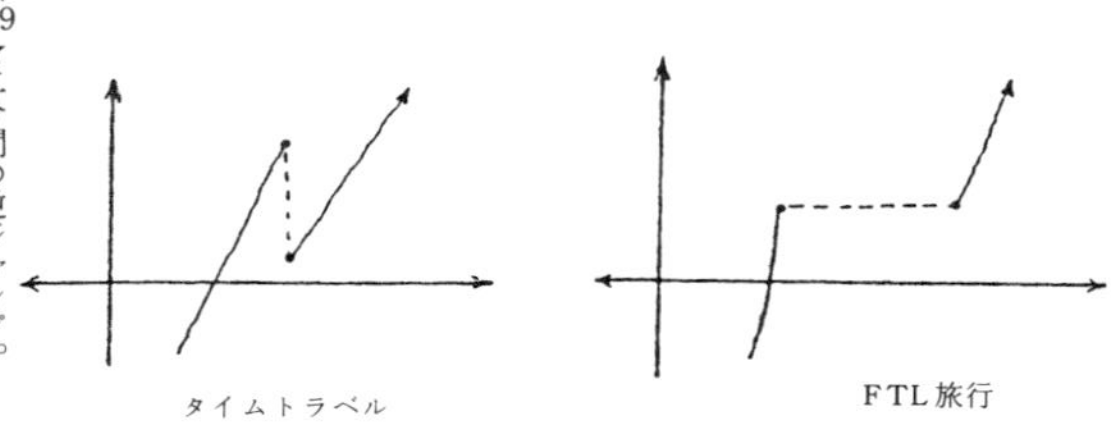

図169★二分間の逆ジャンプ。

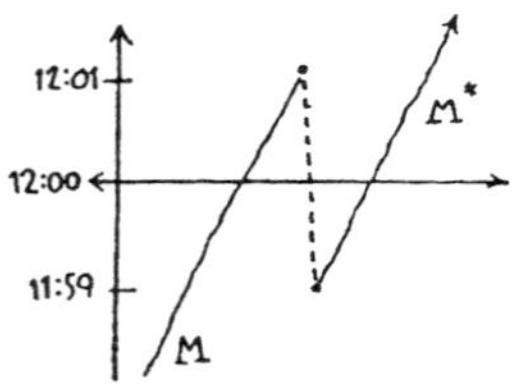

すべてで、最低の賭け金には二ドル必要である。「僕はもう賭けちゃった」と、ビーグル・ボーイ22—03—46はニッと笑った。「木曜日に僕らが手にする二〇〇ドルから一ドルを火曜日にもどせばいいんだ。水曜日にオーレ・プラグに二ドル賭けるという寸法さ！」火曜日には間違いなく一ドル紙幣は彼らの隠れ家にあった。水曜日にオーレ・プラグは事前に知っていた通りに勝った。ビーグル家の子どもたちは皆、祝賀のために外にでた。不幸なことに彼らは少しやり過ぎた。木曜日にまた汚い一ドルだけが残った。「よろしい、この一ドルを火曜日にもどすときだ」と22—03—46が言った。「忘れろよ」と若い23—08—69が答えた。「僕は豆のカンヅメを買うのにこの一ドルはいただくよ」と23—08—69は22—03—46からその紙幣を引ったくって行ってしまった。このパラドックスはこうだ。この一ドルは火曜日にはあったから、木曜日からそれを送り返したものに違いない。しかし、そのときが来ても、彼らはそれを送り返していない。彼らは一ドルを送り返したのだろうか、というものである。イエスであり、ノーである。

これらのパラドックスは、あるレベルでは、おもしろい知的ゲームの域を出るものではない。常に回避する方法があると思い込みやすいものである。もし五〇歳のゾーンが別の家に行ったらどうか？　もし22—03—46がパラドックスを気にせず、金曜日に一ドルが手に入るようにし、それから火曜日のビーグル家の子どもたちにそれを送ったらどうなるか？　しかし常に運がいいはずがない。タイムトラベルは相い容れないパラドックスに導きうる。そこでミンコフスキー・ダイアグラムによって、そのようなパラドックスの見事で鮮やかな説明をしてみたい。

机の上の二つのタイムマシン

時空ダイアグラムでは、水平方向が空間（厳密に言えばラインランド）で、鉛直方向が時間であることを銘記しておこう。タイムトラベルやFTL旅行を含む世界線は、図168のダイアグラムのように見えることだろう。どちらの場合にも、"ジャンプ"を表す世界線の部分は点線を用いてある。私はこれを、そのようなジャンプが仮りにもあるとしたら、おそらく、何らかの方法で通常の時空から抜け出し、高次元を旅行することによって行われるだろうということを示すために書いたのである。ここで指摘しておく価値のある第二点は、過去へタイムトラベルをしようとするなら、運動している間はそれを利用する方が賢明だということである。そうでないと、君は過去の自分に占められた場所にジャンプするかもしれず、ひどい爆発が起こるかもしれない。それで図168のタイムトラベラーはジャンプの前後は右にゆっくり移動していくのである（タイムマシンは、実験室に相対的にそれがジャンプしたと同じ位置にもどるものと仮定することにしよう）。

さて、そのパラドックスについて。時間にして一分間のジャンプができる小さなタイムマシンを製作したものとしよう。午前一一時五五分頃、私は実験室の作業台の上にそれを載せてゆっくり右側に転して、一二時〇一分にジャンプし始めるように、タイマーのスイッチを調整した。私はそこに座って眺めていたが、一一時五九分になったら、突然作業台の上のタイムマシンが二つになった。Mはまだジャンプしてない方で、M*は未来からジャ

●僕は、頭にピストルを当て、僕が感じたのと同じようにつぎに何が来るのだろうかという疑念を抱いている自殺者を想定する。僕は一方の手に始動レバーを持ち、他方の手に停止レバーを持った。最初のレバーを押し、すぐさま第二のレバーを押した。めまいがするようだった。落下する夢でうなされる感じがした。見渡してみると前とまったく変わらない実験室が見えた。何が起こったのだろうか？　ほどなくして、僕の知性が僕を欺したのではないかと思った。それから時計に気づいた。ほんの一瞬のことのように思われたので、一分かせいぜい一〇分も経っていないはずだった。それなのにほとんど三時間半も経過していた！

僕は息を吸い、歯を食いしばり、両の手で始動レバーを握った。するとズーンという音とともに発進した。実験室はもやに包まれ、暗くなった。ウォッチェット夫人が入ってきて、明らかに僕には目もくれず、庭の扉の方に歩いて行った。彼女は一

分かそこらその場所を動き回ったと思うのだが、ロケットのように部屋をさっと横切るように見えた。僕はレバーを最大の位置にまで押した。油が切れたみたいに、その日の夜がやって来た。しかしつぎの瞬間には明日になっていた。実験室はぼんやりともやにつつまれたようになり、だんだんとそしてますます不鮮明になった。明日の夜が暗くなり、再び昼になり、また夜になり、またも昼になり、ますます早くなっていった。旋風のようなざわめきが耳を満たし、奇妙で言い表せない混乱が僕の心を襲った。

H・G・ウェルズ
『タイム・マシン』1895

ンプしてもどってきた方である。二分間の間、二つのマシンはそこにあった。一二時〇一分にタイマーのスイッチが切れ、Mは消えた。一二時〇一分ののちは、僕はM*とともにとり残された。M*は実際Mのそれ以後の身代わりなのである。

いままでうまくいった。そこでパラドックスを紹介する。大事をとってぼくのタイムマシンがジャンプする前は、実験台には何もなかったことを確認するものとしよう。もしMが一二時〇一分に台上に他の物体を感じたら、それはタイマーのスイッチを無効にしてジャンプを拒否するのである。そこで実験を繰り返そう。何が起こるだろうか？

もしM*が一一時五九分に現れたら、それは依然として一二時〇一分にもそこにいるだろうし、Mは音響でそれを感ずるだろう。もしMがM*を感ずると、Mはジャンプを拒否する。もしジャンプが起こらなければ、M*は一一時五九分に現れない。

もしM*が一一時五九分に現れなければ、台上には一二時〇一分にはほかに何もないし、Mは予定通りジャンプするだろう。もしMがジャンプすれば、M*は一一時五九分に現れることになる。

結論は？　もしM*が一一時五九分に現れないなら、そしてそのときにのみ、M*は一一時五九分に現れるのである。そこで、M*が現れるか、現れないか、そのどちらかが現実に起こらなければならない、しかしどちらかが起こるとすると、もう一つも同じように起こるということをたったいま証明したばかりである。それでM*は実験台上に一一時五九分に現れる。そしてM*は実験台上に一一時五九分に現れない。M*は現れるのだろうか？　イ・エ・ス・で・あ・り、ノ・ー・で・あ・る。

このようにものごとの論理的に矛盾した状態が可能であるときの世界線を想像するのは難しい。タイムマシンの存在はそのような矛盾に導きうるから、多くの科学者がタイムマシンは不可能だと思うのである。

なお、FTL旅行マシンならタイムマシンとして採用することができることを示すのは可能である。この議論は最後の章で簡単に論じるが、アインシュタインが同時性の相対性をどのように料理したかにかかっている。大把みに言うと、もしも君が一度光速より速く旅行すると、ある観測者から見ると君が事実は過去へと旅行していることになるということである。これが達成されるのであれば、ついには自分の過去に達するように速さを変えることができる。言い換えれば、FTL旅行者は自分が出発する前に旅行からもどることができるのである——これがタイムトラベルなのである。

FTL旅行はタイムトラベルに導き、タイムトラベルは論理的矛盾に導くから、多くの科学者は、アプリオリな理由によってFTL旅行は不適切だと宣言することも可能だと思っているのである。

パラドックスの抜け穴

以上の議論は何とも奇妙だと思わないだろうか？　タイムトラベルの〝反証〟にもどると、三種類の抜け穴があるように思われる。(1)もしタイムマシンが存在していたのなら、どうして誰かが使用して矛盾を生み出さなかったのだろうか？　おそらくある種の〝タイム警官(ポリス)〟がそのような実験を阻止するために募集されたのではなかろうか？　あるいは、

図170★二つのタイムマシン。
●使用説明書は留め金(クラスプ)の後にあった——それに軽く触れたら「時間帯——一時的輸送機械」という言葉が消えて、その場所に使

宇宙（コスモス）が自己保存の要請から矛盾したタイムトラベル実験を行おうとした者を抹殺してしまったのかも知れない！　(2)実在の構造には現実に矛盾が起こりうるのかも知れない。たぶん、現れ、そして現れないM*について考えるのは、**完全に**は不可能ではないのである。矛盾は稀にしかないが、それでも全面的には除去できないのかも知れない。結局、僕たちの世界の存在そのものが一つの矛盾である、つまりどのようにして無から有を生じることができるかという矛盾にこそある意味があるのである。(3)たぶん「存在する」という言葉にははるかに洗練された意味があって、その言葉では、何かがなんとか存在しかつ存在しないことがありうるのだろう。たとえば、平行して多くの宇宙が存在するなら、M*はある宇宙には存在し、別の宇宙には存在しないというようなことになるだろう。この線にそうもっとも単純な解は、タイムマシンは常にそれが出発した世界と別の世界の過去に旅行すると仮定することだろう。パラドックスは、**自分**の過去に行ったり、揺りかごの中にいる自分のおじいさんを窒息死させるというようなことをするときにのみ生じるのである。気の毒だが平行世界の赤子を殺したとしても矛盾は生じないのである。

もし平行世界によって例の二分間タイムマシンのパラドックスを描き直してみると、図171を得る。マシンが時間に逆行してジャンプすると、図示されたような別の時空シートにジャンプする。このような状況で、私が見ることといえばすべて一二時〇一分に私の"タイムマシン"が消えることだけであろう。おそらくこのタイムマシンを――それが将来私の実験室に再出現するように、さらにいくつかのジャンプをプログラムしたとしても――再び見ることは決してないであろう。ほとんどのSF作家は、タイムトラベルのパラドッ

用法の一"ページ"が現れた。その後軽く叩くたびごとに新しいページが現れた。それは一種の速記法で書かれていたが、完全なものだった。数ページにわたってその内容の表がつぎのように書かれていた。

時間帯の操作
　知識
　理論と関係
　時間探知
　パラドックスのパラドックス
　交互性
　議論
　防護
　補正
　混乱と削除
　記録の削除
　抵抗
　回避と信頼性

機能
　設計図と制御
　調節
　複雑な調節
　高次のプログラム作成
　危険防止装置の特徴

使用法
　時間の進め方――
　　一定量

特定の瞬間に
注意
時間のもどし方――
　一定量
　特定の瞬間に
付加的な注意
安全側に誤動作（フェイル・セイフ）する機能
ジャンプ――
　進み
　高次
複雑な注意
距離のジャンプ――
　中距離
　長距離
　超長距離
特別な注意
　無限大の危険
　エントロピーの意識
時間スキップ――
　短距離
　長距離
　超長距離
時間停止――
　時間停止の使用
　現在の停止
　過去の停止
　未来の停止――
デービット・ジェロッド
『自分を畳み込む男』1973

クスを回避するために、平行宇宙の概念を使っている。もちろん厳密なことを言えば、平行世界への旅行はタイムトラベルではない。

SFの物語に繰り返し繰り返し現れる、タイムトラベルと別世界への旅行とFTL旅行の三種類の〝特殊な旅行〟を、一つの図に描き込んでみると興味深い結果が現れる。これらは三種類の相互に直交する運動に相当している。この三種の旅行が大きく大衆にアピールするのは、人間の条件という足かせからの自由を約束するからである。タイムトラベルはみさかいのない時間のジャガーノート［**インド、クリシュナ神像の山車。この祭でひき殺されるものが多い。転じて不可抗力の意**］から人を解放し、実りのない郷愁（ノスタルジア）から自由にしてくれるものである。FTL旅行は物理的な距離という強迫的な圧制から開放してくれ、現実の旅行の退屈な道程を大幅にカットしてくれる。別の世界への旅行は決まった社会的地位に甘んじなければならないことから開放し、いまある世界をそのまま受け容れなければならない条件から放免してくれる。もっとも深いレベルではこの三種の旅行の間に大きな心理的差は実際にはないのである。それぞれが、「ここ and いま and いかに」からの魔法の脱出をさせてくれるものである。理性では私たちは皆、休暇をとったり、新しい仕事を探したり、家を売って引っ越したりするというようなことを実際に望めば自分の生活を変えることができることくらい知っている。しかし大きく変えるのはたいへん難しい。ところがマシンに乗ってただボタンをいくつか押しさえすればいいとなったら、いかにも簡単ではないか！

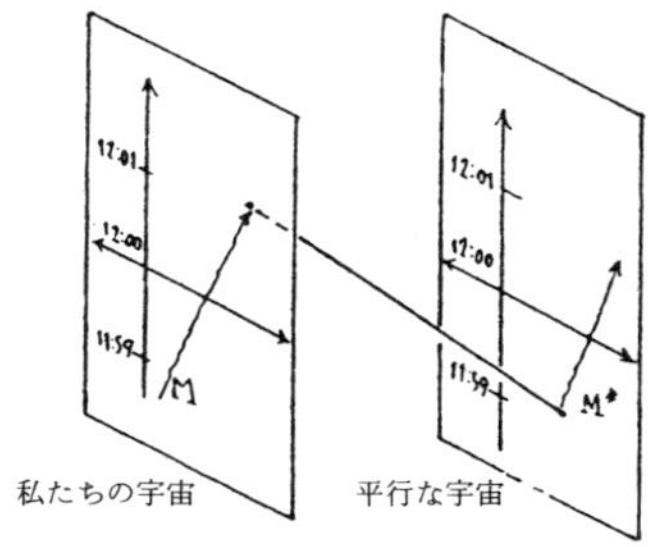

図171★別の宇宙への"タイムトラベル"。210

閉じた因果ループ

いままではタイムトラベル・パラドックスのうちでも基本的なタイプの一つ、イエスーアンドーノー・パラドックスだけを議論してきた。強烈さという点ではやや劣るが、もう一つのタイムトラベル・パラドックスに閉じた因果ループ【輪】がある。ここでは二つの例をあげる。

1、一人の発明家が、実験室で実用のタイムマシンを組み立てようと苦心している。突然閃光がして、未来から一人の男がすばらしいタイムマシンに乗って現れた。「私は歴史家です」と未来からの男は言った。「タイムマシンの発明家としてのあなたにインタビューしたいのですが」。「しかし、私はまだそれをどのように作ったらよいか知りません。いったいそれを望み通りに作れるものかどうかもわかりません」と発明家は答えた。「よろしい。さあ、私のタイムマシンをご覧なさい。その複製を作ればいいじゃありませんか」と人助けの好きな歴史家は言った。タイムマシンを発明したのはだれなんだろうか？

2、一九六九年に、子どもはいなかったが思いやりのあるグッドチーズ夫妻は、戸口の上がり段に女の赤ちゃんがいるのを見つけた。その子をシンシアと名づけ、娘のように育てた。シンシアは物理に信じられないほどの才能を示し、一九歳でカルテック【カリフォルニア工科大学】から博士号を得た。彼女はクローン【単一個体または細胞から無性生殖により生じた遺伝的に同一な個体群あるいは細胞群】の研究に深く没頭していた若き生物学者ランディ・クラスマンと恋におちた。いくつもの財団が彼らに惜しげもなく金を与えた。シンシアは世界最初のタイ

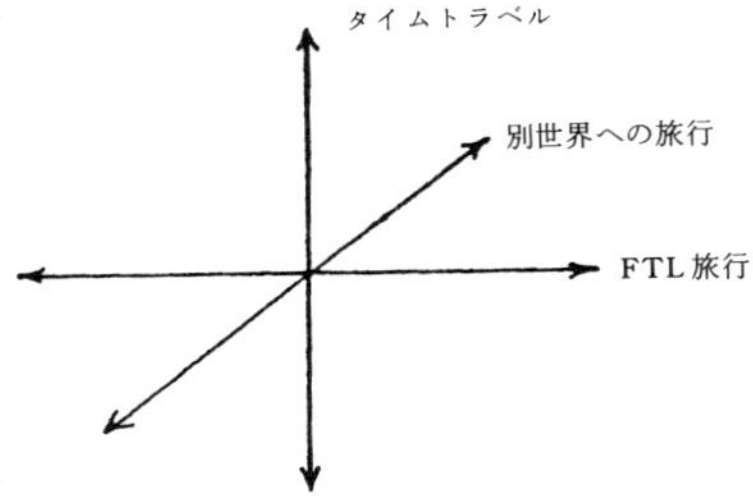

図172★三つの自由度。

図173★どちらが先か？

ムマシンを建造し、ランディはシンシアの細胞の一つを生長させ、シンシアの赤ちゃん時代とうり二つの複製をこしらえた。保守的な党が政府を引き継ぎ、クローンの赤子は滅ぼさなければならないと決定した。涙ぐみながらシンシアはタイムマシンに赤ちゃんを乗せ、一九六九年に送った。助かる見込みを当てこんで赤ちゃんは、子どものいない親切なグッドチーズ夫妻の戸口に置かれたのである。シンシアはどこから来たのだろうか？

閉じた因果ループの簡単な〝実験室〟の例はつぎのようなものであろう。ある朝私は実験室に来て、ぶらつき、実験台の上を片づけた。驚いたことに一一時五九分に二分間タイムマシンが実験台の上に現れた。それが本当に働くのか確かめるために、一二時〇一分にそれを二分間逆にジャンプするようにセットしてみた。一二時〇一分にそれは見えなくなった。

図174でこのループを明確に見ることができる。ここには実際の矛盾は存在しないが、確かに不思議な状態ではある。最初、このループをぐるぐる円を描いて、あの小さなタイムマシンが回るのだと考えたくなるかもしれない。この誘惑には抵抗すべきである！　時空の見方に忠実であるなら、図174の中ではどれも実際に運動していると想像すべきではない。ここには単に丸いループがあって、それは始めもなければ終わりもないのである。

時間を逆行する粒子

そのような閉じた因果ループは現代物理学で除外されていない。それどころではない！　量子力学にしたがえば、空虚な空間は実際には小さな物質—反物質ループで沸きかえって

図174★閉じた因果ループ。

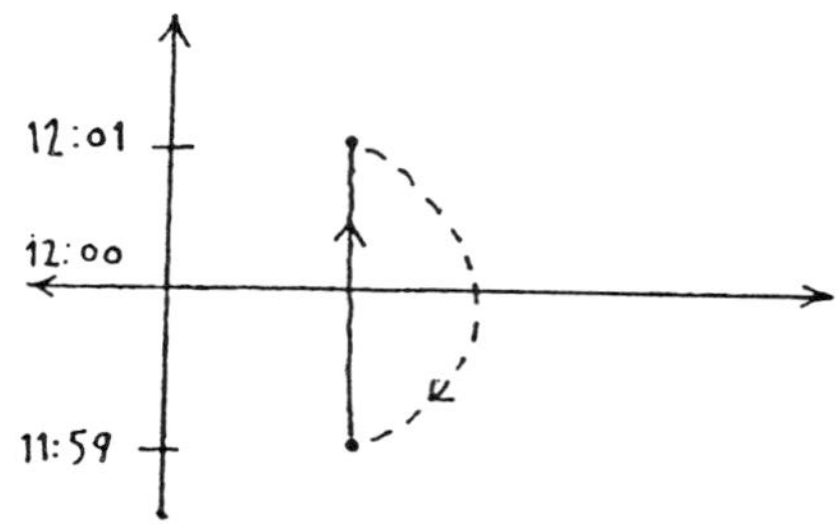

図175★質量―エネルギー・ダンスのパターン。

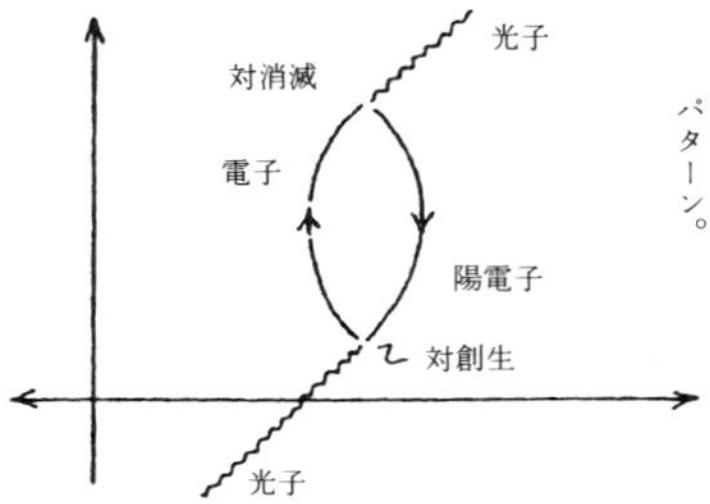

いるというのである。この考え方は、光子で運ばれるようなエネルギーは短時間の間質量に変換され、再びエネルギーに再変換されるというものである。与えられた点で、無から電子と陽電子が現れて、互いにひきもどされてぶつかり消失するのである。

これを閉じた因果ループと考えてよい理由は、陽電子はしばしば時間を逆行する電子と考えられているからである。説明すれば、陽電子とは電子と正確に同じ質量とスピン、大きさ等をもつ粒子である。両者の間の唯一の違いは、電子はマイナス1の電荷を保有し、陽電子はプラス1の電荷を保有するという点である。この一組の粒子は、電子と陽電子が互いに近寄るときはいつでも閃光となって消失してしまうので物質―反物質対と呼ばれ、この過程は対消滅と呼ばれている。その逆は、無から電子が創生するときはいつでも同時に陽電子も創生するということである。この過程は対創生と呼ばれている。

図175に図示した種類の過程はごく一般的に起こることが知られている。もし〝運動している現在〟の観点によってそれを眺めると、電子と陽電子が非常に巧妙に現れたり消えたりするというのは、驚くべきことのように思われる。しかし物理学者リチャード・ファインマンによると、時空の観点をとることができ、陽電子を時間を逆行して進む電子と見なすことができればいい。この立脚点から、すてきな閉じた小因果ループが簡単に得られるのである。

〝時間に逆行して運動する〟粒子の概念は、実際には物理学者たちからあまり真面目に受けとられていない。それは現実の現象というよりは、数学的な虚構なのである。私の知るかぎり、陽電子ビームを使って何とかして過去に信号を送ろうと考える物理学者はいない。

しかし一度こういう術語で考え出したら、君もそれをやめるのは難しいだろう。人生の一部を実際に時間と逆行させて生きたらどんなふうに見えるだろうか？　数年前に私は、女主人公が〝時間のコーナー〟の近くに行くという内容の短編小説を書いたことがある。ここではそれは、ミンコフスキー・ダイアグラムを描けば完全になるだろう。

メイジー・グリーブスの場合

〈時間による新しい実験〉

ベータ市民が最初に気づいたのは、通りにある滑りやすい場所である。太った男がそこで滑った。ビル・ストゥックが泥よけの壊れた黄色い小型トラックでやってきて、バケツ一杯の砂を撒いた。

一週間後にその一角は悪臭を放ち始めた。その物質は厚くなり、寄り集まった。たくさんのハエがやってきて、そのあとで人の顔にとまった。幼稚園の先生が足首を捩った。黒いハイヒールに薄いサマードレス。

ストゥックはシャベルをもってきたが、その物質をなくすことができない。数人の役立たず――日雇い連中――が、つばを吐きながら、つるつるの氷や石油をまけばいいなどと忠告してやろうとしゃべっていた。最後にストゥックはさらに何杯かの砂を撒いて家に帰った。

アークライトの下で見ると、その一角は四フィート×八フィートの楕円形をしていた。それは横断歩道と二つの車線にまたがっていた。その上を通ったタイヤが二つの方向に

◉どの瞬間にも、自然に働くあらゆる力と世界を構成するすべての物の位置を知っている知的存在を想像してみよう。さらにこの知的存在がこれらすべてのデータを数学的解析にかけることができるものと仮定しよう。そうするとそれは、宇宙で最大の物体からもっとも軽い原子の運動までを一つの同一の法則に含む一つの結果が得られるだろう。この知的存在にとって不確かなものは何もない。その目から見れば、過去と未来は現在になってしまうであろう。

ピエール・シモン・ラプラス
『確立の理論』1812

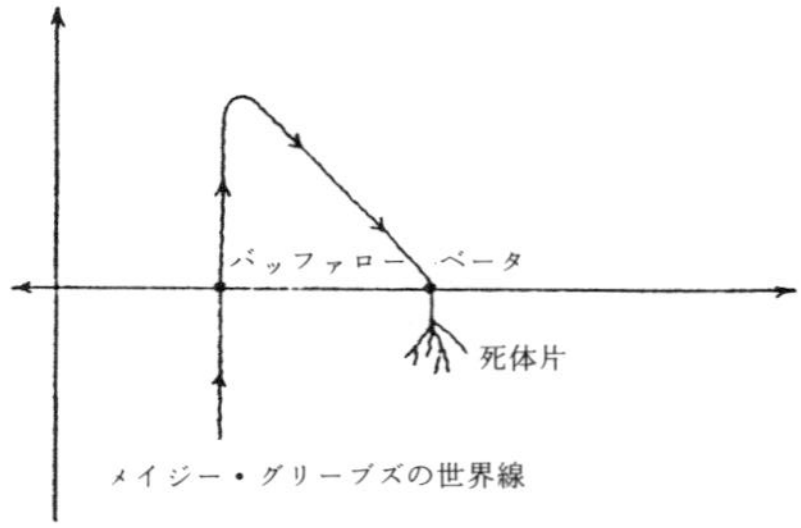

図176★〝時間で行う新しい実験〟のダイアグラム。

まっすぐに汚れを広げていた。犬がそのまん中で骨を落とした。

メイジー・グリーブズはバッファローの下宿屋に住んでいた。彼女は黒人と白人の混血で、赤い口紅を使い、クリスマス・グリーンのレインコートを着ていた。毎晩彼女はベッドに入ると、自分のベータ高校のアルバムを見るのだった。あれから二年経つ。なんとか彼女は高校にもどるだろう。

店員たちが、「ベータ歩道販売日」と書いてある幟(のぼり)を立てていた。ほどなくして一団の男たちが——商店主たちなのだが——柔らかいかたまりになって悪臭を放っている一角を視察にきた。その中の一人が骨をつまみ上げようとした。骨は指から滑り落ちた。それは侮辱を意味している。ビル・ストゥックが呼ばれ、解雇するぞと脅かされた。

彼はその一角におがくずを敷き、そのまわりに軽食の屋台店を置いた。「歩道販売日」。暑い太陽の下、人々はホットドッグを注文し、プンと来る腐敗臭を嗅ぐと、もっと刺激物を欲しがるのだった。ストゥックは一パイント入り容器から強いウィスキーを小売する屋台を置いた。足元の平らな塊が弾力を感じさせた。

白い夕日が低い雲の下に滑り込んだ。彼らは屋台を解体し、おがくずは吹き飛んでいた。ひかれてつぶれた手足、カチカチいう歯、緑の布きれ。タイヤの跡がぺちゃんこになった死体から続いていた。

メイジーは銀色のダイナー〔**食堂車式レストラン**〕でバッファロー・テレビを見ていた。べータでの悩み。忘れていた顔をみな思い出した。ロン！　紅茶代を払って部屋にもどると、一時間も鏡とにらめっこした。彼女の姿は、これまでよりもずっと扇情的だ。

　眠ろうと起きようと、いまではすべて同じことだ。もう境目もない。何かが近づき、結びつきが強まっていく。彼女は何も食べずに、ベータのことばかり考えていた。彼女はもどるだろう。


　少しずつその屍は統一体になっていった。ゆっくりと骨がつながり、気づかないうちに新鮮さがもどってきた。ある晩、顔が完成した。暗闇の中で、目に見えないくらいかすかにぴくっと動いた。

　ストゥックは保釈金を納めて出所した。彼はそれまで使わせてもらっていた小型トラックを盗んで運転していた。彼の怒りと苦しさは路上の死体に集中した。彼はそれに向かってスピードを上げ、ガードを過ぎ、木挽き台を通り抜けた。キキーッというブレーキの音がして、どしんと鳴った。突然彼のくしゃくしゃになった泥よけが滑らかになり、死体は後向きに歩いていった。

　ストゥックはやせこけた死体——女——のあとを追った。彼女は彼をにらみつけてから、後向きにバス停の方に気どって歩いていった。彼女がバッファロー行きのバスに乗り込むときに彼は追いついた。彼は彼女をつかまえようとしたが、できなかった。彼は彼女の過去を変えることはできなかった。

図177★メイジー・グリーブズ。

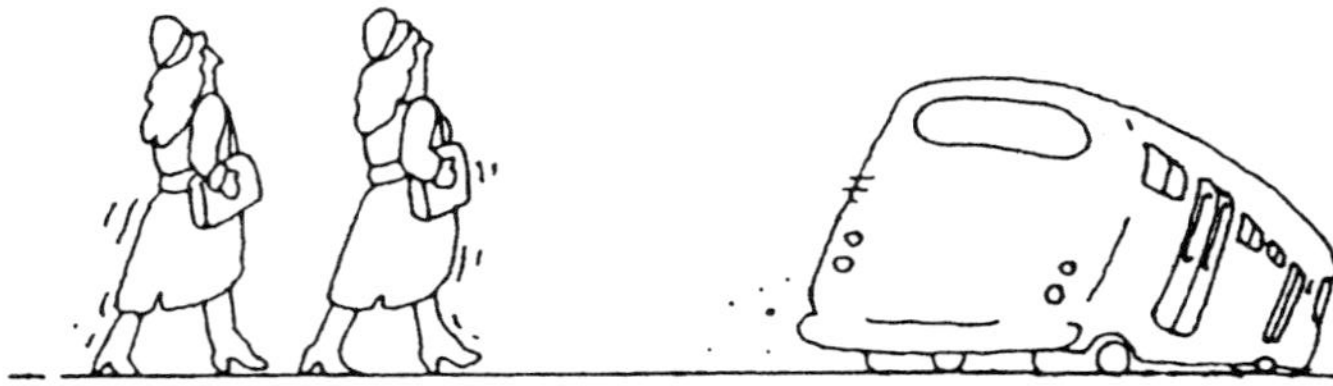

メイジーは部屋を出て歩いた。彼女は一丁先で、クリスマス・グリーンのコートを着た黒人と白人の混血女性がベータからのバスを降りるのを見た。彼女は後向きに歩いてきた。この女性だわ。メイジーは彼女に会うために急いだ。

二つの図形が重なった。それだけのことだ。タクシーの運転手は彼らがお互いの中に消えるのを見た。メイジーにとってそれは違っていた。彼女は閃光を通り抜けて通りを歩いて行った。

すべてのものが後向きに走っていた。メイジーは時間を逆行して、ベータにもどっていく。バスは彼女が自分が出てくるのを見た所までバックしてきた。チケットがなかったので、出口のドアから乗車して席に座った。彼女は神経質だった。バスは時速六五キロで逆向きに走り続けていた。

バスはバッファローを出ると高速道路に乗ったので、メイジーの隣りに座っていた男が彼女をじろじろ見始めた。彼はさかさまに何かを話しかけた。嬉しそうで早口だった。彼女はぞんざいに答えた。彼は顔をそむけ、暗い窓の外をじっと見た。彼が話したので彼女は話した。彼女が話したので彼は話した。彼は彼女の座席の下から一枚のガムを抜きとり、それを噛み始めた。

バスが高速道路を出て古びたガソリンスタンドを通り過ぎたとき、彼女はドアの方に歩いていった。ドアが開き、彼女はステップを下りた。ベータだ。彼女は嬉しかった。長いこと待ち望んでいたのだ。彼女はここで部屋を探し、二年ぶりに高校生活にもどるだろう。ロンだ。望み通りになるのはこのときだ。

背の低い、赤ら顔の男が行く手をふさいだ。彼女は顔をひきしめて彼の方に歩いて行った。彼は後向きで、どんどん距離がひき離された。交差点に駐車している小型トラックのまわりに警官がいた。しかし人通りはなかった。

小男が小型トラックの運転席にカニのように急いで入った。彼が脅えたとき、彼女はそれにまっすぐ歩いて行って、泥除けまで進んだ。突然衝撃があった。その小型トラックはキキーッとブレーキをかけ、後向きに行ってしまった。

この物語は一種の思考実験として書いてみたものである。この着想は、通常の原因とは別の時空パターンをもつ宇宙を少なくとも想像してみることはできるという点にある。メイジー・グリーブズを実際に時間の曲がり角からひきもどすような機構を容易に想像することはできないけれども、そのような曲がり角をもつ時空は依然として私たちにも理解可能である。この章の後半では、私たちの時空が、単純な原因と結果によって導入されるものとは別のパターンを実際にもっているかもしれないという考え方を論じてみたい。

時計仕掛けの宇宙

一九世紀には人々はよく、宇宙を大きな時計のような存在として考えたものである。すなわち、昔々、大きな時計師の神はすべての物を組み立てて、[ゼンマイを]巻き上げ、一人歩きさせたのである。任意の時刻における時計仕掛けの宇宙の完全な知識が与えられると、過去と未来の全体を外挿することができるのである、と。これは実際に世界を考えるには

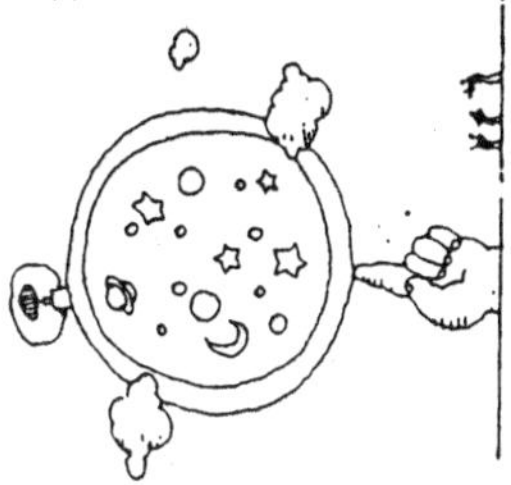

図178★時計仕掛けの宇宙。

非常に制限された、精彩を欠く方法である。時計仕掛けの宇宙を人々に魅力あるものにしてきたと思われるのは、一度神がそれを組み立てると、神から人事にそれ以上の干渉をしてもらう必要がないからである。

時計仕掛けの宇宙の大きな弱点は、世界が実際には決定論的に振舞うようには思われないという点にある。換言すれば、与えられた原因からいつも同じ結果を生じないということである。ピンボールマシンのプランジャー[衝き棒]を正確に同じ点までもどしても、一個の異なる球は全体としては異なる点数（スコア）を生ずる。長年にわたって、時計仕掛けの宇宙の擁護者たちは、そのような変化を目に見えない原子の小さな運動のせいだとみなしていた。世界の見せかけの無秩序も、はねかえる原子の、完全に法則にしたがった機構に裏打ちされていると考えられてきた。しかし二〇世紀に入って量子力学が導入されると、もっとも単純な原子でさえもその振舞は本質的に予言できないものだと見なされるようになった。

原因と結果は依然として私たちの世界の多くの事象と結びついている。しかし、多くの事象が現実の原因をまったくもたないで起こるということも正しいのである。もし世界歴

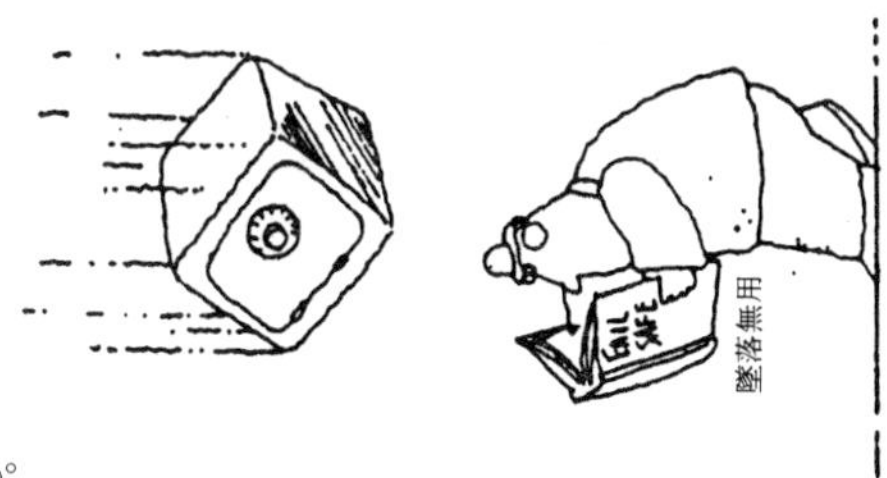

図180★共時性（シンクロニシティ）。

史を管理する神がいたなら、彼が数十億年前に、世界を創造し、一人立ちさせるだけでは十分ではなかったろう。彼は無秩序な雑音を好ましいパターンに矯正しながら、時空のすべてにわたって手を加えていなければならなかっただろう。

私は、自分をそのような巨大な人格神の存在を論ずる位置に置きたくない。私が実際に理解しようとしている点は、原因と結果の過程が実際に世界の構造のすべてを説明しないのであるから、別の種類の様式を探してみるのも悪くはないということである。私は共時性として知られている非因果的連関の原理について、考えているのである。共時性(synchronicity)とは何のことだろうか？

『易経』と共時性

君がこの新しい単語を学んで、つぎの週の間に異なる二ヵ所でそれを目撃する。もう何年も会ったことがない高校時代の昔の友人のことを考えていたら電話が鳴り、その友人が電話に出た。X博士と議論してみたいものだと念じながら会議に出かけた……空港からのバスで隣りに座っていた人がほかならぬX博士その人だった。

意味深い一致である。人生はそういうもので満ちている。それらはどこからくるのだろうか？それは何を意味するのだろうか？　それを制御することはできるのだろうか？

偉大なスイスの心理学者C・G・ユングは、一九二〇年に〝非因果的連関〟とか〝意味深い偶然の一致(暗合)〟という意味をもたせるために共時性という術語を使い始めた。共時性についての彼の考えをもっとも明快に述べたものが、中国の昔の占いの本である『易経』

図179★本質的に予言できない。

図181★"益"の八卦。

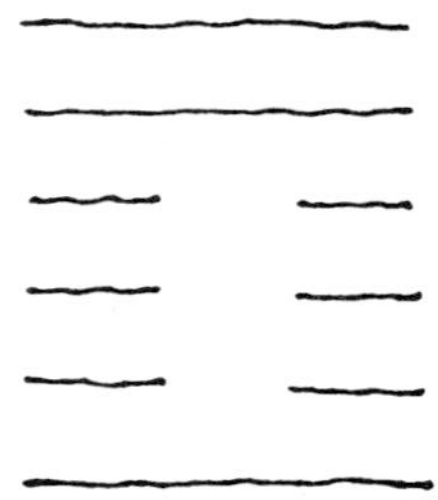

の序文に見られる。『易経』で占ってみるには、三枚一組のコインを六回放り上げてみればよいのである。すると、実線［陽爻］と破線［陰爻］のパターンからなる"八卦"ができる［陽爻と陰爻を重ねて八種の象ができる――☰乾・☱兌・☲離・☳震・☴巽・☵坎・☶艮・☷坤］。上卦と下卦を組み合せて六四卦ができ、その各々に名前が付けられていて、吉凶が占われる。『易経』について本当に驚嘆することは、それが与える占いが占ってもらう人の実際の状況にあてはめると、いかに正確で明瞭なものになるかということである。

例を一つ。私の知り合いの若い夫婦は、予定外の第三子ができそうだった。彼らはその子を養う余裕がないと思い、堕胎を計画した。この行為の方針について疑いが湧いてきたので、『易経』で占うことにした。卦象は？「益だ。何かを引き受けることで助成してもらえる。大水を渡ることだ」。この助言に留意して、もう一度出産に立ち向かい、第三子を得たのだった。この話で私が真実打たれるのは、その後間もなく出たアリソン・ルーリーの小説『テイツ家の争い』に見られるようなものであるからだ。この小説の内容は、同じ結果を生じるいくつかのできごとをやり遂げる夫婦の物語である。

もちろん統計的には、顕著な回数の一致がみられることも予想できる。長い間ルーレットをやっていれば、どの賭けにもことごとく勝つ夜もあることだろう。普通誰かのことを考えているときに、その人物は私を電話で呼び出しはしないだろう……それで一度だけ電話がくると、たいへん驚くということになるのではないだろうか？

偶然の一致の観察につきもののかなりの自己暗示もある。たとえば、腕にギプスをしているとき、よくギプスが気になるものである……そこで行く先々でギプスをしている人を見かけることになる。これは共時性だろうか？　それとも私の世界を見る目がちょっと違っただけなのか？　おそらく常にまわりにはギプスをした人がたくさんいるのだが、いつもは気がつかないのである。

とはいえ、この最後の例は、共時性の説明に関する萌芽を含んでいるように思われる。量子力学によれば、私たちの知っている実在は、客観的な世界と主観的な観測者の間の相互作用の産物である。ユングはそのような相互作用を共時性の基本とみて、つぎのように述べている。「共時性は、事象の空間的時間的な偶然の一致を、単なる偶然以上のもの、すなわち一人もしくは数人の観測者の主観的（霊的）な状態だけでなく、客観的事象そのものの間の特別な相互依存性を意味するものだと考えるのである」。個人の心の枠が、彼とか彼女とかに何が起こるかを決定するというのだろうか？

宇宙は書物である

スティーブン・スピルバーグの有名な映画「ET」に共時性のたいへん愛らしい例がある。ET（Extra-Terrestrial——地球外生物）とは、エリオットという名の一〇歳の少年によって受け入れられる、陽気で鬼のような生物のことである。ETは強力な超能力をもっていて、ある方法で彼の心とエリオットの心は結合するようになる。ある時点で、ETはテレビのロマンチックな冒険を見ているが、エリオットの方は自分が憧れている少女といっしょに闘っている。突然二つのイメージ——エリオットと少女、テレビのヒーローとヒロイン——が同じ形態（ゲシュタルト）となり、テレビでヒーローがヒロインにキスをすると、それとまったく同様に

図182★すべての予感が正しいわけではない。

図183★自分に似たような人に気づくものだ。

エリオットが教室でその少女にキスをするのである。テレビ番組に対するETの知覚が、エリオットの実存を変えることはあるだろうか？　さもなくば、エリオットとETは違った方法で同じ経験を表す結合系の一部だと言った方がよいのだろうか？

それを言い表す第一の方法は、ETはある種の〝心の放射線〟をもち、因果の鎖によってエリオットの教室で起こることを変えるということである。偶然の一致を見る第二の方法は、逆にエリオットとETの行動の間にある種の原因をもたない調和があるということである。

全体的に空想的なこの映画の場合、もちろん正しいのは第二の見解である。エリオットを演ずる子役とETを表すロボットのような人形は、映画の創作者スティーブン・スピルバーグがそのように意図したがゆえに同じ〝経験〟をするのである。彼はこの特別な共時性を含むように映画を構想したのである。

映画や小説には共通して数多くの意味ありげな偶然の一致が含まれているものである。こういった共時的な要素は、話の〝垂直的な〟発展に相補的に一種の〝水平〟構造を与えている。同じ理由で、私たちの世界の共時性を時空の一種の〝水平的な〟構造化と考えてよいのかもしれない。構造化はもともと芸術的観点から、考えられていたものである。

この〝水平 vs 垂直〟の違いを、二つの時空ダイアグラムによってもう少し明らかにしてみよう。図184には物体Aを表す時空ダイアグラムが描いてあって、それは昨日二つの物体BとCに分離し互いに離れていくように描かれている。たとえば、Aというアメーバが二つの同一のアメーバBとCに分裂しているのだと考えてもよい。BとCは同一だが、これは共時性の例ではない。BとCという同じ形は、共通の原因でもある親Aをたどることができるからである。

図185には何が共時的な事象であるかを図示してある。ここでは二つの離れた物体BとCが正確に同じ時刻に共時的に一致するのである。Bの分裂はCの原因でなく、Cの分裂はBの原因ではない。その二つはたまたま同時刻に起こったのである。

要点は、原因と結果は時空の一種の〝垂直な〟パターン化と考えることができるのに対し、共時性は時空の〝水平な〟パターン化であるということである。原因と結果はある時間に関する分岐パターンを生じる。共時性はこれらパターンを互いに歩調をそろえて準備する。二つのパターン化が作用するとき、人生に特徴的な事象の複雑な種類のパターンが得られることになる。

実際の第一級の宇宙は、二種類の時空パターン化が混合したものを含んでいなければならないのは明らかなようである。私が持ち出している考え方は、ようするに私たちの世界は美しくて面白いから共時性を含んでいるということだ！ しかし誰がすべての共時性をもち込むのだろうか？ 誰がそれに深い意味を組み込むのだろうか？

多くの人は神がそれを行うのだと答えるだろう。実に、神学の神の存在に関する三つの伝統的な証明の一つが〝[自然の]設計による証明〟で、それは、最高の芸術品としての宇宙は偉大な芸術家[神]によって作られなければならないと論断するものである。しかしこの結論は不可避なものではない。量子力学的な世界観によれば、事象一つずつ、一瞬一瞬に世界を創造しているのは[神ではなく]私たち自身なのである。宇宙はある意味では、その記

図184★共通の原因。

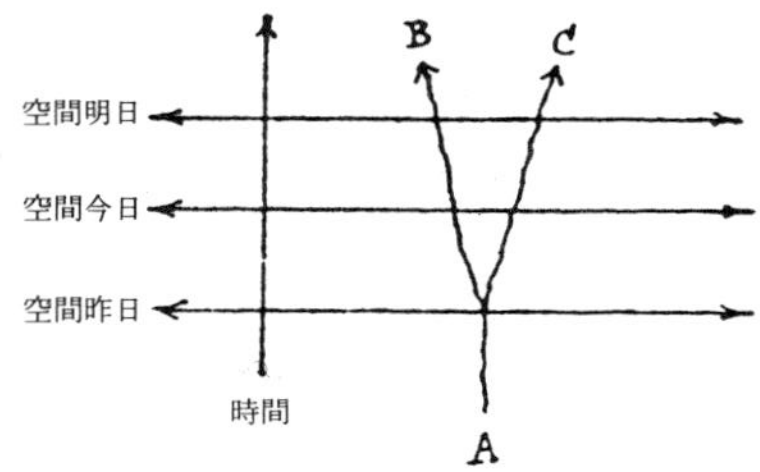

図185★暗合。

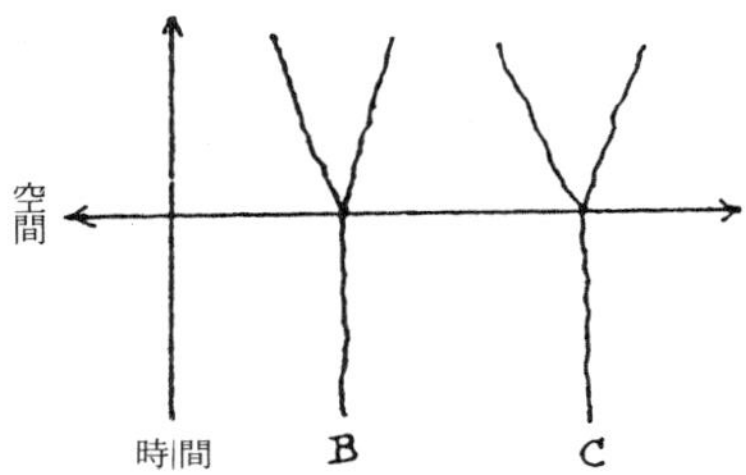

図186★因果と共時性。

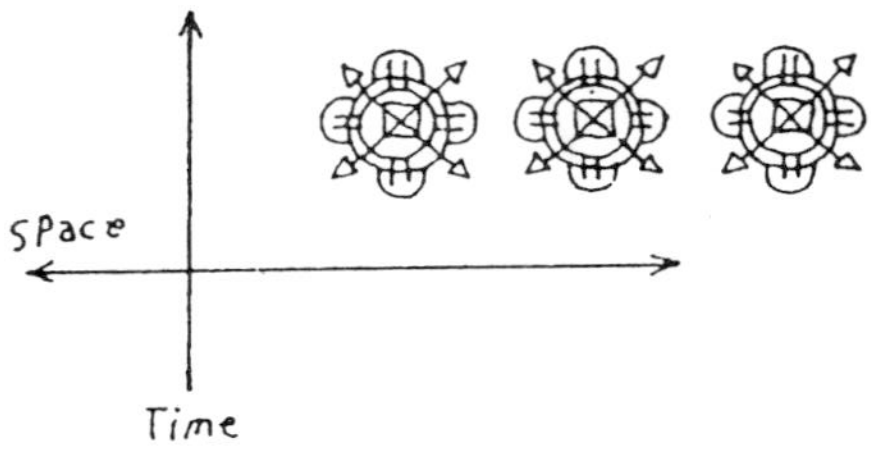

号によって書かれた書物であり、自身の影像によって夢見られた夢である。

素粒子の隠れた変数

しかし、それではなぜ宇宙は共時性のような全体的なコヒーレンス(斉一化)を示すべきなのだろうか？　たいへん奇妙なことだが、量子力学は共時的な事象を許すばかりか……それを要求するのである。一九七〇年代という最近になって確立されたこの結果は、その最初のインスピレーションを一九三五年のいわゆるアインシュタイン＝ポドルスキー＝ローゼン(EPR)のパラドックスに負っている。

EPRパラドックスとは以下のようなものである。量子力学は、二粒子がいったん互いに近寄ると、それらはいかに遠く隔たるかということにはかかわりなく、互いに即座に影響をおよぼし続けるということを予言している。いまや私たちはアインシュタインの相対性理論から、信号は光速より早く伝わることができないことを知っている。図185にもどると、Bの突然の変化がCに共時的な変化を起こす(あるいはその逆の)方法はないことがわかる。なぜなら信号が一方から他方に瞬間のうちにぱっと進む方法がないからである。アインシュタインの見解ではこれはパラドックスであった。BとCは、因果的に調和を組織化するのに十分速く信号を交換することができないときでさえ、調和的に作用するのである。

アインシュタインは、ある意味ではまったく決定論に与する思索家であった。彼は共時性を、あまりにも超自然的だから物理学の中に組み込むことができない現象であるとみなした。彼は、いわば小さな内部時計である〝隠れた変数〟の存在を仮定することによって、

図187★隠れた共通の原因。

EPRパラドックスの結論から脱れようと努力した。それはBとCの同時崩壊の隠れた原因になるはずのものであった。

さて、A、B、Cがアメーバであるなら、そのような見解は正しい。もしAがBとCの親であるなら、BとCが同時に成熟するという事実は実際には共時的ではない。同時に咲く二本の花は共時的ではない。むしろ、それは共通の隠れた原因、つまり組み込まれた生物時計をもつその植物の共通の先祖の証拠を示すものである。アメーバBとCは同じDNAをもっているからときを同じくして成熟するのである。アインシュタインは、BとCが陽子や電子のような単純なものであっても、その共時的な振舞いを説明する内部構造、すなわち〝隠れた変数〟が依然存在するだろうという案を提出している。

隠れた変数を直接観測することはできない。しかし一九六四年に物理学者ジョン・S・ベルは、これらの隠れた変数を統計的な方法でテストすることができる実験を創案した。一九七〇年代になって、バークレーやハーバードやその他の大学の物理学者たちが、隔った粒子が共時的な仕方で振舞うことができるときでさえ隠れた変数は存在しない、という量子物理学者たちが初めから主張していたことを証明する一連の実験を行ったのだった。

この結果は、アインシュタインが願っていた隠れた原因といった類の存在を不可能にするものである。電子はまさに、記憶や内部時計や〝隠れた変数〟をもたない完全に単純な粒子に見える。遠く離れた二個の素粒子BとCが協同して作用することができるという事実には、説明がないのである。

最終的には、これが共時性の本質である。私たちの住む世界は原因と結果によっては説

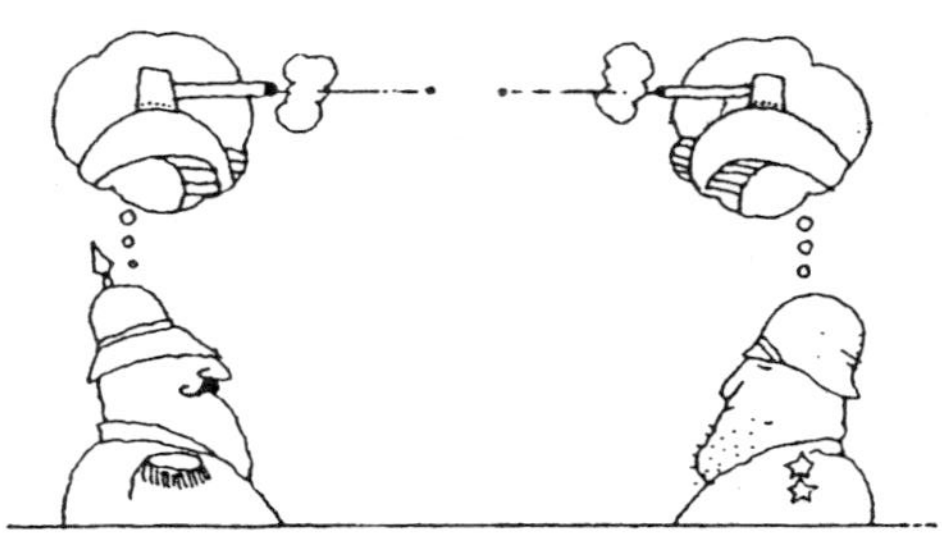

図188★CIAは〝サイキック戦争〟の研究に資金を提供した。

明されない、調和と偶然の一致で満たされているのである。隠れた力や神秘的（オカルト）な力を探し求めてみても無駄である。世界は既定の事実である――それはあるがままに原因と結果に満ち、共時性に満ちたものなのである。

テレパシーの幻影

ある人々はこれらの新たな発展を、精神感応（テレパシー）とか念力（サイコキネシス）といった物理的な離れ技がしっかりと科学的な実在として確立されたことを意味すると考えた。これは正しくない。この点を理解するために、テレパシーとかサイコキネシス(PKと略記する)が意味するところを明らかにしなければならない。

これらの考え方の背後にある基本的な仮定は、私が心霊力に敏感だとすると、ある方法を考えるだけで私のまわりの世界を変えることができるということである。テレパシーの場合には、私は自分の考えを他の人々に伝えるだろうし、PKの場合には私は物体を動かしてみせるだろう。

きわめて明白な事実は――大部分の心霊現象の議論ではどういうわけか過大視されているのだが――ある意味で私たちは皆テレパシーやPKを有しているということである。頭の中でものを考えたり、他の人に話しかけたり、他の人と同じ考えを共有したりしているからである！ ある言葉をタイプの紙の上に打ち出したい、指を動かす、するとその言葉が打ち出されるのである！ 隣りの部屋に移動したい、足を動かす、すると隣の部屋に移動しているのである！ これらはすべてはむしろ驚くべき現象だという感じがある。電話するとき誰がテレパシーを必要とするだろうか？　握手するときどうしてPKを欲しようか？　何が飛行機ほど具合よく遠隔輸送するだろうか？

しかし当然のことながら人々はそれ以上のことを望むだろう。心霊現象にとっていくぶん陳腐となってしまった範例(パラダイム)は、脳は神秘的な放射線を発生することができ、それが放射されるとまわりの世界を変えるというものである。しかしたとえそのような放射線があったとしても、それは電波とそんなに違うものなのだろうか？　心の放射線なるものは、つまるところ、依然として古典的な科学的解析を許すものであるだろう――そして心霊現象は、もし存在するなら、何とかして普通の科学の外にあって欲しいと願うのが人情である。

しかしそうではない。人々が心霊現象から本当に期待しているものは、因果律の仲介をまったく受けずに瞬間的に外部の物体に影響を与える能力だと思う。魔法使いが顔をしかめる、すると銀河系の反対側で星が超新星になる。心霊現象は時空間を水平によぎって光速より速く作用すると考えられているのである。

さて、新しい量子実験から――少なくとも個別粒子のレベルで――ある一連の事象の間に重要で非因果的な相互関連の関係があるということが確立した。この種の典型的な実験はエネルギー源と実験室の両端に置かれた二個の検出器とからなるものであろう。各検出器はランダムな一連の〝イエスかノー〟かの測定値をプリンターに打ち出す。単独にとられた個々の結果はでたらめで無意味に思われたとしても、実験者が二つの結果をつき合わせてみれば、顕著な度合で類似性が見出されるのである。

しかしこれは一組の測定が他の組を確定していることを意味するものではない。宇宙の

図189★ボブとドナ。

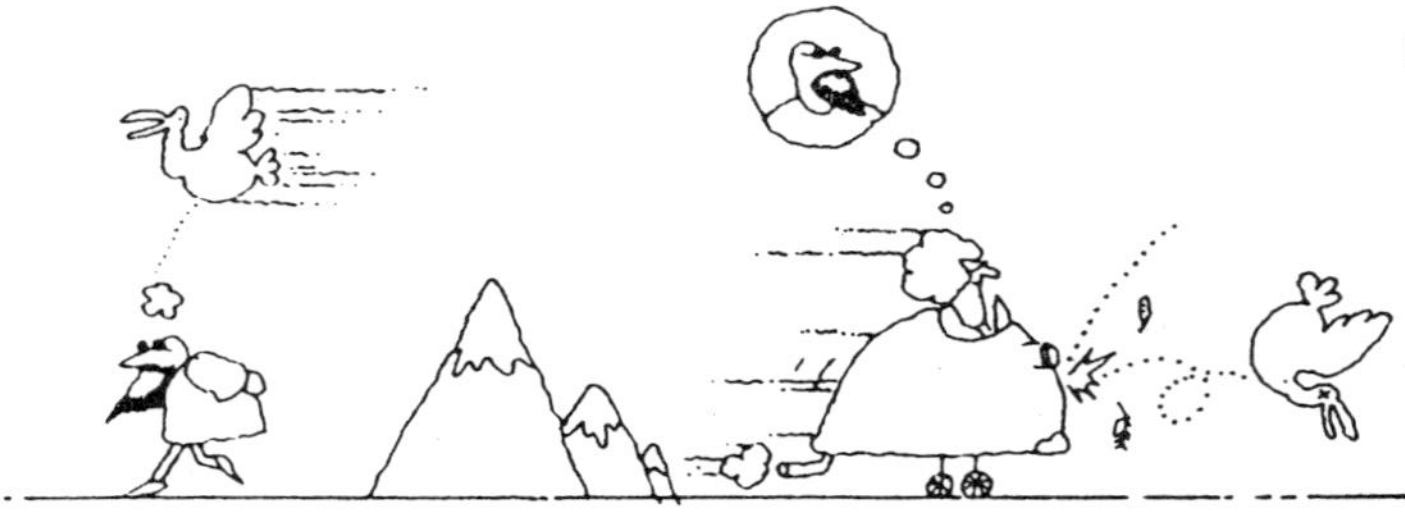

二つの離れた領域がときどき一種の超光速的調和関係に入るとき、一方の領域の事象が他方の領域の原因になっているというのは意味がない。

共時性とテレパシーとの大きな違いは、共時性は制御できると期待されていないという点である。魔法使いの顔をしかめるのと星が爆発するのは同時に起こるかもしれない――しかし魔法使いが星を爆発させたというのがばかげているのと同様に、星が魔法使いにしかめつらをさせたというのはばかげている。まさしく共時性が生じたのである。

人間的なレベルで共時性を想像してみよう。ボブとドナは運命の定めにより離れ離れにされた恋人であるとしよう。彼らはよくお互いのことを考えるし、最初の一か月か二か月は手紙をやりとりしていた。ある週、ボブはたまたまトム・ウルフの『粉末ＬＳＤテスト』の古いコピーをとり出した。それを読んでいる間、ラジオでハートの〝マジックマン〟を聴いた。今まではそんなふうだった。ボブはただ勝手に楽しんでいたのである。

次の週、ボブはドナから手紙をもらった。「ところであなたはハートの〝マジックマン〟をお聴きになったことがあるかしら？　気に入ると思うわ。今週『粉末ＬＳＤテスト』という本を読みました。ご存じかしら？　そこには〝デブッチョ女〟という女の子が出てくるの。彼女とケーシーはよく何時間も話し合ったのよ。彼には彼女がほかの誰よりもすてきだということがわかったの。私はそれを読んで、あなたと私のことを思いました」。

かわいそうなボブは何を考えただろうか？　ドナは彼の心を読みとっているのだろうか？　彼の行動がドナの行動をコントロールするのだろうか？　そうではない。それぞれが自分の人生のでたらめな事象を生きているのである。けれどもそれぞれの人生は一度接近すると、その間には依然としてある程度の相関があるのである。

これは私たちが属している第一級の宇宙である。それにはたっぷりと象徴的な事象とか深い意味とか強い偶然の一致とかがあるのである。うまい言葉がないために、ある人々がテレパシーと呼ぶような事象があるのである。しかしもっとうまい言葉がある。それが共時性である。〝テレパシー〟は偶然の一致に対して外界からコントロールすることができるという考えを抱かせる。しかし疑いもなく人生の無秩序さは、完全なコントロールについてのいかなる願望も非現実的であるということを私たちすべてに教えてきた。テレパシーは妄想症(パラノイア)的空想なのであり、共時性が人生の事実なのである。一九六〇年代の標語にあるように、「われわれがそれを一致させねばならないのではない。それは一致しているのである」。

★パズル 10・1

もし時間を前後に移動する完全な自由度をもつことができれば、意のままにアナまたはカタ運動ができる超次元生物の離れ技のほとんどに比肩できる技を手にすることになろう。タイムトラベルを用いて封印した部屋に入るにはどのようにしたらよいだろうか？　気づかれることなく、誰かの胃からディナーをとり去るのに、それをどのように使用したらよいだろうか？

★パズル10・2

特殊相対性理論は、任意に与えられた空間の位置に永久にラベルを貼付しておくことはできないと述べている。言い換えれば、「先週のちょうどこの場所」は絶対的な意味をもたないということである。タイムマシンの存在はこの仮定とどのように衝突するだろうか？

★パズル10・3

ここにFTL旅行が自分自身の過去へ行くというタイムトラベルにいかにして導かれるかを示す図がある。旅行者はAからBに行き、それからCに行く。Bは地球から光速の½の速さで離れて行く、遠くの銀河の世界線上の事象である。経路ABとBCは、どのようにしたら純粋のFTL旅行とみなすことができるかどうかを説明せよ。

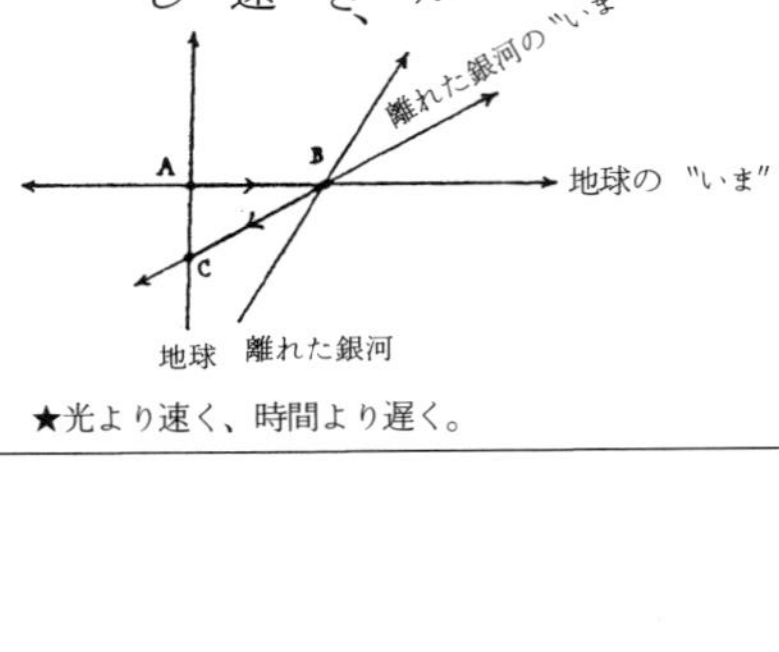

★光より速く、時間より遅く。

★パズル10・4

FTL旅行がタイムトラベルに導くばかりでなく、逆もまた正しい。タイムトラベルはFTL旅行に導くのである。ロケットとタイムマシンが与えられたとき、銀河系のまわりに探査機を送り、しかも同じ日にそれを回収するにはどのようにしたらよいだろうか？

★パズル 10・5

もし時間自体が大きな円を描いて湾曲しているとすると、時間の〝まわり〟を旅行することによって過去に到達できると期待できるかもしれない。しかし、時間が大きな円であるような宇宙について考えると、ある奇妙な問題に逢着する。たとえば、非常に永続性のある無線標識（ラジオビーコン）を作り、地表近くの空間に浮かせておくものとしよう。この無線標識を時間のまわりを行く間ずっと働かせていることは可能だろうか？　もし可能なら、空中に浮かせてからどれほど多くの信号を検出することができるだろうか？　もし無線信号を検出しないなら、そしてそのときにのみ無線標識機を設置することにしたとしたら、実験に着手する前にそこに何があるのだろうか？

★パズル 10・6

いままで旅行の能力から過去にいたるまで派生してくる多くのパラドックスについて論じた。しかし、過去と交信できることがまさに同様のパラドックスに導くのである。たとえば、つぎの性質を備えた魔法の電話をもっているものとしよう――受話器をとって、ダイヤル〝1〟を回すといつも、魔法の電話は一時間前に通じるとするのである。それゆえ、私は一時間前の自分と通話できることになる。もし、電話が鳴るのを聞いて受話器をとったら、未来の自分の声を聞くものと期待できる。しかし、そうすると、九時の時点で、一〇時に電話がこなかったら、一一時にダイヤル〝1〟を回そうと考えたとしたらどうなるのだろうか?

第十二章

実在とは何か?

唯心論的世界観の復活

　そもそも偏見をまったくもたずに、私たちが築き上げることができる、世界のもっとも妥当なモデルとはどんなものだろうか?

　実際には二つのことが確かなように思われる。一つは人が存在するということ、一つは人は知覚をもつ、ということである。私は肉体機械であり、霊魂であり、神の目であり、観念の束であり、さもなくば何ごとかを知るものといってもよいかもしれない——いずれにせよ私が存在するのは確かである。私はこのような言葉を書いている者である。もちろん君は私が実在するかどうか疑うかもしれない——たぶんこの本を読んでいるのは夢にすぎないのだと——しかし君は自分自身が存在するのは確かだということを知っている。

　人が経験を積むという事実は同様に確かである。もっと突き放して言えば、人は知覚が生じるのを疑うことはできない。古典物理学では知覚は、三次元空間における物体によっ

●それがどのようにして進められたか思い起こしてみよう——晩餐会のあとで一人に居間から出ていってもらい、ほかの人たちが相談して一つの単語を選んだ。そしてもどってきて質問が始まった。「それは生き物ですか?」「いいえ」「それは地球上にいますか」「はい」。そうして質問は答弁者から答弁者へとその言葉が最後に言い当てられるまで部屋をめぐるのである。質問が二〇回以内なら勝ちで、それ以上なら負けである。

　そこで私の番になった。居間に行ったのは四番目だった。私は信じられないくらい長い間待たされたが、漸く入ることを許

てひき起こされると仮定している。しかしそれは考えてみると、実はまったく作為的な仮定である。

私は世界が安定な物体で、すべてが一様に常に存在しているとは認識していない。直接的な知覚の世界は、すべて半端な断片で、ぼろっ切れみたいなものである。ラジエーターのしゅっと鳴る音、口の中のまずい味、腰の痛み、タイプライターの赤い色、タイプするときのカタカタいう音、空の真珠色の輝き、鼻の上にのっかっている眼鏡、隣りの部屋の天井から落ちる雨、空中の鳥、外の通りの車のタイヤ、私の本の書名――あれこれ、折々、知覚の混合。そして安定な実在とは単なる模型だ！ 目下の推論に注意を集中すると、空とか車とかという意識を失ってしまう。この瞬間にこれらが存在しなくなるというのは妥当ではないのではないか？ すべての個人は全世界を背に負うたアトラスのようなものでなければならないのだろうか？

アイルランドの哲学者ジョージ・バークリー（一六八五―一七五三）は、唯心論と呼ばれる観念論哲学を支持した。ボルヘスが書いた「時間の新しい論駁」というエッセイ以上にバークリーについて雄弁に語った者はいない。

バークリーは物質の存在を否定した。注目すべきは、これは彼が色とか匂いとか味、音、触感［感覚］を否定したことを意味するのではない。彼が否定したのは、外界を形成するこれらの知覚のほかに、物質［資料］と呼ばれる目に見えず、触れることもできない物が存在するということである。彼は、誰も感じない痛みがあるとか、誰も見ない色が

きれた。皆ニヤニヤしていてジョークか陰謀の印がありありだ。私は何もわからないまま質問を始めた。最初の答えはすぐさま返ってきた。それからどの質問にも答えるのに長い時間がかかりだした――答そのものは「はい」か「いいえ」だけだからこれは奇妙なことだ。とうとう得られた手がかりからこれらしいと感じたので「その言葉は〝雲〟ですか？」と尋ねた。「そうです」という答が返ってきて、皆噴き出した。部屋を出るときに、僕らはあらかじめ言葉を決めないことにしたのさ、と説明してくれた。輪になった一人一人は、私がした質問に「はい」とか「いいえ」とか好きな方を答えることができたのである。ただし、自分の答えと――そして以前に出た答と矛盾しない言葉を心に思い浮かべて答えねばならなかった……。

現実の量子力学の世界においては、どんな基礎現象でもそれが観測された現象になるまでは現象とはいえないのである。この驚くべき変形判のゲームでは、言葉は問いと答の選択によって

実在に転化されるまでは言葉にならないのである。〝雲〟はそこに座っていて、私が部屋に入って発見するまで待っていたのだろうか？　それはまったくの幻想だ！

ジョン・ホイーラー

『時間のフロンティア』1980

図190★実在は何か？

あるとか、誰も触わることのない形があるといったことを否定したのである。知覚に物質を加えることはこの世界にありそうにもない余計な世界を加えることだ、と彼は論証した。彼は感覚によって組み立てられた現象界は信じたが、物質世界は幻想的な複製品だと思ったのである。

そのような一見誤っているように見える世界観が現代の物理学者たちに受容されているのを聞くと驚いてしまう。物理学の偉大な長老の一人であるジョン・ホイーラーの言を借りるなら、「どんな基礎現象でも、観測された現象になるまでは現象とはいえない」。ホイーラーはここで、量子力学の進歩が、宇宙は私たちが引きこもってそれを観測したりしている間中超然として〝向こうに坐して〟いるのだという見解をくつがえしてきたと言っているのである。尋ねる質問の種類は――そしてその質問の順序は――手にする解答および築き上げていく世界観に明らかに影響を与える。

事実空間

私がいましてみたいことは、実在するもののすべてがさまざまな観測者の知覚なのだという考え方にもとづいて、一つの実在モデルを作ってみることである。〝三次元の空間プラス一次元の時間〟というストーリーは、私たちの感覚を組織する一つの特別なフレームワークである。同様にして多くの他の系にしたがって思考や印象をうまく秩序だてることができる――それをやろうというわけである。たとえば〝食物〟に関する種々の思考と記憶は一つの領域に属し、逆にこれらの食物思考はさまざまな種類の規範にしたがって組織化される。うまい食物―まずい食物軸、甘―辛軸、未加工―調理軸、自製―他製軸、手料理―市販軸、その他、冷―熱、赤―緑、そして際限もなく多数存在する[座標]軸。

僕が言いたいのは、僕たちが感覚と思考を第一義的なものと考えるならば、世界の〝次元〟を、生命をもたない物体の運動に含まれる空間と時間の次元に制限する理由はないということである。目にするあらゆる物体の部分とか一かたまりとかいうものは、物体が私たちに何を想起させるとか、それについて私たちがどう感じたかとか、その過去について私たちが何を知っているかとか、を物語っている。現実に住んでいる世界を記述するために真面目な努力をすると、この世界は単純な3D絵巻より果てしなく複雑になっていく。実在の性質を掘り下げれば掘り下げるほど、ますます多くのものを見出すという感情がある。制約を受けるどころか、世界は無尽蔵といえるほど豊饒なのである。

いままで右―左、前―後、上―下、過去―未来、――おそらく――唯一の可能な高次元としてアナ―カタを採用してきた。しかしなぜ冷―暖、上品―下品、美―醜、その他あらゆる差異が、等しく実在の次元であると要求したらいけないのだろうか？　結局、与えられた物体がいつ、どこにあるか人に告げるだけでは不十分なのだ。人は、それが赤いかどうか、食べてうまいかどうか、いくらかかるか、ほかに誰か見ているか、どのくらいの重さかなどについても知りたいのである。

伝統的な科学のアプローチは、原子の時空パターンによって色や暖かさのような感覚を起こさせる現象を説明することである。しかし、実際に原子を見た人がいるのだろうか？

●しかし、たとえば公園の中の木や書棚の中の本を想像し、傍らにそれを知覚する人がいないと考えることなど確かにお安いご用だ、と言うことだろう。君が答えるように、困難はないのだと答えよう。しかし君が本とか木とか呼んでいる決まった観念を心の中で作り上げ、同時にそれらを知覚するかもしれない[がいまは居ない]人の観念を作り上げるのは省く、といったこと以上の問題なのではないか、と私は訴えたい。というのは君は、君自身がその間中それらについて知覚したり考えたりしないのだろうか？　それゆえ先の説明は適切といえるものではない。それは単に君が君の心の中に、諸観念を想像したり作ったりする力をもっていることを示しているに過ぎない。しかし、それは思考の対象が心なくして存在するかもしれないなどということが可能だと考えうることを示しているのではない……。

ジョージ・バークリー
『人間の知識の本性に関する一論文』1710

図191★瞬間の知覚。

図192★「素現象はそれが観測された現象になるまでは、現象とは言えないのである」。

せいぜい粒状の点が判別できる電子顕微鏡写真のようなものは見たことはあるかもしれない。しかもそのような写真を見るという経験は、実は、色や輝度その他を含めた感覚的現象の束なのである。物質は私たちの知覚を説明するかもしれないが、物質について私たちに語るのは私たちの知覚なのだ。

私は、私たちの心の経験を3D空間のいくつかのパターンに並べられた目に見えない小物体で説明しようとすることはやめよう、と提案する。そのかわりに私たちの現実の思考と感覚を、本当に基本的な実在物だと考えることにしよう。〝次元（ディメンジョン）〟を、任意の可能なタイプの変異（ヴァリエーション）や範疇（カテゴリ）や差違（ディスティンクション）などをさすものだとする。物体に関して君が発するそれぞれの質問には、可能な回答の領域がある。この領域を、知覚の基礎をなす真の〝空間〟を示す一つの軸であると考えるのである。

この空間を何と呼んだらよいのだろうか？　事実空間(fact space)がよさそうに響く。任意の種類の実在物は事実空間の一つのかたまりである。ある軸上に実在物の位置がどの程度正確に与えられるかによって、それに対応してかたまりは軸方向に狭い断面をもつことになるであろう。実在物の性質があいまいで決められないものであれば、そのかたまりはぼんやりとして広がったものとなろう。世界は——あらゆる思考と物体の束は——事実空間に広がったパターンなのである。

世界状態

そのパターンとはどのようなものだろうか？　ここで低次元の例を眺めてみるのが有用

だろう。二人のドット（点）氏が存在するラインランドを想像しよう。しばらくはドット氏は直線空間上で静止しているものとしよう。そして彼らはあまりにも単純なので、どちらのドット氏についても知るべきことは位置しかないとしよう。このラインランドを外から眺めたと想定すると、事実空間は単に二人のドット氏が乗っかっている直線になる。ある理由でドット氏の正確な位置が不確かになったとすると、その位置を表すかたまりは不鮮明になるだろう。この不鮮明になったイメージを考えるには、光のスポットを例にとるのが有用である。そして不鮮明なイメージとして中心では明るくて縁にいくと暗くなる光の斑点を考えよう。

実際問題として物と物の間に本当にはっきりとした境界など存在しないのである。いま考えているモデルでは、これはAとBの間はどの点にも暗さが**まったく**ないと仮定して表すこともできる。つまり、直線全体はわずかに明るくなっていて、とくに明るい二つの領域があるとき、それをはっきりした二点、二人のドット氏と言うのである。

もし二人のドット氏が位置とは別の性質をもつものと仮定すると、事実空間は次元を増やすことになる。たとえば、ドット氏らが異なる温度と違った機嫌をもつことができると仮定すると、図195のようなものが得られる。それを見ると、AはBの東にあり、BはAより冷たいが機嫌はよいことがわかる。さらに二人のドット氏の正確な機嫌の不確実性は温度の不確実性よりは大きいことに注意しよう。だが待ちたまえ。私は**何の**不確実性について話しているのだろうか？

これは重要な点である。図195のような事実空間は、あたかも観測者がドット氏らの宇宙

◉これらのあいまいさや冗長さ、言い足りなさは、フランツ・クーン博士が『仁智の中華市場』という題名の中国のある百科事典に帰したものを連想させる。ページをめくってかなり先に、動物は(a)皇帝に属するもの、(b)ミイラにされたもの、(c)訓練されたもの、(d)子豚、(e)女の人魚、(f)伝説的な生き物、(g)野良犬、(h)この分類に含まれるもの、(i)気が狂ったように震えているもの、(j)おびただしい数のもの、(k)素晴らしいラクダの毛のブラシで梳いたもの、(l)その他のもの、(m)花瓶を壊すもの、(n)遠くのハエと似ているもの――に分類できると書かれている。
ホルヘ＝ルイス・ボルヘス
『ジョン・ウィルキンスの分析言語』1941

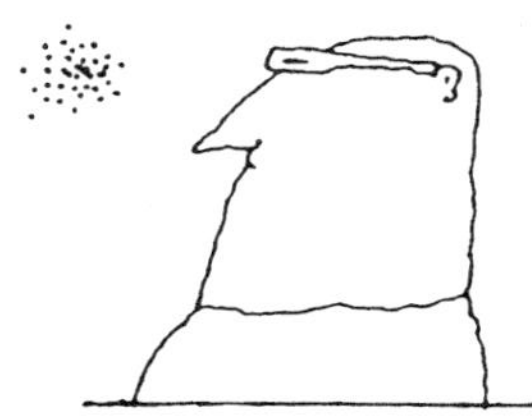

図193★原子のパターン。

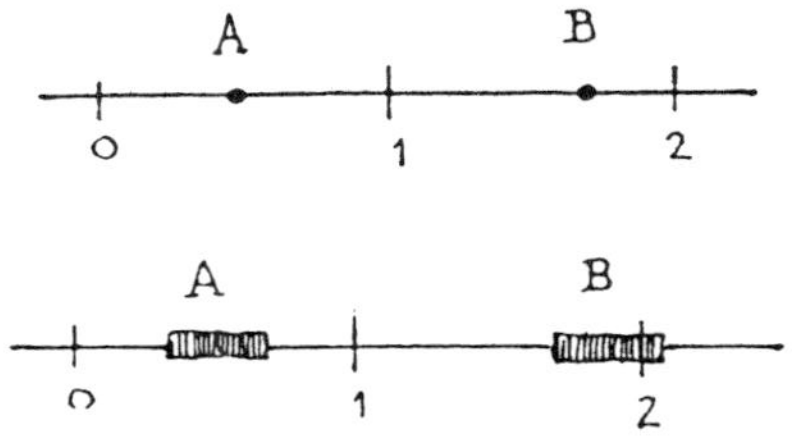

図194★一次元事実空間。

の外に立ち、二人の性質を測定しているかのように描かれている。しかしこのような態度は、私たちが住む現実世界について話したいときにはうまくいかないのである。私たちは自分の世界を観測できないのである。この〝世界〟が存在するすべてであると考えるなら、外の観測者は存在しないことになる！

ドット氏を外から観測するという考えをやめるものとし、ラインランドにおける実際の事実だけがドット氏らが知っているものを含むものと仮定しよう。もう一度ドット氏たちがもっている性質は、位置だけだと仮定しよう。この場合には事実空間は二つの軸をもつことになる。軸の一つはAから見て二人のドット氏がいると考える場合のものであり、もう一つはBが二人のドット氏がいると考える場合のものである。

図196には、お互いの位置を気にしている二人のドット氏A、Bの事実空間を描いておいた。低い方の斜線の区画がAを表し、他の斜線の区画がBを表す。もしA区画から鉛直に線を下ろすと、A軸上に狭く定義された位置を得る。Aは自分がどこにいるか十分よく知っている。しかし、AはBがどこにいるかについては途方に暮れていることに注意しよう。さらに図を調べてみると、B点は、A点より原点から離れ〝非自己中心的〟になっているのを見ることができる。言い換えれば、私たちがA区画とB区画を水平に掃引（スキャン）していくと、Bは等しい精度で二人の位置を知っていることがわかる。

Aの〝自己中心性〟の性質が、A区画を眺めることによって見出されるようなものではないことに注意するのは興味深いことである。つまり、事実空間の全パターンを眺めるときにのみこの性質に気づくのである。ところで、事実空間のパターンを何と呼んだらよい

図195★三次元事実空間。

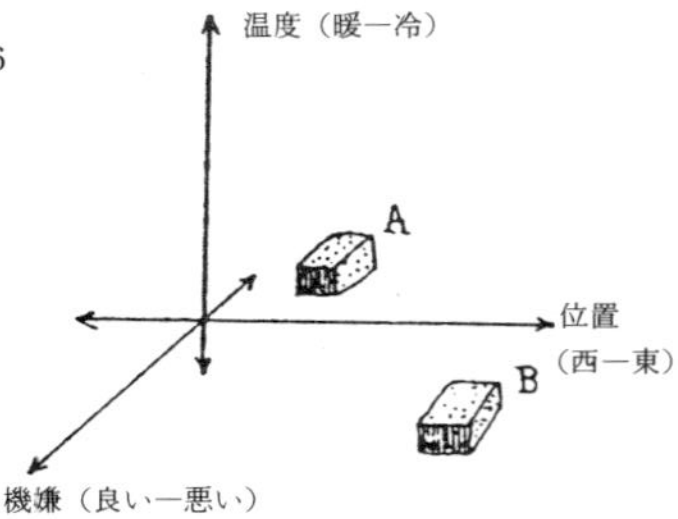

図196★自己形成する事実空間。

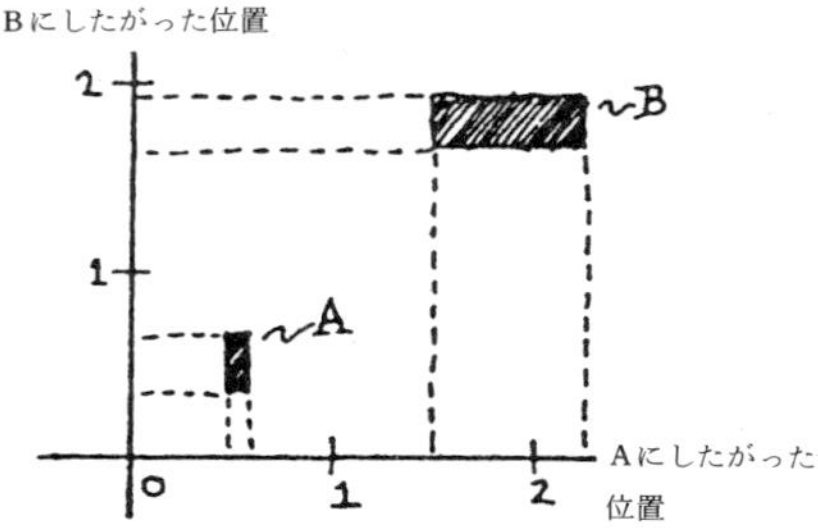

だろうか？　それを世界状態（world state）と呼ぶものとしよう。ここで〝状態〟は、〝存在の状態〟とか〝意識の状態〟という意味で使われている。ここで述べた主張を言いなおすと、個々の性質は世界状態の総体的なパターンの中に束ねられていると言ってもよい。

もしドットAがBからその姿を見出せないほど、自分の位置に完全に焦点を結んだとすると、図197に示されたような世界状態が得られることだろう。任意の時刻のいかなる個体に対しても、世界の大部分は、ここでBがAとかかわっているように、未知なるものや漠然としたものになっていくようである。けれども、Aに関するBの不確定さと、BがBとAがどこにいるかという適切な知識をもつこととは依然として両立しうることに注意しよう。

ここでこの種のモデルが、唯心論の見かけのパラドックスの一つを解明することに注意する必要がある。たとえば、二人の男が野原に立っているものとする。ウサギが一羽走っていった。一人はウサギを見たといい、他の一人は見なかったという。第一の人にとってはウサギは確定した存在であり、第二の人にとってはウサギは存在しない。どのようにして一羽の、しかも同じウサギが存在したり、存在しなかったりできるのだろうか？　私たちの事実空間モデルによれば問題はない。ウサギを表すかたまりは、一方の人の軸上では鋭い射影をもつように象られるし、他方の人の軸上ではぼやけた射影をもつように象られるのである。

ラインランドの事実空間にもどって、前と同様に〝温度〟と〝機嫌〟の性質をつけ加えると、全部で六つの軸が必要になることに注意しよう。位置と温度と機嫌についてのAの認識に二本、Bの意見に三本が必要だからである。一般的に、P個の異なる性質とI個の異なる個体が存在する世界は、その完全な事実空間にP×I個の軸をもつ。この世界の状態は、きわめて多次元な事実空間におけるある程度明確なかたまりのパターン、と考えることができる。

さまざまな個体が互いに相互作用するから、お互いに関する知識は変化する。光のかたまりは変化したり、重なり合ったり、明るくなったり、暗くなったりする。そのパターンは時間の推移とともに変化すると考えることができる――あるいは各個体の時間認識を一つの軸と考えて、時間変化を世界状態に従属させることができる。

物体は情報を包含している

私たちの世界にあるどんな種類の物が個体と見なされるのかという問題は、これまで論じてこなかった。人間はどうだろうか？ 人間と動物は？ 人間と動物と植物は？ 人間と動物と植物とロボットは？ 銀河系と岩石は含めるべきだろうか？ とにかく手に余る大きな集合を理解しようとしているので、私としてはこれについては寛容でありたい。さて先へ進む用意ができた。いま何でも君が好きなものを、ある種の〝知識〟をもつ個体であるとしてみよう。野原の岩は博識ではないが、足元に何か大きな質量のもの（大地）があることを知っている。それを放り投げてみれば元の場所に落ちてくるから、それは〝知っている〟と言うことができる！ もう少し厳密に言うと、任意の物体は、生きていようといまいと、多くの他の物体に関する情報を〝知っている〟あるいは包含しているのであ

●僕たちは対等の存在で、宇宙とは僕たちがお互いにもつ関係のことなんだ。宇宙は一種類の実在物から作られていて、個々のものは生命をもち、各自が自分の存在の身のふり方を決めているというわけだ。

宇宙は、定義することはできないにしても、いかなるものであれ一種類のものからできている。僕らの目的にとってはそれを定義しようとすることは不必要だ。しなければならないのは、いかなるものであれただ一種類のものがあると仮定し、それが僕たちの知る世界の合理的な説明に導くかどうか確かめてみることだけだよ。

各存在の基本的な機能は膨張と収縮なんだ。膨張したものは浸透的だし、収縮したものは濃密で浸透的ではない。したがって僕たちは一人でいようと共同していようと、各自がお望みの膨張と収縮の比に応じた空間やエネルギーや質量をもつものとして現れているのかもしれない。そして僕たちは各自が交互に膨張と収縮をくり返すことによっ

る。

この観点——すべての物がある意味で生きている、もしくは意識を有しているということ——は、歴史的には物活論(ハイロゾイズム)とか汎心論(パンサイキズム)として知られている。もちろん、それは容易に嘲笑の的になる観点である。ゴミは愛を感ずることができるのか？　靴は数学について考えるだろうか？　しかし、問題は、"人間に似たもの"として物体について考えるということではない。私たちは事実空間の統合中心としての物体を、私たち自身存在のパターンであるというのと同じ意味で、存在している実体であると考えてみたらどうか、ということだけである。

だから事実空間には非常にたくさんの個体がある。そこには可能な性質がどのくらいあるのだろうか？　個体が感じとる性質の数には実際、終わりがないように思われる。ある個体に関して質問をし始めると、あたかも永遠に質問し続けるのではないかと思えてくる。そこで、事実空間が個体数と性質の数との積で表される次元をもっていると考えると、おそらく事実空間は無限次元なのだろうとさえ言えるだろう。私たちの世界は無限次元もしくは"∞―D"空間における一つのパターンなのである。

ウイリンクとカントール

∞D空間の概念はいままで構成してきたようなものとは異なる。一九世紀後半の超空間哲学者たちは、高次元概念が無限背退の難点に導くことに、はっきりと気づいていた。つまり、地上の2D表面は私たちの3D宇宙の部分である。3D宇宙は4D超球体の表面で

てどんな種類の振動をも表現しているのさ。各自が自分の振動を支配しているんだ。

完全に膨張した実在は空間だ……実在が全体として収縮しているとき、それは完全に一点に集中した質量粒子になる。……実在が交互に膨張したり収縮したりすると、それはエネルギーになるんだ……。宇宙は、膨張―収縮比や振動数などが厳密に決められた範囲で振動している実在の果てしのない調和なのさ。

思い出す必要があるのは、ここには僕たちニワトリ以外に誰もいないということだ。全宇宙はまさに僕たち自身のような生物からできているということなのさ。

サッデウス・ゴラス
『無精者の啓蒙への手引き』
1972

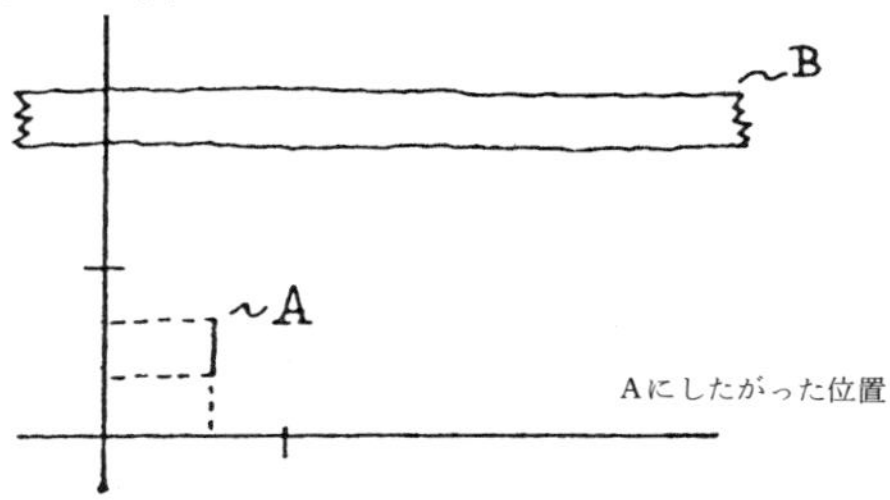

図197★AにはBがどこにいるのかわからない。

あるかもしれない。4D超球体は、湾曲した5D時空パターンの断面である。湾曲した5D時空は、たぶん空間と時間が交互に堆積した山の一層にすぎない。6Dの山はそれ自身歪んで、7D空間に織り込まれているかもしれない。さまざまな山の型はともに8D空間の入れ子になっているかもしれない。たぶん8D空間全体は九次元超時間軸に展開しているものと考えることができる。等々……。どこでそれを止めることができるだろうか? 無限でだけ可能である。

図200★ずっと下方に続くカメ。

ヒントンは、このような背進を世界はカメの背に支えられていると言うときに生じる類の背進論法と比較した。カメは何の上に乗っているのだろうか? 別のカメである。それはまた別のカメの上に乗っており、それはさらに別のカメの上に乗っており、際限（アド・インフィニトゥム）がない。神学者アーサー・ウィリンクは、そのような空間の無限背進は気分を高揚させることを発見し、一八九三年の著書『見えざる世界』の中で、神は究極の∞D空間に住んでいるとして、つぎのように論じている。

さらに進めて、高次元空間の考えの広大な範囲を認めることが必要です。それは四次

図198★膨大な数の個体。

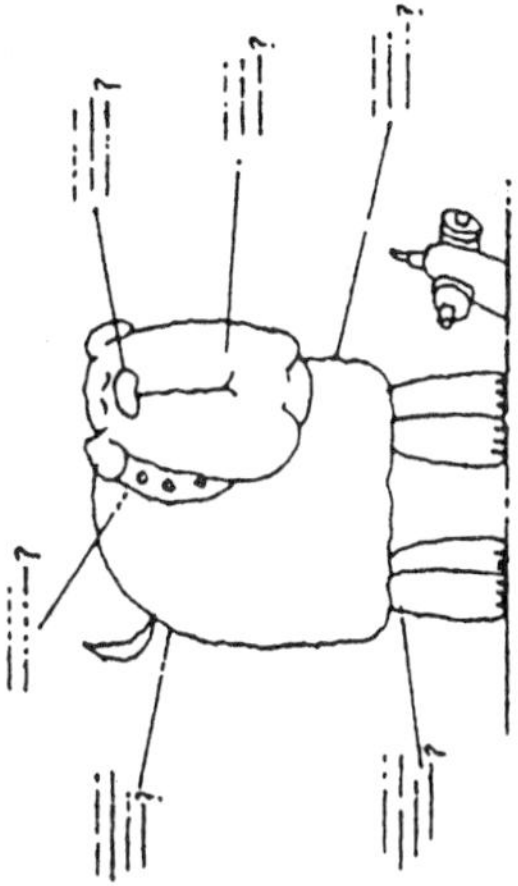

図199★世界は〝無限の質問〟ゲームのようなものである——質問には終わりというものがない。

元空間の概念に達したときにそれで尽きてしまうものではないのです——四次元空間の存在を認めると、五次元空間の存在を認め、等々と無限次元空間まで認めることが必要だと言うことにそれほどの困難はなくなることでしょう。

……そして私たちの空間における物質的存在が高次元空間の観測者にはどのように見えるか想像して見ることさえできませんが、それでも、その構成物に関して低次元空間領域の観測者が見るものよりは無際限に完璧な展望を示していることは明らかであります。一方、高次元の中でも最高の次元の空間における目に対しましては、どんなに最深奥の秘めごとでも必然的になに妨げるものなく完璧に露見してしまうことでしょう。

これは、神の全知について言われてきたことを強調するものであります。なぜならもっとも高次な空間におわします神は、私たち実在の全構成物に関して完璧な展望をもっておられるだけでなく、全構成物のあらゆる点や粒子にかぎりなく近く遍在し給うからです。そこでもっとも厳密な物理的意味合いで言えば、私たちは神の中で生き、動き、実在しているというのが正しいのです。

これは非常に興味のある一節であり、確かに∞D空間を哲学に使用した最初のものの一つである。いくぶん同じような文章は、ドイツの数学者ゲオルグ・カントールが一八八六年に書いたエッセイ『現実の無限大に関するさまざまな観点について』に見られる。

無限大を恐怖するのは一種の視野狭窄症のためである。無限大がその最高度の形態においてわれわれを創造し扶養し、かつまた副次的に超有限的な形態をしてわれわれのまわりの諸々を現出し、われわれの心に遍在さえしたとしても、視野狭窄症は実際に無限大を見る可能性を損ってしまうのである。

無限大の厳密な数学的とりあつかいを最初に発展させたのはゲオルグ・カントールであった。カントール以前には、多くの数学者や哲学者たちは、無限大を基本的に矛盾した概念であるとして恐れていた——しかしカントール以後は、科学者たちはまったく無頓着に無限大を使い始めることができた。

ヒルベルトの無限次元空間

一九〇〇年代初期になって、数学者ダヴィッド・ヒルベルトが無限次元空間——いままで話してきた事実空間のような空間——の理論を発展させるためにカントールの仕事を参照した。3D空間の1点を数学的に表すためには三つの座標を定められた順序に並べればよいのと同じように、∞D空間の一点は無限に順序づけられた一組の数で表される。このような∞D空間における角度や距離のようなものを定義してゆくにはさまざまな方法がある。もっとも普通に用いられるタイプの数学的∞D空間はヒルベルト空間として知られている。

一〇年かそこらの間は、ヒルベルト空間に関する仕事は、抽象のための抽象を追求する数学者たちのほかの例を簡単にしてくれるように思われた。しかし一九二〇年代になると、物理学者ヴェルナー・ハイゼンベルクとエルヴィン・シュレーディンガーは、量子力学を

◉スフィア嬢が僕を教化した最後の教えをどのように言い表したらよいだろうか？　死の恐怖に苦悩して、僕は何か永続する識見というか、終わりの時まで僕を支えてくれる何か高次の信仰といったものを彼女に乞うた。

スフィア嬢——スクエアさん、それは難しいことなのです。絶対者の中では、あなたも私もともに影のようなものです。空間や時空は空想にすぎない。創造者においてだけ、最終の知識があるのです。

僕——創造者はどこにおられるのですか？

スフィア嬢——私たちのまわりのすべてにおわし、複雑な秘密であられるのです。その中で私たちのパターンが振舞っているのです。そして彼でさえ、形容できない全者のなかのパターンにすぎないのです。

僕はもはや自分が目覚めているのやら眠っているのやら分からなくなってしまった。スフィア嬢の声がかすかになっていき、すべてが混沌としてきた。自分

解釈するもっとも具合のよい方法は粒子が∞Dヒルベルト空間のパターンだとすることを発見したのだった。

そのとき以来、数学者と物理学者は、∞Dヒルベルト空間のパターンとしての世界に関する精巧な量子力学理論を発展させたのだった。この理論の大きな問題の一つは、含まれている∞Dに対して何か実際的な意味を見出さねばならないということである。古典物理学では方程式に四つの変数が含まれているとき、これらの方程式は三つの空間次元プラス一つの時間次元に関係していると理解することができた。しかし量子力学の数学は、どういうわけか基礎に横たわる適切な描像がないままに発展してきたようだ。現状では量子論が、明確に限定された実験に対して正確な予言をするということに疑いはない。しかしヒルベルト空間が実際に何を意味しているのかについて、優れた直観をもっている人は誰もいないようである。

私たちの知覚の世界を∞D事実空間のパターンであるとして記述する際に、私は∞D空間の概念に何か実際的な意味を与えようと努力してきた。事実空間の概念は、いろんな方法で量子力学的ヒルベルト空間上にモデル化されている。プロテウス［ギリシャ神話の変幻自在の姿と予言とを有した海神］的な無限大の活力が与えられたなら、この二つの空間が実際に同じものだということを学んだとしても驚きはしないだろう。ここで、与えられた空間の中で規定される特定の軸は、まったく任意のものだということを認識することが重要である。カリフォルニアの人とニューヨークの人が同じ空間に住んでいたとしても、彼らが〝上〟と呼んでいる方向はわずかだが違っている。空間はそれ自体として与えられているのであっ

が単なる想像物、それも循環する夢の根拠のない断片のように思えるのだった。僕は自分の周囲のすべてに僕を夢見る人の精神を感じた。僕は勇気を奮って自分の苦衷を吐き出した。

僕――閣下、聞こえますか？

夢見る人――聞こえるとも！ 今何時だい？

僕――時間はありません――スフィア嬢はそう言いました。

夢見る人――へえー、そうかい。とにかく君にはなかったな。

僕――ああ、わが創造者様。僕を仲間の所に帰して下さい。あの六角形が僕を許すようお聞き届け下さいまし。

夢見る人――そうしてあげよう。おかげで君と一緒にいて楽しかったよ。さよならを言うのが嫌いなんだ。

僕――しかし、あなたはいつだって僕と一緒なのではありませんか？ 僕の世界はあなたの心の断片ではないのでしょうか？

夢見る人――それは本当は私の心ではないのだよ。私はただその中に満ちているだけなんだ。その方は誰がつぎに君を夢見るか知っておられるんだ。君は本

当に不滅なんだよ、スクエア君。
不滅なのは私ではないのだよ。
君は永遠の形なんだ。

僕は一瞬のうちにそれを限なく見ることができた。それは果てしない真実であり、たくさんの夢見る人たちであり、僕自身の人生の熱情的な行為であった。それから目が覚めた。

父と六角形が警官とともにそこにいた。事態は危険だったが、僕はすべてはまもなく解決されるという真実と愛に満たされていた。私たち四人は、この日に変わらぬ友人になった。

スクエア
『スクエア氏のもう一つの冒険』1984

て、軸が与えられているわけではない。一度世界を∞D事実空間のパターンとして確立してしまえば、軸を書き直すだけでヒルベルト空間のモデルに導かれることだろう。覚えておいて欲しい重要なことは、軸は客観的な存在ではまったくないということである。

実在とは何だろうか？

君のすべての知覚と僕のすべての知覚をとり上げてみよう。あらゆる人の考えとすべての夢想をとり上げてみよう。無限次元空間にはそれらすべてをいっしょに収容する余地がある。各々は無限次元の一者の一部であり、この一者は実在なのである。

実在は言葉で言い表せないほど豊かで、複雑である。僕はときにこれを忘れ、僕の人生は灰色になる。しかし世界は生気にあふれており、私たちはその部分を生きているのである。想像力は物体と同じほどの実在であり、重要なものである。いかなる物体も果てしない驚異の源泉なのである。

私たちはなぜ私たちがここにいるか知らない――私たちが何であるかさえ知らないのである。しかし私たちは存在し、世界はこれからも存在を続けていく。私たちの通常の空間と時間の概念はただ便利な虚構にすぎないのである。いたる所が高次元なのである。照明をあてる必要もない。第四次元と同じほど密接した、ただいまここが照明しているのである。

★パズル 11･1

空間と時間が、実際はただの心の構築物であるとしよう。一般に、心Bの一つの状態が心Aの別の状態のあとにやって来ると言ってよいと考えられる唯一の理由は、Bは状態Aの記憶を含むが、Aは状態Bの記憶を含まないという点にある。この〝前と後〟の定義の下では、人間の知覚は必ず直接的な時間順序に並ぶのだろうか？

★パズル11・2

イギリスの作家J・W・デューンは、夢は過去と未来から同等にとられた印象から構成されると考えた。一九二七年の『時間の実験』という著作の中で、彼は夢を見ているときの心は時空から脱け出して、前方にあるものを見ることができると主張した。これは一種のパラドックスに導くように思われる。私は火曜日の飛行機にとび乗ったが、この飛行機が墜落することになるとは知らなかったものとしよう。月曜の夜、私は夢の中で未来を見て、飛行機が墜落して死ぬという恐ろしく生ま生ましい夢を見た。翌朝、私はひどく怯えてしまって旅行を延期することにした。火曜の夜、テレビのニュースをつけると、乗ろうとしていた飛行機が本当に墜落して、乗客全員が死亡したことを知った。パラドックスとはこうである。私は実際には飛行機の墜落を体験しなかったのだから、どのようにして未来の部分としてそれを見ることができたのだろうか？ デューンは、これを避ける方法として、時間には第二の次元があるという主張を提出している。彼の議論の詳細をどのように埋めることができるだろうか？

★パズル 11・3

　量子力学にしたがえば、もし人間を凝視し続けていないと、彼とか彼女とかはすぐにぼやけてしまう。ほかの人がどのようであったかがわからなくなってしまうのである。しかし、もしその人に質問をしてみれば、彼とか彼女とかが一定の特質をもっていることがわかるはずである。これには矛盾はないのだろうか？

パズル解答篇
Puzzle Answers

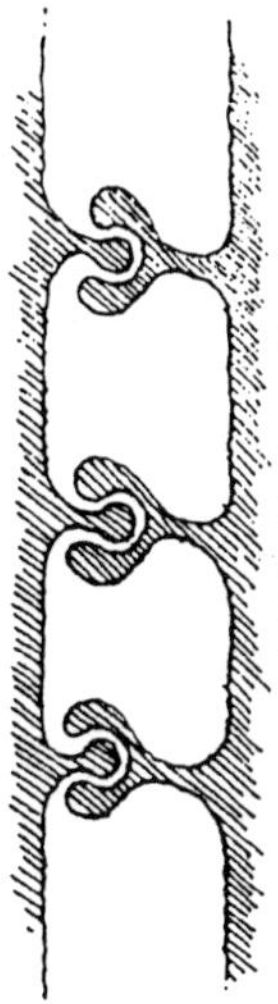

★自己結合している内臓。

★解答1・1

もし二台の車の形が違った大きさであるときには、それらは互いに通り過ぎることができる。イメージという点では、窓の向こうの三次元は、大きさで表現される。窓ガラスの中で動いている二次元的形に対して、大きさは高次元になるのである。三次元から類推してそのような世界に住んでいるものと想像しよう。そこでは人は意のままに大きさを変えることができ、異なる大きさの人々を〝通り抜ける〟ことができるのである。

★解答2・1

バラバラになりそうな哀れなスクエア氏をつなぎとめる一つの方法は、上に図示したタイプの内臓をもつことだろう。上半分の突起が下半分の握りをつかんでいて、スクエア氏の体を離れないように保持しているわけである。食物は運河の関門を通り抜けるはしけの要領で下ってきて、関門がつぎつぎにパッと開くのである。

★解答2・2

私たちの世界との厳密な類推を行うならば、円盤――二次元生物の惑星――の縁にそって歩き回る二次元生物が期待される。

★解答3・1

平面で私たちの空間を分離するような3D空間が存在したとすると、たぶんつぎのよう

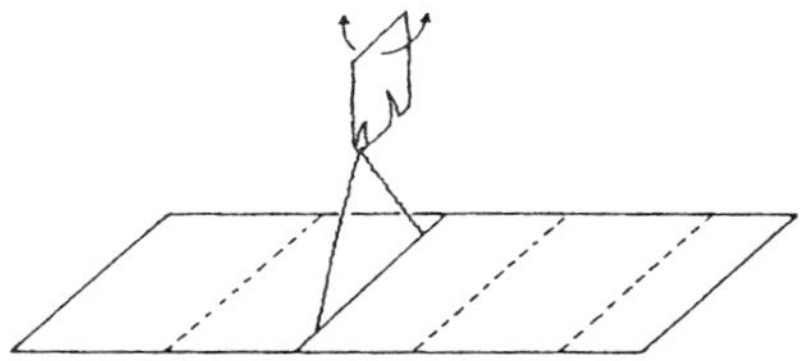

★フラットランドを掃引するスクエア氏。

なものを見るだろう。すなわち、地面から上空へ横切る明るい平面があり、その中に奇妙な形のかたまりが漂っていて、フリスビーのように、上下に滑空しているのである。このかたまりはきわめて薄く、触れると固く感ずるはずである。

★解答3・2

スクエア氏の網膜は、体の平面から光を取り入れるようにできている線分である。そこで、スクエア氏が三次元からフラットランドを見下ろすと、彼には実際には彼の視野平面とそれを横切るフラットランドとの交線が見えるだけだろう。この状態はパズル**3・1**で記述したような直交世界のフラットランド人の状態と正確に同じである。

さてスクエア氏が体を前後に動かすと、フラットランドのさまざまな断面を掃引(スキャン)することができ、これらの断面を心の中で結合して完全な2D像を得ることができる。同様にして4D空間にいて私たちの世界を見たとしたら、私たちの世界のさまざまな平断面が見られることだろう。すこし努力をすれば、この断面を結合して内と外のあらゆるものの完全な3Dイメージに仕立てることができるはずである。

★解答3・3

頂点の数は、次元が上がるたびに二倍になることを見ぬくのはきわめて容易である。しかし他の項目についてはどうだろうか？　図34の線を実際に数えなくとも、超立方体の辺の数が三二本だということを知るためにはどのようにしたらよいだろうか？　この着想は、超立方体は、立方体を最初の位置に置きそれを一単位アナ方向に動かし、それからそれを最終的な位置に置けば得られるというものである。最初と最後の立方体はそれぞれ一二本の辺をもち、立方体の八つの頂点がそれぞれアナ運動を通じて辺を作るというわけである。12＋8＋12＝32。同じ理由から表の残りの項目も正しく説明できる。

立体	面	辺	角	
1	6	12	8	立方体
8	24	32	16	超立方体
40	80	80	32	超々立方体

★解答3・4

一番底の面を一番上の面にくっつけ、立方体の底面の上に立つ側面を上の展開図の中心にある四つの面にくっつければよい。十字形を組み立てて立方体にするのと類似のプロセスだと考えれば、これを理解するのは容易である。

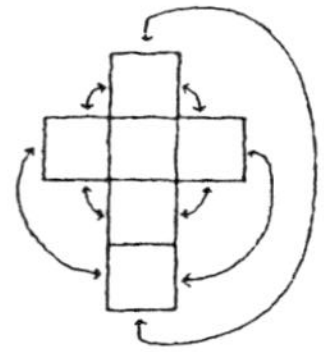

★十字形から立方体を作る。

★解答3・5

その式はS^4である。問題にある一辺二センチメートルの超立方体の体積は一六超立方センチメートルになるだろう。

ギリシア人たちは数を特定の幾何学的な大きさだと考えていた。長さをSとすると、S^2は正方形の面積であり、S^3は立方体の体積を表していた。彼らは四次元の概念をもたなかったから、3より高次の式や方程式についてはほとんど研究しなかった。数学者たちが代数学は高次元方程式を形式的な方法で研究するのにふさわしいと確信するようになったのは、ルネッサンス以降のことに過ぎない。

★解答3・6

4D空間を調べてみると、(四面体の中心からアナ運動した方向に)五番目の点を考えることができ、四面体の頂点とあわせた五個の点はすべて互いに等距離にある。この五個の点は、いわゆる正五体心体の頂点になっているのである。

この図を見て中心の点を少し四番目次元の方にずらすものと想像すると、すべての辺の長さは実際に等しくなっている。

三角形が三本の線分で作られ、四面体が四個の三角形で作られるように、五体心体は五個の四面体で作られる。君は図の中に五個の四面体すべてを見ることができるだろうか？

★解答4・1

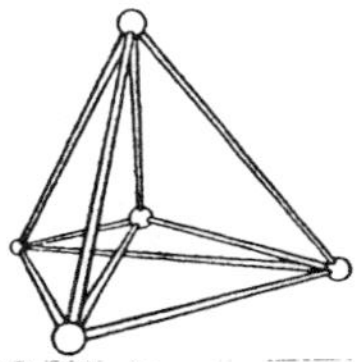
★正五体心体（D・ヒルベルト、S・コーン－フォッセン『幾何学と想像力』より）。

★立方体の断面(クロード・ブラッグドン『高次元空間入門』より)。

★これはスクエア氏だろうか、
氏アエクスだろうか？

断面を見ると、立方体は正方形にも、三角形にも、矩形にも、六角形にも見える。これはクロード・ブラッグドンの図に示されている。

★解答4・2

この幻覚は、テキサス州ブラゾリアのオーヴィル・L・パリネロから私宛てに送られたものである。

一見しただけでは少し難しそうだが、着想はつぎの点にある。折り曲がった〝階段部分〟を前後に折り返すと、それに応じて虫が、キルロイの目の前の床上に現れたり、キルロイの背後の空間の天井に隠れたりするだろうということである。この幻覚はキルロイの客観的な実在がまったく固定されないという考えを提示するので、とりわけ興味深い。君の人生で見るからにしっかりした事実が、実は君のものの見方に依存するとしたら、どうであろうか？

★解答4・3

スクエア氏が透明だったとしたら、図51の透明なスクエア氏が反転したように、図51の実線と点線を交互に引っ張り上げるようにして見れば、反転して見えることだろう。野球の左利き用グローブを中からひっくり返すと右利き用グローブに変えることができるように、どちらかといえば〝彼自身の中で辺を引っ張る〟ようにして見ると、この反転が生じるだろう。

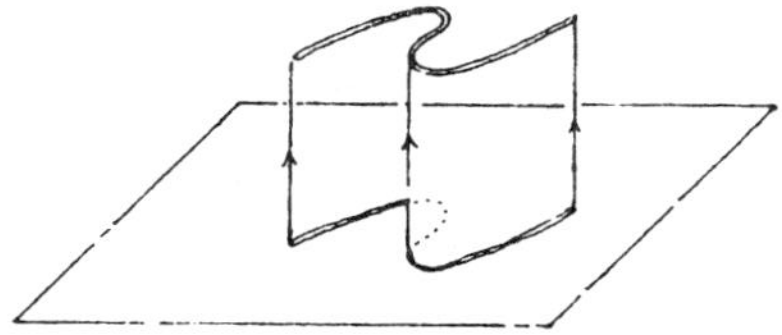

★線の軌跡。

★解答5・1

2D空間で線を結ぶことはできない。そのわけは、フラットランドの中で線を横切ってそれ自身に重ねる方法はないからである。また4D空間では、第5章で論じたように、余分な自由度から結び目をそれ自身に潜り抜けさせることができるから、結び目の線はほどけてしまうだろう。すべてのものは次元を一つあげてやると、4D空間で平面を結ぶことができるが、3Dでも5Dでもそれはできない。どのようにしたら平面を結ぶことができるだろうか？　ヒントは結び目からスタートして、結び目を空間からアナ方向に動かすと考えることである。すると線が描く軌跡は、結ばれた平面になるだろう。線は結ばれているが――ここが重要な点なのだが――それ自身には交差していない。もちろん、3D空間で結び目を動かすと、軌跡はそれ自身に交差するが、アナ方向は空間のどの方向とも直交するから、いたるところで4D軌跡がみずからにもどってくることはないのである。

★解答6・1

アストリア人は、振動子を空間から抜き出さずに向きを変えるのだろう。歩く死人の様な人とか、特質をまったくもたない人、ハンセン氏病治癒患者のような人は、雰囲気とか感受性をもたないように思えるかもしれない。ルネ・デカルトを含む初期の思索家たちが、松果体は脳の中心に位置し、他の人々のオーラとか霊気振動を知覚する一種の第三の目であると考えたことを思い起こすのは興味深いことである。

★解答6・2

アストリア人が堅い足元の空間に小さな3D針を突き立てることができるものとすると、空間の向こうから引っ張る重力に抵抗することができるだろう。チャールズ・H・ヒントンの小説『平面世界』では、これはちょうどアストリア人がすることとして描かれている。

船長が船とは独自に活動するように、魂は体とは独自に活動するのである。魂はそれに付随した実在〔エーテル〕に作用することができるのだ……。

自分は飛翔し、天使のように空中を舞い上がっているのだと一生懸命に念じると、魂は私を舞い上がらせ、付随した実在に作用して向きを変えさせてくれる。

もしすべての人が同じ考えを抱いたとしたら、すべての人は舞い上がる。その力を一つにまとめれば、地球軌道を変えるほど巨大なものになるだろう。

★解答6・3

キューブ氏はスクエア氏がいる空間部分を切り取って、それをはじいてやった。ここで、フラットランド空間が〝はじき出されて〟そこに穴ができることを気にする人がいるかもしれない。それなら、キューブ氏が刺繡をするときの輪のようなものを使って、切り取って穴になった部分の縁をきゅっと締めあげたものとしよう。あるいは事によると、空間にしばらくの間穴が開いていたかもしれない。穴が開いている空間とはどのようなものだろうか？ 第7章でこの問題に立ちもどることにしよう。

★スクエア氏は危険な作戦を敢行する。

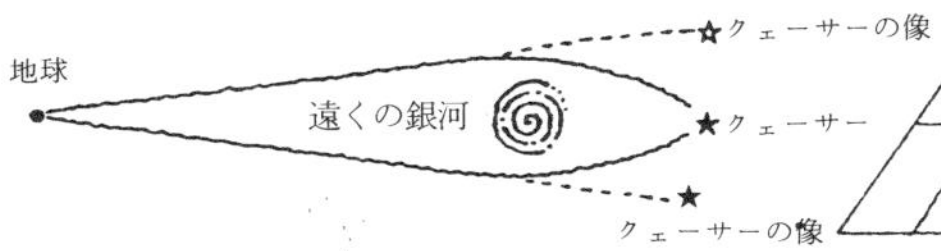

★二つの経路の見え方。

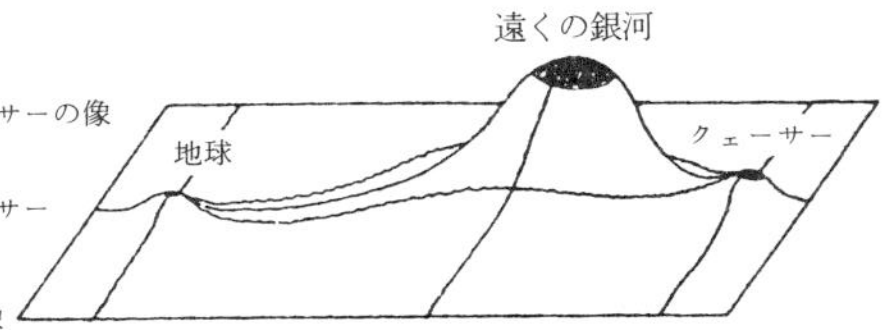

★三つのコブが一列に並ぶと最短距離が二本できる。

★解答6・4

役立たない。なぜなら、穴が空間を動き回るかどうかを言えないからである。これは、特定の物質のコブが、特定の構造をした空間領域を識別するのに役立たないことに似ている。それは水面を伝わる波のようなもので、波が動くのに応じて水の各小部分は絶えまなく変化するのである。動く空間の穴は、液体中に浮いている泡にたとえられるかもしれない。泡の形と大きさは同じでも、泡の境界にある液体の小部分は泡が動くにつれて変化している。こういった考察から思いつかれた風変わりな考え方は、物質の最小の成分はおそらく渦や空間のコブではなく、空間に実際にある穴であるというものである。

★解答6・5

これは、銀河系のコブが私たちとクェーサーの間に一列に並ぶように位置していると考えればよい。クェーサーから私たちに向かってきた光は、銀河の巨大なコブの両側を迂回する、二本の等しい長さの最短経路を通ってくることが可能である。クェーサーの像がこのように二重に見えることは、一九七九年に明確に観測された（フレデリック・チャッフィー、「重力レンズの発見」、*Scientific American*、一九八〇年一一月号を参照されたい）。「重力レンズ」という語句は、空間の曲率が光を曲げることができるという事実を表現する刺激的な方法である。途方もなく遠方にある、巨大な重力レンズがついた超望遠鏡と考える点がおもしろいところである。

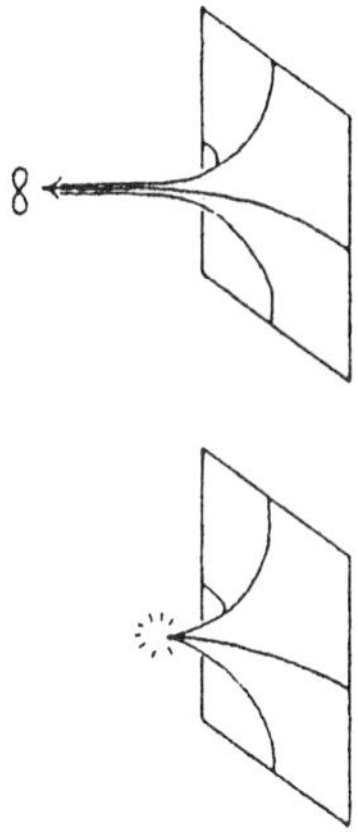

★二種類の特異点。

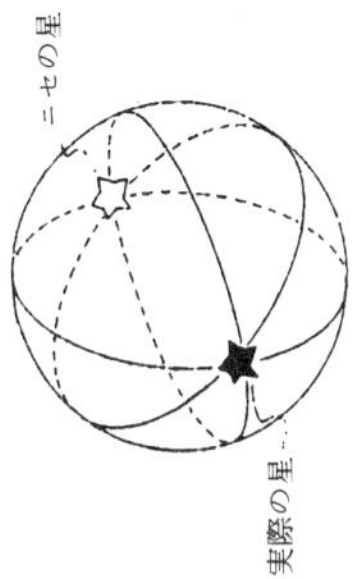

★対蹠点にある星の虚像。

★解答6・6

点状の大きさの質量は、空間の鋭い尖点(カスプ)として、もっとも単純に表現できる。あるいはこの尖点が無限遠にまでずっと引き伸ばされていると考えてもよい。

★解答7・1

球の測地線はいわゆる大円である。すなわち、赤道のような最大の円である。球の表面に関して言えば、赤道は南でも北でもないから〝まっすぐ〟である。北極圏のような小円は、球の表面上では曲がって見え、測地線と考えることはできない。

★解答7・2

無質量星の自然な説明としては、空間は超球体で、無質量星は実際の星と宇宙の対蹠点にある虚像であるというのがよい。残念ながら仮りに空間が超球体であったとしても、実際にそのような〝にせの星〟を観察できそうにもない。問題は、星から出た光線がもっとも遠くの点で完全に焦点を結ぶことを妨げる中間スケールのでこぼこで台なしになっているところにある。もう一つの困難は、空間があちこちに塵の雲を含んでいて、その塵は星の光線が宇宙を半周もしないうちに大部分を吸収してしまうだろうということである。この二つの問題がなかったとしたら、一般的に空の正反対の点に任意の星の虚像が見えると期待してもよいだろう——もちろん、空間が実際に超球体になっているとしての話であるが。

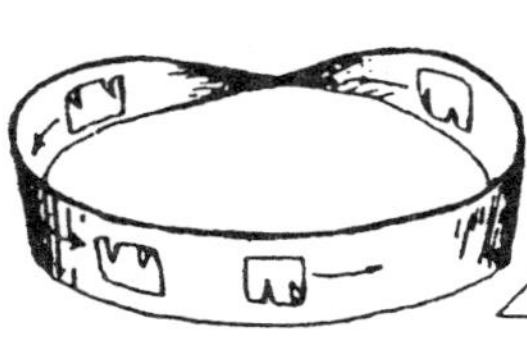

★スクエア氏はメビウスの輪を回る。

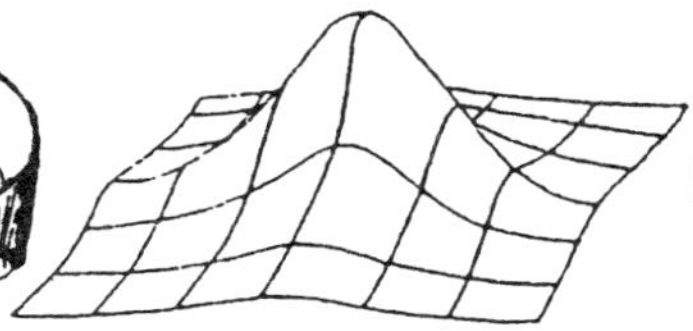

★実寸通りに描いた湾曲した空間。

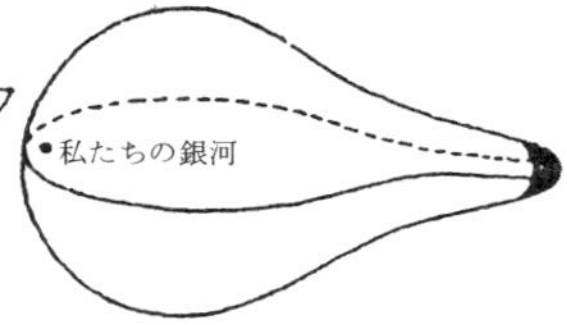

★"中心となる"質量がある有限宇宙。

★解答7・3

それは電球か、ソフトクリームの円錐状(コーン)ウエハースのような、一方向に出っ張ったボールのように見えることだろう。私たちの空間が実際に不均斉な構造をしていることは想像に難くない。私たちがそのような出っ張りを作っている超質量星と反対側の辺りにいるものとすると、必ずしもその星を直接見ることができるとはかぎらないだろう。空間の塵と中間にある空間のコブが、異常に大きいという印象を減殺してしまうこともありうる。私たちの空間に対するモデルは、ポール・デイヴィスの『無限大の縁』(一九八三年)という著書で論じられている。

★解答7・4

まん中にピークをもつ四角い表面といったようなものになるだろう。本文の図と上図は同じ事実を表す二つの異なった方法である。それは、この表面の真ん中に近づくにつれて、通常考えるよりも空間が余分にあることを表しているのである。

★解答7・5

彼は自分自身の鏡像に変わってしまっている!

★解答7・6

穴の近くの空間は果てしもなく引き伸ばされた〝煙突〟になっている。煙突の終端に達

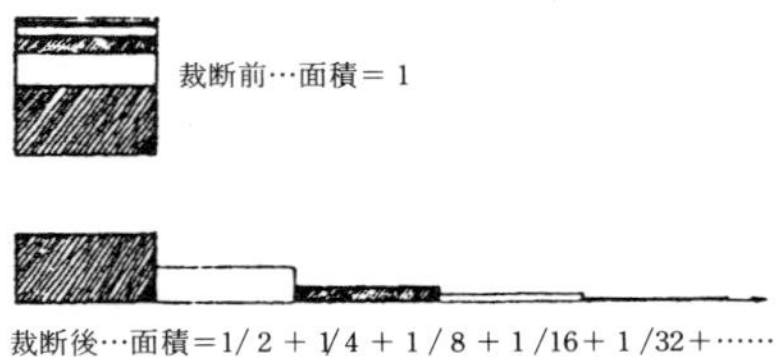

★無限の長さをもつ有限の面積。

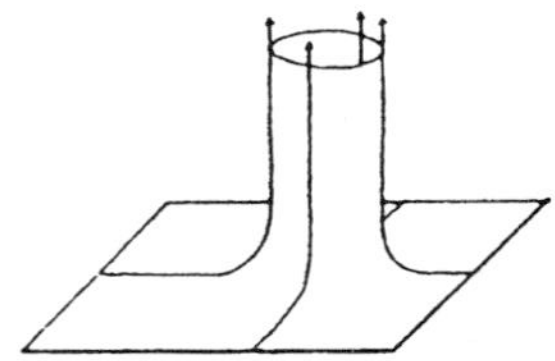
★空間の無限に遠く離れた穴。

したフラットランド人はいないし、穴に滑り落ちたフラットランド人もいないのである。

★解答7・7

正方形を際限もなく二等分していくと考えればよく、底辺が同じで高さが$\frac{1}{2}$、$\frac{1}{4}$、$\frac{1}{8}$、$\frac{1}{16}$、等々の無限に多くの部分に分割される。再びゼノンの御登場だ！　こうして得られた領域を横に並べていくと、無限に長いものになるが、面積は1のままになっている。

★解答8・1

二枚の空間シートに分離できるだろう。この締め付けを性急にやると、件(くだん)のグロッブランド人はかなりの損傷を受けるかも知れない。

★解答8・2

これは空間の穴がとり除かれているとしても、図112に表されているタイプの結びつきである。その描像は二つの空間を結びつけている空間の帯といったものである。この帯は、お互いが表面で相接するように、出っ張りが非常に短くなっているだろう(**ここで私たちの空間での鏡が平面のようなものであるのと同様、フラットランドでの鏡は直線のようなものであるということを念頭においていただきたい**)。この種の空間の連結は、ルイス・キャロルが『鏡の国のアリス』であつかったものそのものである。マルセル・デュシャンも別の宇宙に通ずるドアとしての鏡概念にとり憑かれた一人である。鏡に接近する問題は、原理的に、鏡を通り抜けて通常の空間と

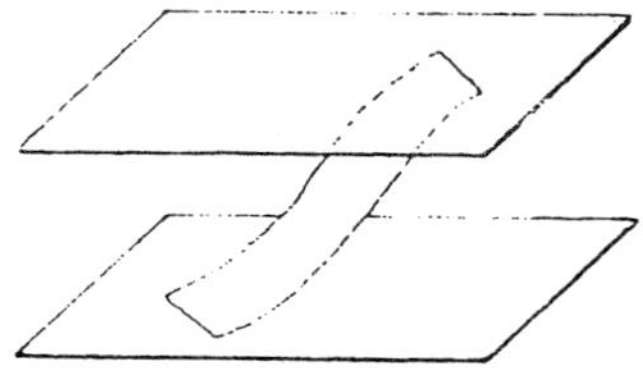
★二つの世界の間の連結。

接続するか、私たちの空間から抜け出て鏡の中に見える別の空間に入るかのどちらかを選択することだ、という事実に彼は衝き動かされたのであった。だからデュシャンにとって、鏡は実空間と鏡空間という二つの空間の一種の転轍器になっているのである。リンダ・ダリンプル・ヘンダーソンの『現代美術における四次元と非ユークリッド幾何学』（一九八三年）を参照されたい。

鏡が別世界への連絡扉であるという幻覚を高揚する鮮やかな方法は、暗室でフラッシュを焚いて鏡に近づく方法である。光学の法則から、鏡に向かってフラッシュを光らせると、その像はまるでフラッシュの光線が鏡をつき抜けて、鏡の反対にある暗室にやってくるように見えるはずである。

★解答8・3

アインシュタイン＝ローゼン橋を地下に据えつけ、この超空間トンネルをフラットランドの無窮の平面のほかには何もない、無限大の空間につなげばよい。

★解答9・1

丸い小さな風船を考えよう。それを膨らませてから、手を放すと空気が吹き出る。風船の表面と内部の全時空間軌跡は、そのまま超球体になっている。表面だけの軌跡は、超球体の超表面である。

風船が膨らんだり縮んだりする速さは、空間と時間の間のどのような転換因子を用いるかにかかっている。相対性理論では、転換因子として光速度が用いられる。すなわち、〝一メートル時間〟は、光線が一メートル進むのにかかる時間で、約三億分の一秒である。

4D時空間で超立方体を作るのは、ずっと簡単である。ブラウン大学のタム・バンチョフ教授が言っているように、〝時空間の超立方体はしばらくは……立方体にすぎない〟。

★解答9・2

〝融解する未来〟という世界観は、未来事象が貯蔵され、待機しているという概念に対応している。一様な〝現在〟が時間の推移とともに前進し、刻一刻が絶え間なく消耗している。この観点では、過去事象はまったく存在しない。人々が自分の生活体験をこのように感ずることがないわけではない。ここでは人生は消費される乏しい泉であり、一度つきてしまうとまったくどうでもよいものとなる。これはおそらく時空間を考える上でもっとも報われることの少ない方法で、それはこれとは別の図146に示した三つの世界観に固有の、個々の哲理の性質について考えてみるとわかる。自分自身を過去から切り離すといっても、たいへん心もとない、弱い立場に置かれるものである。しかし本当に過去を捨て去るなら、同じように未来をも捨て去るかもしれない。そうすれば、全く〝現在〟に身を置くことになる。

★解答9・3

リー氏はXをAとCの中間に置くだろう。その理由は、リー氏はXからCまでに要する

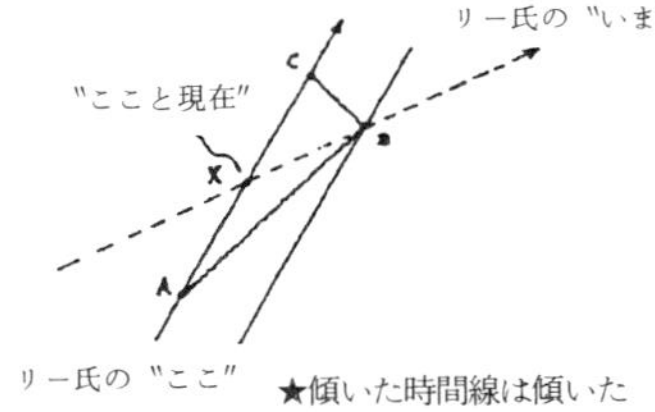

★傾いた時間線は傾いた空間線の原因となる。

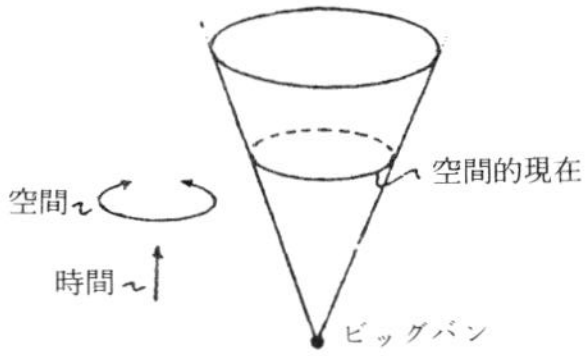

★膨張している有限空間。

時間と、光がプラットホームのB点からもどってくるのに要する時間とが同じだと仮定するからである。パズルで述べた仮定(1)と(2)からみて、彼がこう考えるのは自然である。もちろん私たちは、光がBからCに行くよりもAからBに行く方が実際に長い時間を要すると思っている……しかしリー氏は、君たちは光速の½の速さで僕を追い抜いていくのでそのように考えるのでしょう、と言うだろう！

もしBと(リー氏がBと同時であると言っている)事象Xとを破線で結ぶと、リー氏の同時線の一つが得られる。この線はリーが書くミンコフスキー・ダイアグラムの空間軸に対応している。それを引くもう一つの理由は——リー氏の世界線が彼の〝ここ〟という概念を表しているように——この線は彼の〝現在〟という概念を表しているというためである。そのようなダイアグラムでは、観測者の同時線は彼の世界線が傾いている角度と常に同じだけ傾くことを証明することが可能である。

★解答9・4

この図は上に示したような、一種の〝円錐〟時空間であろう。出発点は〝初期特異点〟、またはビッグバンとして知られている。私たちの空間がいつかは一点に収縮していくものかどうかは、現在のところわかっていない。明らかにそれは、私たちの宇宙にどれくらいの質量があるかということに依存している。すなわち、十分な質量があれば、重力がそれを引きもどすことになるだろう。

★解答10・1

封印された部屋に入るために、部屋の壁が崩れ去ってしまう遠い未来にまで旅行すればよいのである。そこで部屋に入り、時間を遡るのである。これは、アナ方向に運動し、部屋がある場所を横切って、カタ方向にもどって部屋の空間に入る行為とぴったりと類似していることに注意していただきたい。

誰かの胃から食物を取り出すのは、もう少し手が込んでいる。というのは、君自身からして他人の胃に割り込みたいとは思わないだろうから。問題の胃が、クリスマス・パーティを抜け出して二階の寝室でうたた寝している、エンブリー叔父さんのものだとしよう。なすべきことは、叔父さんがベッドから起き出す夕方まで時間を遡ることである。スプーンをもってきて、ベッド上の彼の胃があった所に正しく置く。そこで彼がいた時刻までそれを送り、それからベッドが空になった時刻にもどしてやる。これを二、三度くり返すと、叔父さんの胃からかみ砕かれた食物をすべて取り出すことができる。その晩彼がひどく驚くようにそれを枕の下に隠してみよう！

★解答10・2

もしタイムマシンが時間を直線的に遡行するものと仮定すると、それを一週間前に送ったとき、いたる所〝一週間前のこの場所〟になってしまう。地球は一週間前の〝この場所〟にとどまっていると考えるわけにはいかないから、時間を遡行すると空虚な空間に出現することは十分ありうる。通常SF作家は、タイムマシンがどうにかして地球の時空間径路を追跡させるようにして、この問題をきり抜けている。

このパラドックスが解消したとしても、タイムマシンは、空間に絶対的に静止または運動する物体は存在しない、という相対性理論の基本的な仮定によってすでに除外されていることを認識するのは興味深いことである。もちろん、どうにかしてタイムマシンを建造したとしたら、おそらく相対性原理に対して〝タイムマシンを使用する例外〟条項を加えることになるだろう。あるいは、タイムマシンを過去の一定の目標に〝狙いをつける〟こともあるかもしれない。

タイムマシンを〝まさにここ〟を定義するのに使うことができるのと同様に、物体を瞬時に送り込む機械は〝たったいま〟を定義するのに使うことができることに注意しよう。たとえば、たくさんの同期化された時計を同時刻に、いたる所に吐き出すことができるというわけである。これもまた相対性を損うのは当然である。

★解答10・3

要点は〝同時性〟が相対的な概念だということである。地球から見て、BはAとたまたま同時刻にあるので、AからBに瞬時に旅行することができる。私たちから遠く離れた銀河系から見て、CはBと同時であるので、BからCに瞬時に旅行することができる。二つの旅行を結びつけると、AからCにいたるから、自分の過去に行くことができるのである。

★解答10・4

数十万年の旅のあとで、数十万年の時間を遡ってもどってきて、地球を見つけることができるような優秀な人工頭脳をロケットに装備したとしよう。それが地球を見出しさえすれば、わずかの時間のジャンプをしてその日（発進した日）にもどって着陸するはずである。

★解答10・5

無線標識が時間とともに持続するとは考えにくい。それが地球から漂い始めて決してもどって来なければ、一個発信させた結果として、そこから果てしなく多くの無線標識がでているように見えるだろう！　これはばかげている。もしB_1がB_0の発信を禁止するなら、事態はとりわけひどいものになる。イエスーノー・パラドックスになるのである！

別の考え方が必要である。標識を作り出す個々の粒子を眺めてみることにしよう。宇宙が実際にみずからを繰り返すのなら、各粒子は――各サイクルの終わりで――出発位置にもどらなければならない。したがって粒子の世界線は時空間円筒に巻きついたゴムバンドのようなものになる。

そこで私たちが、そのような円環時間の宇宙にいるものとしよう。そして永続性のある無線標識を作ったものとしよう。標識は時空間のまわりに巻きついて厚い“バンド”のもつれを形成する。そこで標識を――それを見出すために向かい合っているので――集めたから、標識を構成する粒子のすべてが、オールとして、ガラスの破片等々として、ついには地球にもどってくることになる。したがって、円環時間の宇宙では私たちが建造し空間

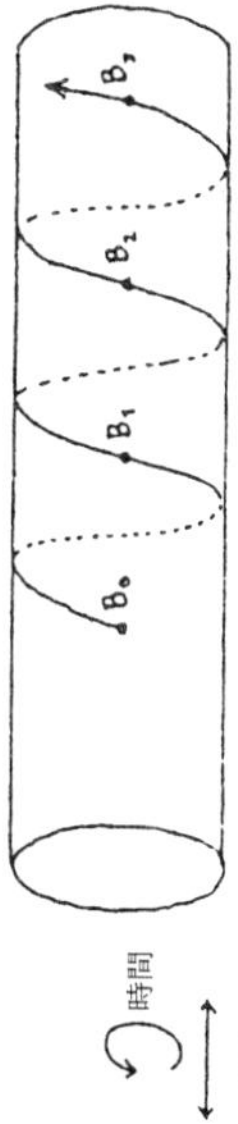

★一は無限になるか？

に発進させる船はいかなるものも、ついには地球にもどってきて衝突してしまう……そうしてその粒子はまた集まって船になり発進されるのである。言い換えれば、もし時間が円環的であるなら、本当に不滅な物体を造ることは不可能だということになる！　なぜなら造ったものはすべて、〝再び〟それを造ることができるように、ついには部分に分解してしまわなければならないからである。

★解答10・6

ここでイエスーノー・パラドックスに逢着する。一〇時に電話がかかってこないならば、そしてそのときにのみ、私は一一時にダイヤル〝1〟を回すが、一一時にダイヤル〝1〟を回すなら、そしてそのときにのみ一〇時に電話がかかってくる。いいかえれば、一〇時に電話がかかってこないならば、そしてそのときにのみ、一〇時に電話がかかってくるのである。この特別なパラドックスは、G・ベンフォード、D・ブック、W・ニューカム著『タキオンの反電話』（一九七〇年）で初めて提起されたものである。グレゴリー・ベンフォードは、ちなみに物理学者であるというだけでなくSF作家でもある。彼が論文で述べている〝タキオン〟とは、通常の質量粒子とは異なり、常に光速より、速く走る仮想的な粒子である。ベンフォードは論文で、タキオンをそれ自身の過去に使うことができるから、原理的にも、それを検出するのは不可能であるに違いないと論じている。そうするともしタキオンが実在するものなら、それらは、時間の方向がある意味で私たちの時間の方向と直交する、一種の検出できない幻（ゴースト）の宇宙を充たしていることになるのである。

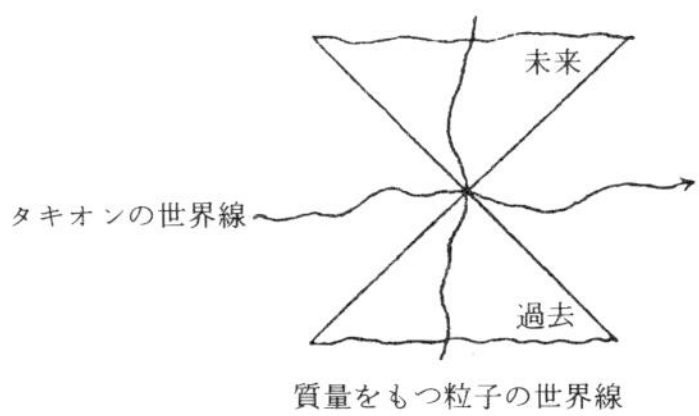

★夜を旅する船。

★解答11・1

そうではない。おそらく君の人生のある断面についてまったく何の考えも含まない、別の断面が存在するのである。ボルヘスは『時間の論駁』の中で、人生で回想する心の状態はどれも現実には同じ事象なのだと論じている。

★解答11・2

デューンの考えは、どんな瞬間にも通常の時間軸 T_1 方向に固定した未来があるが、第二の高次の時間 T_2 が推移するので、未来は変化するというのである。現実の時間の運動は、未来に向かって運動していくと考えることができる T_1 の運動と、別の世界に向かって運動していくと考えることができる T_2 の運動との結合である。次の月曜の T_1 未来にいやなものを見たとき、T_2 方向に動いて、異なる T_1 未来のかわりの時空間に移ることができる。

デューンは、無限後退によって考えようとした。時間に関する彼の考えは、一つの後退に導く。なぜなら、夢を見る心が T_1 の未来を見ることができるならば、それは T_2 の未来をも見ることができるということが、理に合わないとは言えないからである。そしてもし T_2 の未来を見ることができるなら、それを変えることができる。それは全体として異なる T_1—T_2 平面に対する時間軸、たとえば T_3 にそって実際に運動していくことを意味するのである！　そして、当然ながら T_3 でとどまることはなく、遡及は永遠に続くことになる。

デューンがそのようなばかげた系を進んで受け容れた理由は、単純なミンコフスキー・ダイアグラムが、時間は実際に推移するものだという私たちの感情を描写できないことに

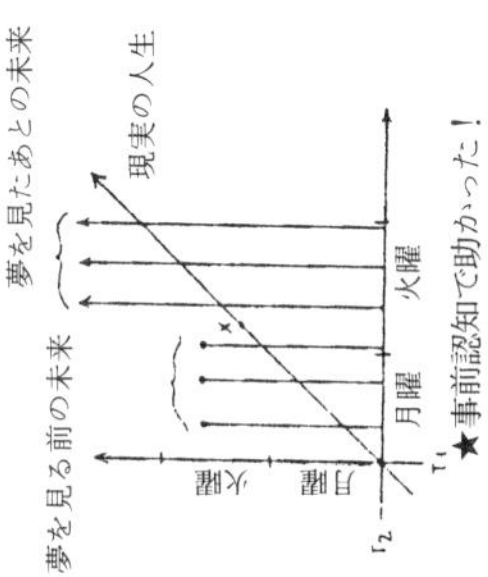

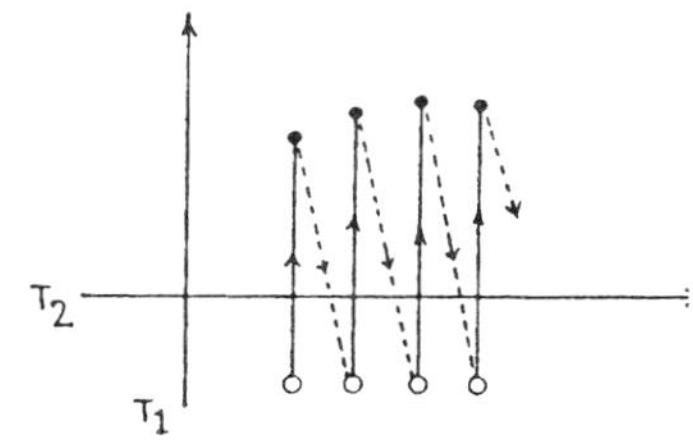

★〝それが間違いのないものになるまで繰り返そうとする！〟

不満をもったからである。11章で論じたように、〝意識の焦点〟を世界線にそって上向きに動かしていくと考えることによって〝動画風〟ミンコフスキー・ダイアグラムを作ろうという試みは、デューンの様式の遡及に導く。

チャールズ・ハワード・ヒントンは、その一八八五年の『終わりのないコミュニケーション』の中で、いくぶん異なる種類の二次元的次元を描いている。ヒントンの概念は、人の一生は何度も何度も繰り返されるのだが、毎回わずかな変化が可能であるというものである。人生を何度も繰り返したのち、ついには間違いのないものとなるのである。

★解答 11・3

矛盾はない。これは、事実空間の領域が一つの軸（君の意見）に関してはあいまいな位置にあるが、別の軸（別の人の意見）に関しては鮮明な位置にあるという、もう一つの例である。もしある人が感ずる部分に十分接近したとすると、その人の動きに応じた意見を展開できるだろう。しかししばらく離れていてもどってきたとすると、その人が別の人である多くの可能な状態は、一つか二つの明確に限定された事実に収束するように思われるだろう。量子力学では、この突然の変化は〝波動関数の収束〟と呼ばれている。ある厳格でない状態では、自分自身の軸に関してすら事実空間で自分自身が広がっているのは、まったく価値がない。すなわち、目下自分が幸福かどうか自問していないとすると、いまはこの質問に対しては一定した答がないことになる。鮮明であれ不鮮明であれ、実在とはそれがそう見えるものなのである。

あとがき◆参考文献
Afterwords/Bibliography

訳者あとがき——物理学的空間　竹沢攻一

本書は、基調として二次元と三次元を比較し、それとの類似から四次元を想像させ、ＳＦや物理学で考えられている超空間について論及したものである。著者ラッカーは共時性のようなタオ形而上学についても熱っぽく語っている。まえがきでガードナーが述べているように、それを信じる、信じないは問題ではない。ラッカーが主張するように、空を飛んでみたいという強烈な夢がなかったら飛行機は生まれなかったであろう。空間についてのさまざまな可能性を考えておくのは決して無意味ではない。本書はそういう意味できわめて示唆に富み、刺激的である。

ところで、事実は小説よりも奇なりといわれるが、現代物理学で展開されている理論の多くは十分気違いじみており、ＳＦよりも奇なりといえるものさえある。ここではそのような現代物理学の学説をいくつか紹介して、本書の若干の補足としたい。

アインシュタインの一九〇五年の特殊相対性理論は、運動物体の空間と時間は密接に結びついていることを明らかにし、ミンコフスキーはこれを空間の三次元に時間という異質な次元を加えた四次元時空連続体という概念で表現した。この理論の結果を列挙してみると、光速度に近い速さで走っている物体は静止系から見ると縮んだり変形して見えること、光速度に近い速さに近づけば近づくほど質量が増大して加速しにくくなること（その結果光速度より速くはなれない）、質量とエネルギーは等価であること（その結果質量保存の法則とエネルギー保存の法則とは同じ内容を表しているということになった）等々。これらの常識に反する結果は、光速度不変の原理と特殊相対性原理から導かれるのである。この理論は慣性系についてしか成り立たなかったから、アインシュタインはこれを加速度系に拡張し、一九一六年に一般相対性理論を提唱した。この理論では重力によって時空間が曲がると考える。すなわち質量をもつ物体のまわりの時空間は歪むと表現できるのである。

一方、黒体放射の研究をしていたプランクは、一九〇〇年にエネルギーが粒状で、振動数に比例することを発見した。五年後にアインシュタインは光電効果の理論を発表した。これは金属表面にあてた光は粒子状のもの（量子と呼ぶ）として電子に吸収され、光のエネルギーを吸収した電子は金属原子の束縛力をふりきって金属表面から跳び出し、電場をかけることによって弾き出された電子（光電子という）を集めれば電流が流れるというものであった。したがって、金属原子の束縛エネルギーより小さいエネルギーの光量子（これを単に光子と呼んでいる）を何個あてても電流は流れないが、束縛エネルギーより大きいエネルギーなら光子が一個でも光電子が跳び出すのである。これは光が連続体であるという考えを根本からくつがえすものであった。

この考えはニールス・ボーアやド・ブロイによって発展させられ、一九二五、二六年にハイゼンベルクとシュレーディンガーによって独立に量子力学という理論にまとめ上げられた。量子力学によると、すべての物質は粒子性と波動性という二重の性質を兼ね備えており、ある状況の下では粒子としての性質が、別の状況の下では波動としての性質が顕著に現れるというのである（**相補性の原理**）。

相対性理論が厳密に因果的な理論であるのに対して量子力学は非因果的な理論であり、量子力学の二重性をめぐってアインシュタインとニールス・ボーアは大いに議論を闘わせた。この有名な論争では常にボーアに利があり、コペンハーゲン学派の説が量子力学の解釈の主流となった。それによると、物理量は観測行為と無関係には客観的実在をもちえないのだという。観測は観測対象に攪乱を与えるだけでなく、むしろ、それをつくり出して、電子に決まった位置をとるように仕向けるというのである。この量子力学の教義の実験的検証は繰り返し試みられてきたが、近年（一九八一年）アスペとその協力者たちがベルの定理（一九六四年）のテストを実験で行い、量子論の予言通りであることを確かめたといわれる（**詳しくは、たとえば、デスパニア著、町田茂訳『量子力学における観測の理論』岩波書店、一九八〇、デビッド・マーミン著、中嶋貞雄訳「われ月見る、ゆえに月あり――実在性と量子論――」『パリティ』、一九八六年五月号を参照されたい**）。いずれにしても、これは私たちの素朴実在論とは真向から対立する考え方である。

ところで、今世紀の二大理論である量子論と一般相対性理論を融合する努力は連綿と試みられてきたが、いずれも空しくついえた。その原因は、素粒子が有限の大きさをもっているとすると、その素粒子が運動するとき、一方の端から出る信号が他方の端まで伝わって作用するはずであるが、その作用を整合的に記述することができなくなるところにある。

つまり、因果律が破綻するところにある。

一般相対性理論は重力場の古典論として完全なものであるが、電磁場の存在の必然性をなんら説明しないものであった。アインシュタインはこれを不満足と考え、すべてを統一的に説明できるような理論を建設することを後半生の目標としたが、成功しなかった。実は自然界には、基本的な力として重力と電磁気力のほかに強い相互作用と弱い相互作用が知られている。それらも包含した統一場理論はとても難しく、その試みは一時すたれてしまった。

湯川秀樹博士によって扉が開かれた素粒子物理学においては、一九五〇年代に、名古屋大学の坂田昌一博士に代表されるグループが、ハドロン（強い相互作用をする素粒子）と中間子をそれより下位の、もっと小さな微粒子——基本粒子——からなると考え、それらが数学的な2—U（3）という対称性を有することが明らかにされた。この理論はSU（3）模型へと発展させられ、ゲルマンとツワイクは独立に、八道説の複合粒子説による基礎付けとしてハドロンはバリオン数が$\frac{1}{3}$で電荷が$\frac{2}{3}e$か$-\frac{e}{3}$（eは素電荷）のはんぱな電荷をもつ三種類の基本粒子（クォークと名づけられた）とその反粒子から構成されているという、クォーク模型を提唱した。クォークの実験的探求が精力的に行われていたが、現在にいたるまで単体のクォークは発見されていない。このためクォークはハドロンの中に閉じ込められていると考えられている。提案当初クォークは、uクォーク、dクォーク、sクォークの三種類であったが、その後cクォーク、bクォーク、tクォークが追加され、クォークには六種類のフレーバー（香り）の自由度があるといわれている。六種類のクォークはカラー（色）の自由度と呼ばれる観測にかからない自由度をもち、この自由度がSU（3）群の対称性を示す。これを量子色力学という。

弱い相互作用と電磁相互作用しかない粒子をレプトンと呼び、一九六七年にワインバーグとサラムは、レプトンとクォークの電磁および弱い相互作用をSU（2）×U（1）という対称性をもつゲージ場（ヤンーミルズ場）とヒグス機構という観点から定式化した、くり込み可能な場の理論を提唱した。これを弱電磁相互作用の統一理論と呼ぶ。グラショーは、一九七四年にジョージとともに、SU（5）群に基づく非可換ゲージ理論によって、強い相互作用、電磁相互作用、弱い相互作用を統一的に記述する大統一理論を提唱した。アインシュタインの統一場理論の構想が思わぬ形で進展したわけである。しかし、重力相互作用まで統一することには成功していない。

ところで、一九六〇年代の終わり頃、南部陽一郎博士はハドロンが振動する弦から構成されており、振動のそれぞれのモードが別々の粒子にあたると考えた。これが弦理論の始まりとされる。しかし、南部理論が自己無矛盾なのは二六次元においてのみであることが明らかにされた。シュワーツとグリーンは、一九八四年に、超弦とよばれる特別な弦理論は、内部対称性群がSO（32）という対称性をもつかぎり、一〇次元で異常性をもたないことを発見した。

この超弦理論によると、宇宙は最初一〇次元であったが、あるとき一〇次元の時空構造が激しく破裂して、よりエネルギーの低い二つの無関係な宇宙を速やかに再形成した。四次元宇宙と六次元宇宙である。強烈な爆発でインフレーション（急速な膨張）の過程をおし進めるのに充分なエネルギーが発生した。ビッグバン（宇宙の初めの大爆発）はその後、すでにインフレーション段階が衰え、伝統的な膨張宇宙に遷移するとき、漸く現れたのである。この理論が正しいとすると、私たちの時空四次元宇宙と共存する六次元の姉妹宇宙があることになるが、それは10^{-35}（m）位もの小さな領域に縮んでしまったというのである。何という想像力であろうか！　これが現代物理学の最前線の流行になってきている理論の一つなのである。

超弦理論は因果律を破ることなく、量子力学と相対論が融合された上に成り立ち、重力に関して量子論の筋を通す最初にして唯一のものだと考えられているということである。

以上、現代物理学の大真面目な議論について簡単に紹介してきた。このほかにも、観測理論にかかわって、一九五七年にエヴェレットが枝分かれ宇宙（多重宇宙）解釈を提唱している。これは本書で紹介されている宇宙モデルに関係がある。また時間は過去から現在、未来へと一方向に流れる（これを時間の矢という）が、これにかかわって、一九六〇年代の初めに定常宇宙論の提唱者として名高いゴールドが、宇宙の収縮期にはエントロピー（無秩序さ）は減少し、宇宙の終わりには宇宙の初めと同じ値にもどる。だから収縮期には時間は逆向きに流れるという時間対称宇宙モデルを示した。車椅子の天才ホーキングは、一九八五年にこれを発展させた量子宇宙論を提唱した。

これによれば、宇宙はまず量子効果によって時間、空間、物質のまったくない無の状態から真空のエネルギーをもった状態でつくられ、そのエネルギーのためしばらくインフレーションを起こす。その後、真空のエネルギーは消え、膨張は減速されビッグバン理論での膨張状態に移り最大の膨張となる。そのあとはあたかもフィルムを逆転したように時間対称に収縮し、そして無に消え去る。ホーキングは閉じた宇宙に経路積分の方法を適用して、宇宙の波動関数の満たすべき方程式と波動関数の両方を決めることを考えた。その際、考えている三次元空間以外に境界面をもたない閉じた四次元空間だけ（無数にある）について経路積分をするというのである。初期面となるような境界はどこにも存在せず、境界がないのが宇宙の境界条件だというわけだからである。

このほかにも注目に値する理論はいろいろあるが、結局は物理であつかう空間は四次元時空間であって、空間の四番目次元をあつかうものではないことがわかる。

ところで、私たちが現在手にしている科学は正しいものであるとするような勝利者史観からすれば、本書に登場するエーテルやタキオンはマユツバものだと思われることだろう。しかし昔もいまも新しいアイデアは神秘主義的な土壌から生まれているのであり、正しいアイデアは「十分気狂いじみていなければならない」（N・ボーア）のだとも言われる。歴史的にみても、燃素（フロギストン）とか熱素（カロリック）とか霊魂（ソウル）といったものが真剣に議論され、科学は魔術や錬金術と混然と不可分に結びついていたのであり、ニュートンでさえ、ケインズによって「最後の魔術師」と呼ばれたのであった（島尾永康著『ニュートン』、岩波新書、一九七九）。現代においてもモノポール（磁気単極子）やグラビトン（重力子）、第五の力などが熱心に探索されているのである。

何が正しい概念であり、何が正しくない概念であるなどと断言することはできはしない。3°K黒体輻射とか中性子星、ブラックホールといったマユツバに思われた概念もいまや市民権を得たようである。一九八七年にミュラーとベドノルツによって発見された酸化物超伝導体は物理学者たちを驚嘆させ、かつ興奮のルツボに投げ込んだ。これは科学万能といわれる現代においても、予期せざる自然現象が存在することを示した好例である。

このように思い浮かぶアイデアはどんなものでも、いかに珍奇に思えようとも十分掘り下げてみる価値があるといえよう。そういう意味で、知のアクロバットとも言える本書を大いに楽しんでいただけたのではないかと思う。右に紹介した物理学的空間のほかにも、SFの領域では耳目をそばだてるような大胆な説がいろいろ提出されている。それらを含めて、読者の興味を倍加すると思われる入門書を左に掲げ詳しくはそれらを参照していただくこととし、ここではこの簡単な紹介記事を終えることにしたい。

一九八九年二月一三日　　訳者

参考書

・P・C・W・デイヴィス、J・R・ブラウン編、出口修至訳、『量子と混沌』、地人選書（一九八七）
・松田卓也、二間瀬敏史著、『時間の逆流する世界――時間・空間と宇宙の秘密――』、丸善（一九八七）
・M・カク、J・トレイナー著、久志本克己訳、広瀬立成監修、『アインシュタインを超える――超弦理論が語る宇宙の姿――』、講談社ブルーバックス（一九八八）
・都築卓司著、『四次元問答――ビッグ・バンから銀河鉄道まで――』、同右（一九八〇）
・ジョン・グリビン著、山本祐靖訳、『ホワイト・ホール――宇宙の噴出口――』、同右（一九七八）

・石原藤夫、福江純著、『ＳＦを科学する——どこまで真実？　どこまで虚構？——』、同右（一九八七）
・中村義作著、『四次元の幾何学——不思議な図形の世界をのぞく——』、同右（一九八六）
・ジョン・テイラー著、渡辺正訳、『ブラック・ホール』、同右（一九七五）
・溝江昌吾著、『クォークから宇宙へ——揺れ動く素粒子の世界——』、ダイヤモンド社（一九七九）

監訳者あとがき——ラッカーのゲーデル的ＳＦ世界　金子務

本書についてはマーティン・ガードナーの周到な序文があり、著者自身の前書もある。これらを読めば、本書がなにを描こうとしているかはわかるはずだ。なによりも知的エンターテイメントの本であり、もったいぶった哲学やら文学やらで飾った思想書ではない。しかし、そうはいっても「第四次元」について著者が長年培ってきた考えを刺激的な形で展開しているから、読みごたえは十分である。ここは、ガードナーが触れようとしなかった問題、たとえばラッカーのゲーデル的な性格、そのＳＦの特徴などについて記しておこう。

ラッカーは数学と情報理論の専門家でアメリカＳＦ界の注目株の一人である。そういえば、ラッカーのほうであまり評価しないアイザック・アシモフ（それにひきかえハインラインを評価するが）が生化学の専門家でＳＦ界の長老であるのによく似ている。数学者と生化学の違いはあるが、学界とアングラ文学のＳＦ界との両刀遣いには変わりない。

まず真面目(?)なほうの学界の仕事にはどんなものがあるかを見る前に、彼の略歴をのぞいてみよう。現在既婚、三人の子がいる六〇年代の紛争世代派なのである。

ラッカーのフルネームは、ルドルフ・フォン・ビター・ラッカー（Rudolf von Bitter Rucker）である。ルドルフではあまりにもドイツ人らしいので、ルディ（Rudy）の愛称を筆名に使い出したのかもしれない。私が白揚社から最初に訳したドーヴァー版のラッカーの解説書『かくれた世界』（*Geometry, Relativity and the Fourth Dimension, 1977*）では、Professor Rudolf v. B. Rucker であり、同じ版元でその後出た一九世紀超数学者ヒントン論文のアンソロジー（*Speculations on the Fourth Dimension — Selected Writings of Charles Hinton*. 1980）を編んだラッカーも相変わらずルドルフ・v・B・ラッカー教授である。しかしドーヴァー社は教授と呼んでいるが、実は准教授（Associate Professor）が（少なくとも二年前までは）正しいようである。

その略歴を示しておく。

▽一九四六年三月二二日、ケンタッキー州ルイヴィル生まれ。

▽一九六七年、ペンシルヴァニア州スウォースモア・カレッジ数学科卒。

▽一九七三年、ニュージャージー州ラトガーズ大学博士課程修了（修士も同大学）。

▽一九七二〜七八年、ニューヨーク州立大学助教授。

▽一九七八〜八〇年、ハイデルベルク大学アレクサンダー・フォン・フンボルト基金フェローシップ。

▽一九八〇〜八二年、ヴァージニア州ランドルフ＝メイコン女子大学准教授。

▽一九八六年から現在まで、カリフォルニア州サン・ホゼ大学准教授（コンピュータ・サイエン

ス)。

ここで見る学界向けの略歴がブツブツ切れているのに注目されたい。それについてあるインタビュー(『SFマガジン』一九八六年一月号、チャールズ・プラットの「ルーディ・ラッカーの横顔」)の中で、ニューヨークでもヴァージニアでも「クビになった」と答えている。「どっちの時だって、向こうさえ良ければ僕は残りたかったんだ。同僚たちはビックリしてたし怒ってもいた。だって僕は、大学の誰よりもたくさんの論文を発表していたのに、理事会側はこういうだけなんだ。『君の本質は見えすいている。ここでは君のような人間は望ましくない』――」。

ラッカーも言うように、大学での仕事は三つある。第一は論文を書くこと(Publish, or perish!)。論文を書かない研究者は滅びるしかない。第二は上手に教えること。学生たちに逆査定されるアメリカの教師は日本とは大違いだ。以上二つは研究と教育ということである。第三は人間関係をうまく保つこと。ラッカーは第一、第二はクリアーしたが、第三でひっかかったのである。私の教師体験からいっても、ラッカーには同情する。「コーヒーラウンジですすんでひととお喋りするわけ。僕はそんなの大嫌いだったからね」――というラッカー君は見事に復讐されたのだ。なにしろ「週末にやたらとパーティーを開くとするだろう、そういう時、単なる嫌がらせのために、ひどくいやったらしいことをやるんだ」と答えている。「ある意味で、全ての文学は抗議の文学だから」というラッカーは六〇年代大学紛争世代特有の社会的良識を嘲笑する態度(多くの仲間たちはそれを拭いさって普通の社会人になったのだろうが、ラッカーは色濃く保持したままのようだ、とインタビュー氏は書く)が、理事者たちにカチンときたのだろう。

　まあしかし、そんなことは読者にしてみればどうでもよいことかもしれない。筆者が『かくれた世界』を翻訳したさい、編集者の鷹尾和彦氏と相談して、このむずかしい設問の答を補う計画で、ラッカー先生に連絡をとってもらったら、だいぶ経ってからハイデルベルクから返事が来た。（日本版への序文と解答は、したがって日本版にしか載っていない）。つまり第一回の「クビ」のあと、フンボルト基金でドイツにいた時だったのだ、といまごろになって腑に落ちた、という話なのである。ただこの時の補遺の新稿の中で、ラッカーがゲーデルと竹内外史の両氏を師と呼んでいたことが記憶に強く残っている。これについては、もう一度あとで記そう。

　インタビューによると、ラッカーは「集合論の基礎における一と多の問題」という学位論文を書いていて、ドイツでは無限のさまざまな位相について、とりわけカントールの連続体仮説について研究する、ことになっていた。しかしドイツで書いたのは、カントールの無限を探険し死後の生を扱ったSF的処女作、『ホワイトライト』（*White Light*, 1980）であったのだから、また学者としては睨まれる材料を増やしたようなものだ。

　しかしこれでラッカーのSF作家生活が始まったのだから、SF愛好家たちには歓迎すべきことであったのだ。

わが国でも『SFマガジン』で、一九八四年以降「慣性」、「第三インター記念碑」、「自分を食べた男」等と短編が紹介され、野心的なテーマをもっとも不真面目かつマッドなやり方で扱うラッカー・スタイルが注目をひいてきた。SF作家としてはすでに長編も二篇『時空の支配者』(*Master of and Time*, 1984)、『空を飛んだ少年』(*The Secret of Life*, 1985) が黒丸尚氏によって訳出され新潮文庫に収められているし、世界三大SF賞の一つ、フィリップ・K・ディック記念賞を『ソフトウェア』(*Software*, 1982) で得ているから、わが国での知名度もぐっと上っていると思われる。長篇の前者は、ベンチャーの元経営者フレッチャーと天才科学者のガーバーのコンビが時空操作機ブランザーを駆使するコミックSFだし、後者は著者の六〇年代反抗的学生時代の自伝と重ね合わせサルトルの『嘔吐』を狂言回しにした、一見マッドでシリアスなSFである。

ところで『時空の支配者』でフレッチャーが日曜日に通う「科学的神秘主義第一教会」というものがある。それはアルヴィン・ビター(**著者のフォン・ビター・ラッカーのもじり?**)という老物理学者の創設になる新興宗教で、「偉大なプリンストンの両賢者アルバート・アインシュタインとクルト・ゲーデルの神秘的な教えから生まれた」とされる。アルヴィン・ビターは『ザ・セックススフィア』(*The Sex Sphere*, 1983) にも登場する人物である。その中心的教義は、全ては一つ、一つは不可知、一つは今ここにある、の三つだという(**訳書、五三頁**)。『空を飛んだ少年』でも生きることの意味をめぐって「全ては一つ」の哲学が開陳される。「全ては一つ。一つの何か。……愛は一種の合体で、愛は人類の意味の確固とした象徴で、二つが一つになり、何も隠さず、遂に一緒になり、壁を打ち倒し、なるがままにさせる。全ては個としての自分を忘れることにあり、自分が生きていることを忘れれば、それがそれ自体を想い出させる。意味。御立派な意味だ。何たることか」――と主人公コンラッドが日記に記している(**訳書、三〇九頁**)。

それにしても、どうしてその「科学的神秘主義第一教会」の中心教義に、アインシュタインとゲーデルがくるとラッカーは言うのか。本書全体がその解答への手懸りになると思われるから、読者もそれぞれ考えられたらよい。

ヒントめいたものを記しておけば、アインシュタインが四次元と切っても切れない関係にあることは言うまでもないから、こちらは省略しよう。『かくれた世界』の終わりに、ラッカーはアインシュタインの手紙を一頁分ぐらい引用しているから、それを見てもらうとよいだろう。

問題はゲーデルである。ゲーデルはもちろん一九三一年に定立した「不完全性定理」で著名な、あのクルト・ゲーデルのことである。「不完全性定理」とは、「いかなる知識にせよ、体系化された知識には必ず限界がある。すなわち、その体系の中で表現される問題で、その体系の中では真とも偽とも判断されないものが必ず存在する」というもので、通俗的に言ってしまえば、自分がおかしいことを自分では証明できない、という日常的世界にも重なる。もちろんゲーデルは集合論と記号論理学の手法の上に立って、ゲッチンゲン学派のヒルベルト・プログラム（数学を無意味な記号の配列についての規則と見て、その規則すなわちメタ数学を新しい算術として展開する立場）と、ヒルベルト以前の数学の意味を考える伝統的立場とを結合することによって、この偉大な原理に想到したのである。（このゲーデルの近くにいて、ゲーデルをよく知っていた日本人が、ラッカーの日本語版序文に出て来る竹内外史氏なのである）。

ゲーデルの母はアインシュタインと同年生まれで熱烈なアインシュタイン・ファンだったというが、たしかにアインシュタインの晩年の語り相手に同じプリンストン高級研究所のゲーデルがいたことは間違いない。

一方、ラッカーがアインシュタインと面識がないのはその若さからいって当然だが、ゲーデルには会って話を交わす栄誉を数回得ていたのである。先の『かくれた世界』への解答原稿の中で、一九七七年の会話のことをこう記している。それは、一般に人々の間で通常信じられている「時間の経過の実在性」が誤りであり、「幻想」であると述べた後に出てくる。

筆者は、ゲーデルが一九七八年一月一四日に亡くなる数ヵ月前に、ゲーデルに、「時間の経過についての幻想はなにが原因でしょうか?」と質問してみたことがある。彼は直接この質問については語らなかったが、なぜ人々は、そもそも時間の経過が感覚されるということを信じるのか、という問題について語った。彼は、時間の経過から逃れることを、古典的神秘主義のいう〝一つの霊〟を経験することに結びつけた。最後にゲーデルは、時間の経過についての幻想は、〝与えられたもの(所与)と本当のもの(実在)との混同〟から生ずる、といった。〝時間の経過ということは、私たちが異なった実在を占めると考えることから生ずるのだ。事実は、私たちが占めるさまざまな所与〟にすぎない。実在はたった一つしかないのだ〟(同書、二四一頁)。

ラッカーの『無限と心』(*Infinity and the Mind*, 1982、好田順治訳、現代数学社)の第四章に「ゲーデルとの対話」という一節がある(本訳書一八〇頁以下にも「ゲーデルの言葉」がある)。それによると、ラトガーズ大学で博士論文を書いている時に、質問の手紙をラッカーが出したのが始まりであった。その返事はなかったが、プリンストンの高級研究所の竹内外史教授の毎週のゼミにラッカーが出ていた（なお私の先輩の論理学者で竹内外史氏と親しい安原満氏はいまプリンストン高級研究所にいて、同じ分野のアメリカ人の夫人は毎日勤務先のラトガーズ大学に車で通っているほど、プリンストンとラトガーズは地理的に近いのだ）のを知ったゲーデルが、研究室に招いたのである。一九七二年のことである。このあと同年中に二回、今度はラッカーがかなり強引に押しかけている。先に引用した一九七七年の対話は、電話で一九七七年三月にしたもののようである。機械が思考できるか、意識とはなにか、といったような問題の挙句に、時間経過の幻想についての対話になったと記している。

ゲーデルの時空観については、本書第9章「時空日記」に引用されているゲーデル自身の言葉にもかなり明確に読みとれる。それと関連するゲーデルの宇宙像についても、詳しくはその論文（巻末文献参照）を読むしかないが、本書や『かくれた世界』でもかなり触れられているからある程度はわかるはずである。いま、後者の解答文の中で、ラッカーが書いている個所を、そのままここに引用しておこう。

ゲーデルの宇宙モデルで問題となる特徴は、ある人が自分自身の過去へ旅をして戻るとしたら、タイム・トラヴェルのパラドックスが頭をもたげる点である。ゲーデルの答は、(a)そういう旅はたくさんの燃料（およそ銀河系一個分）もいるから、いかなる確率においても、自分の過去に入り込む道を発見することはないだろう。そして、(b)アプリオリに過去へ逆行した人が、パラドックスを生ずることはないであろう——というものであった。

ゲーデルがこのモデルを提出した動機は、一様に経過するグローバルな時間が存在することは絶対に不可能であるような宇宙の可能性を、証明することにあった。彼は、時間の経過は真実であるという信念に疑いを投ずるために、そうしようとしたのである。彼はむしろ、宇宙というものがたった一個の無時間的全体である、という時空観に固執したのだ。おそらくここまでくれば明らかなように、筆者もこの見解を共有する。

では何が違うのか、と君は訊ねるかもしれない。時間が実は経つということはないのだ、と信じたい私の感情的な理由は、いったい何なのだ、と。その理由は二つある。第一に、もしも私が変化のない時空の一区切りの中で特別な一つのパターンとして存在しているのならば、死の問題はいくらか緩和されるからだ。ある意味では、死の事実は、誕生のときに示された究極的な「公案」なのである。「さあ出てお行き。いつの日かお前は死ぬだろう。死についてお前は何をしようというのかね?」もしも時間が真実でなければ、死もそうである。私がここに坐ってこれを書いているということは不変なことであり、たとえ百年後私が生きてはいないということになってもいかなる仕方によっても消し去られることはない。私の肉体の死が足元に迫ろうと、私の心の実在は否定できないのだ。

そのような時空観をとる第二の感情的理由は、そう考えたほうがもっとも自由に〝一者なるもの〟の一部として自分を見なすことができる点にある。もしも私が、普遍的な時空における一本の組紐、あるいは一組のさざ波としたら、私はまたあの普遍的な時空そのものなのである。神秘主義のゴールは神と一体になることである。確かにそこには、いまの私たちの宇宙時空よりもはるかに多くの神とその世界への道がある。ともあれ、これは出発点としてはよいものだ（『かくれた世界』、二三五〜二三六頁より）。

ラッカーに強烈に影響を与えているこういう形而上学的信念について、ガードナーはジェイムズのプラグマティズムの立場から「過剰な信条」と呼んでいる。いわば好みの問題、とでもいいたいのだろう。あるいは、ラッカーの曾祖父の曾祖父にあたるヘーゲルの影を見る人もいるかもしれない。しかし、ラッカーの立場は、たんなる趣味の問題を超えている。それは死生観にまつわる重大問題なのであることは、本書にも詳しい。ラッカーのSFが表面はドタバタじみた話でありながら、根にシリアスな問題を抱えているのと、これは軌を一にする。いずれにせよ、こういう場所で、簡単に答をひねり出せる問題ではないことだけを記しておこう。

もう一つ、ラッカーのSFだが、いわゆるサイバーパンクの一派と見られているようだ。ラッカー自身が書いた「サイバーパンクってなんだろう?」(What is Cyberpunk?) が『SFマガジン』一九八六年一一月号に載っている。それによれば「ウィリアム・ギブソンの小説〔『ニューロマンサー』、ハヤカワ文庫SF〕を表すために、ガードナー・ドゾアが造りだした造語」である。『ニューロマンサー』はヒューゴー賞、ネビュラ賞、フィリップ・K・ディック賞と一九八五年度の三大SF賞を総なめした問題作だから、すでにご存知の方も多いだろう。

Cyberpunkは、ノヴァート・ヴィーナーの造語cyberneticsの「サイバー」に、反文化・アンチヒーローの意味とパンク・ロックで一時期騒がれた無法でデタラメなスタイルとがあわさった「パンク」をくっつけた造語である。「サイバー」が、テクノロジー（コンピュータや生命操作等）への関心・畏怖などという通常の大人たちの反応をふき飛ばして、テクノロジーを自分の肉体の一部にし街頭文化現象として呑み込んでしまおうというラジカルな方向を示すと同時に、「パンク」がこれまた反社会的、反抗的な風刺やギャグやメタファーを駆使するアングラ路線を基調とすることを宣言しているのである。もっとも「サイバーパンク」という言葉に抵抗感をもつ「サイバーパンク」派が多いということも、面白い現象だと思われる。いずれにせよ、反デクノロジー、反知性、反文化の六〇年代派とは本質的に、テクノロジーに対する態度が違う点に注目しなくてはなるまい。ラッカーたちのサイバーパンク派は、テクノロジーを自分の骨肉として生理的に同一化しながら、その上で、新たな対抗文化を生み出そうというのだから。

思想界でも、世紀末を迎えてポストモダンの近代主義批判は峠を越えつつある。二元的原理に立つモダンを支えた主体や対象の形而上学的実体が解体され、諸関係の束やら他者による自己規定性などという面が強調され出してからすでに十数年は経とう。解体された主体が、テクノロジーを含む諸関係の結接点に再構築され、その結接点の一本の時空のヒモが自分なのだ、と再認識することが、脱ポストモダンの一つの方向なのかも知れない。もしもそうなら、サイバーパンクもその一底流を指し示すことになり、とりわけラッカーのSFやノンフィクションの著作も、それなりの意義をもってくるかもしれない。

最後に翻訳について一言しておく。本書の訳出について私が米沢敬氏から依頼をうけたのは二年ほど前である。例によって雑事に追われ、なかなか着手できなかった。そこで、信頼できる若い友人の竹沢攻一氏にまず完成度の高い翻訳原稿を作成してもらい、私はそれを原文と照合しながら自由に手を加える方式でなんとか義務を終えた。そのさい竹沢氏は、私が先訳した『かくれた世界』の調子を踏襲されている。また固有名詞は、今回は意訳しないですべて片仮名表記のままにした。前記訳書との照合も、編集部の手によって参考までにつけてある。

本訳書が上梓できたのは、ひとえに新潟の地で勤勉な作業に従事してくれた竹沢攻一氏と、辛抱強く待って楽しく編集してくれた米沢敬氏のお蔭である。なおひきつづいて、ラッカーのつぎのノンフィクション、『マインド・ツールズ』(*Mind Tools: The Five Levels of Mathematical Reality*, 1987)の訳でまた読者にお目にかかる日が近いことを約束する。

一九八九年三月一〇日、鎌倉にて。　　**金子務**

参考文献

Abbott, Edwin Abbott. *Flatland: A Romance of Many Dimensions.* 1884. Reprint. New York: Barnes & Noblc, 1983.
『二次元の世界』高木茂男　訳（講談社） 1977

Borges, Jorge Luis. "A New Refutation of Time." In *Labyrinths: Selected Stories and Other Writings.* New York: New Directions, 1962.

———.Borges: *A Reader.* New York: E. P. Dutton, 1981.

Bork, Alfred. "The Fourth Dimension in Nineteenth-Century Physics." *Isis* 181(1964).

Bragdon, Claude. *More Lives Than One.* 1938. Reprint. New York: Alfred Knopf, 1971.

———. *A Primer of Higher Space.* 1913. Reprint. Tucson: Omen Press, 1972.

Breuer, Miles J. "The Appendix and the Spectacles." 1928. Reprinted in *The Mathematical Magpie,* edited by Clifton Fadiman. New York: Simon & Schuster, 1962.

Burger, Dionys. *Sphereland.* New York: Apollo Editions, 1965.

Calder-Marshall, Arthur. *The Sage of Sex: Alife of Havelock Ellis.* New York: G. P. Putnam's Sons, 1959.

Campbell, Lewis, and William Garnett. *The Life of James Clerk Maxwell.* London: Macmillan, 1884.

Carroll, Lewis. *Through the Looking- Glass*. 1872. Reprint. New York: Random House, 1946.
　『鏡の国のアリス』高山宏　訳(東京図書)1980
Castanneda, Carlos. *A Separate Reality*. New York: Simon & Schuster, 1971.
　『呪術の体験』真崎義博　訳（二見書房）1974
Clifford, W. K. *Mathematical Papers*. London: Macmillan, 1882.
Conklin, Groff, ed. *Science Fiction Adventures in Dimension*. New York: Vanguard Press, 1953.
Davis, Andrew Jackson. *The Magic Staff*. New York: 1876.
Dewdney, A. K. *Two Dimensional Science and Technology*. Ontario: [No imprint,] 1980.
———. *The Planiverse*. New York: Poseidon Press. 1984.
　『プラニバース』野崎昭弘　監訳(工作舎)1989 [予]
Dolbear, A. E. *Matter, Ether and Motion*. Boston: Lee & Shepard, 1892.
Dunne, J. W. *An Experiment with Time*. 1927. Reprint. Lonkon: Faber & Faber, 1960.
Durrell, Fletcher. "The Fourth Dimension: An Efficiency Picture." *In Mathematical Adventures*, by Fletcher Durrell. Boston: Bruce Humphries, 1938.
Eddington, Arthur. *Space, Time and Gravitation*. 1920. Reprint. New York: Harper & Row, 1959.
Edwards, Paul. "Panpsychism." In *The Encyclopedia of Philosophy*. New York: Macmillan, 1967.
Einstein, Albert. "Ether and Relativity." *In Sidelights on Relativity*, by Albert Einstein. New York: E. P. Dutton, 1920.
Ernst, Bruno. *The Magic Mirror of M. C. Escher*. New York: Random Hous, 1976.
　『エッシャーの宇宙』坂根厳夫　訳(朝日新聞社)1983
Faser, J. T., F. C. Haber, and G. H. Muller, eds. *The Study of Time*. Berlin: Springer- Verlag, 1972.
Gardner, Martin. *Relativity for the Million*. New York: Macmillan, 1962.
　『100万人の相対性理論』金子務　訳(白揚社)1966
———. *The Ambidextrous Universe*. New York: Basic Books, 1964.
　『自然界における左と右』坪井忠二・小島弘　訳(紀伊國屋書店)1971

———. "The Church of the Fourth Dimension." In *The Unexpected Hanging,* by Martin Gardner. New York: Simon & Schuster, 1969.

———. "The Hypercube." In *Mathematical Carnival*, by Martin Gardner. New York: Alfred A. Knopf, 1975.

———. "Parapsychology and Quantum Mechanics." In *Science and the Paranormal,* by G. Abell and B. Singer. New York: Charles Scribner's Sons, 1981.

Gillespie, Daniel. *A Quantum Mechanics Primer.* New York: John Wiley, 1970.

Gödel, Kurt. "A Remark on the Relationship Between Relativity Theory and Idealistic Philosophy," In *Albert Einstein: Philosopher Scientist,* edited by Paul Schilpp. New York: Harper & Row, 1959.

Golas, Thaddeus. *The Lazy Man's Guide to Enlightenment.* Palo Alto: The Seed Center, 1972.

Gribbin, John. *Timewarps.* New York: Dell, 1979.

Gustaffson, Lars. *The Death of a Beekeeper.* New York: New Directions, 1978.

Greenberg, Marvin. *Euclidean and Non-Euclidean Geometrics.* San Francisco: W. H. Freeman, 1974.

Hawking, S, and G. Ellis. *The Large Scale Structure of Space-Time.* Cambridge: Cambridge University Press, 1973.

Heinlein, Robert. "And He Built a Crooked House." 1940. Reprinted in *Fantasia Mathematica,* edited by Clifton Fadiman. New York: Simon & Schuster, 1958.

———. *Starman Jones.* 1953. Reprint. New York: Ballantine Books, 1978.
『スターマン・ジョーンズ』矢野徹　訳(早川書房)1979

Henderson, Linda Dalrymple. *The Fourth Dimension and Non-Euclidean Geometry in Modern Art.* Princeton: Princeton University Press, 1983.

Hibert, D., and S. Cohn- Vossen. *Geometry and the Imagination.* 1938. Reprint. New York: Chelsea, 1952.

Hinton, Charles Howard. *Selected Writings of C. H. Hinton,* edited by R. Rucker. New York:

Dover, 1980.

Houdini, Harry. *A Magician Among the Spirits.* New York: Harper, 1924.

Huxley, Aldous. *The Perennial Philosophy.* New York: Harper & Row, 1944.
『永遠の哲学』中村保男 訳(平河出版社)1988

I Ching. Princeton: Princeton University Press Bollingen Series, 1950.
『易経』三浦國雄 監訳(角川書店)1988

Jung, C. G. *Synchronicity.* Princeton: Princeton Univesity Press Bollingen Series, 1973.

Kant, Immanuel. *Kant's Inaugural Dissertation and Early Writings on Space.* Chicago: Open Court, 1929.
『カント全集6』原佑・湯本和男 訳(理想社)1985

Kaufmann, William J. *Relativity and Cosmology.* New York: Harper & Row, 1973.

Lewis, C. S. *The Lion, the Witch and the Wardrobe.* 1960. Reprint. New York: Collier Books, 1978.
『ライオンと魔女』瀬田貞二 訳(岩波書店)1985

Mach, Ernst. *The Science of Mechanics.* Chicago: Open Court, 1893.
『マッハ力学』伏見譲 訳(講談社)1976

Manen, Johan von. *Some Occult Experiences.* Chicago: Theosophical Publishing House, 1913.

Manning, Henry. *Geometry of Four Dimensions.* 1914. Reprint. New York: Dover, 1956.

Maxewll, James Clerk. *The Scientific Papers of James Clerk Maxwell.* 1980. Reprint. New York: Dover, 1963.

Minkowski, Hermann. "Space and Time." 1908. Reprinted in *The Principle of Relativity,* edited by A. Sommerfeld. New York: Dover, 1952.

Misner, C., K. Thorne, and J. Wheeler. *Gravitation.* San Francisco: W. H. Freeman, 1973.

Nabokov, Vladimir. *Look at the Harlequins.* New York: McGraw-Hill, 1974.

Neumann, John von. *Mathematical Foundations of Quantum Mechanics.* Princeton:University Press, 1955.

『量子力学の数学的基礎』井上健・広重徹・恒藤敏彦　訳(みすず書房)

Nicholls, Peter, ed. *The Science Fiction Encyclopedia*. Garden City, N.Y. Doubleday, 1979.

Ouspensky, P. D. *Tertium Organum*. 1912. Reprint. New York: Random House, 1970.

———. "The Fourth Dimension." In *A New Model of the Universe*.1931. Reprint. New York: Random House, 1971.

『超宇宙論』高橋克巳　訳(工作舎)1980

Pagels,Heinz. *The Cosmic Code*. New York: Simon & Schuster, 1982.

Pearson, Karl. *The Grammar of Science*. London: Walter Scott, 1892.

Peebles, P. J. E. *Physical Cosmology*. Princeton: Princeton University Press, 1971.

Plato. " The Republic. "In *The Dialogues of Plato,* translated by B. Jowett. New York: Random House, 1937.

『国家』上・下藤沢令夫 訳(岩波書店)1979

Reichenbach, Hans. *The Philosophy of Space and Time*. 1927. Reprint. New York: Dover, 1958.

Rucker, Rudy. *Geometry, Relativiy and the Fourth Dimension*. New York: Dover, 1977.

『かくれた世界』金子務　訳(白揚社)1981

———. *Spacetime Donuts*. New York: Ace, 1981.

———. *Infinity and the Mind*. Boston: Birkhauser, 1982.

『無限と心』好田順治 訳(現代数学社)1986

———. *The Fifty- Seventh Franz Kafka*. New York: Ace, 1983.

———. *The Sex Sphere*. New York: Ace, 1983.

Schoefield, A. T. *Another World; or, The Fouth Dimension*. London: Swann Sonnenschein, 1888.

Schubert, Hermann. "The Fourth Dimension." In *Mathematical Essays and Recreations,* by Hermann Schubert. Chicago: Open Court, 1898.

Stewart, Balfour, and Peter Guthrie Tait. *The Unseen Universe*. London: Macmillan, 1875.

Swenson, Loyd. *The Ethereal Aether*. Austin: University of Texas Press, 1972.

Taylor, Edwin, and John Wheeler. *Spacetime Physics.* San Francisco: W. H. Freeman, 1963.
『時空の物理学』曽我見郁夫・林浩一　訳(現代数学社)1981

Thorne, Kip. "The Search for Black Holes,"In *Cosmology +1,* edited by D. Gingerich. San francisco: W. H. Freeman, 1977.

Wells, H. G. "The Time Machine." 1895. Reprinted in *Seven Science Fiction Novels of H. G. Wells.* New York: Dover, 1955.
『タイム・マシーン』宇野利泰　訳(早川書房)1978

Wheeler, John. "Frontiers of Time." In *Problems in the Foundations of Physics,*edited by N. di Franca and B. van Fraassen. Amsterdam: North- Holland, 1980.

Willink, Arthur. *The World of Unseen; An Essay on the Relation of Higher Space to Things Eternal.* New York: Macmillan, 1893.

Wolf, Fred. *Taking the Quantum Leap.* San Francisco: Harper & Row, 1981.

Wolfe, Tom *The Electric Kool- Aid Acid Test.* 1968. Reprint. New York: Bantam, 1969.
『クール・クールLSD交感テスト』飯田隆昭　訳(太陽社)1971

Zöllner, J. C. F. *Transcendental Physics.* Boston: Beacon of Light Publishing, 1901.

［監訳者・訳者紹介］

金子 務 Tsutomu Kaneko

一九五七年東京大学教養学部科学史・科学哲学分科卒業。読売新聞記者、中央公論社編集者をへて、現在、大阪府立大学名誉教授、科学思想史専攻。著書に『アインシュタイン・ショック』（河出書房新社）、『思考実験とは何か』（講談社）、訳書にアインシュタイン『わが相対性理論』（白揚社）、カードウエル『技術・科学・歴史』（河出書房新社）、R・ラッカー『かくれた世界』（白揚社）などがある。

竹沢攻一 Koichi Takezawa

一九四三年、新潟県上越市に生まれる。六六年、新潟大学理学部物理学科卒業。六八年、大阪大学大学院理学研究科修士課程修了。物性物理学を専攻する。共訳書にヴエクスラー編『形・モデル・構造』（白揚社）がある。おもな研究・興味の対象は液体論および物理教育。二〇〇五年逝去。

［著者紹介］

ルディ・ラッカー Rudy Rucker

一九四六年三月二二日、ケンタッキー州ルイヴィル生まれ。ニュージャージー州ラトガース大学博士課程修了、七二年からニューヨーク州立大学助教授。その後各地の大学での教職をへて、現在はカリフォルニア州サン・ホゼ大学准教授。おもな数学的興味は超限基数と高次空間に向けられ、論理数学でラトガースから学位を得ている。SFの処女長編は一九八〇年の『ホワイトライト』、以降サイバーパンクSFの中心的作家として作品の発表を続け、八二年の『ソフトウェア』ではフィリップ・K・ディック賞を受賞した。邦訳書に、ノンフィクションの『かくれた世界』（白揚社）、『無限と心』（現代数学社）、SFの『時空の支配者』、『空を飛んだ少年』（いずれも新潮文庫）がある。『四次元の冒険』に続くノンフィクション『思考の道具箱』も工作舎より刊行。

The Fourth Dimension
A Guided Tour of the Higher Universes by Rudy Rucker

Originally published by Houghton Mifflin Company, Boston.
Japanese translation rights arranged through The Yamami Agency, Tokyo.

四次元の冒険

発行日――――――**一九八九年四月三十日第一刷　二〇〇七年九月十日第二版第一刷**

著者――――――ルディ・ラッカー

監訳者――――――金子 務

訳者――――――竹沢攻一

編集――――――米沢 敬

エディトリアル・デザイン――――――松田行正

表紙制作協力――――――株式会社 演算星組

写植――――――株式会社ケーコム＋株式会社モリヤマ

印刷・製本――――――株式会社ケーコム

発行者――――――十川治江

発行――――――**工作舎 editorial corporation for human becoming**
〒104-0052 東京都中央区月島1-14-7 旭倉庫 4F　phone:03-3533-7051　fax:03-3533-7054
URL　http://www.kousakusha.co.jp　e-mail:saturn@kousakusha.co.jp

ISBN978-4-87502-403-3